Maik Meuser
Nicole Kallwies-Meuser

Klima schützen kinderleicht

Wie wir als Familie fast
ohne Plastik leben,
Energie sparen, anders essen –
und Spaß dabei haben

Mit vielen praktischen Tipps

Sollte diese Publikation Links auf Webseiten Dritter enthalten,
so übernehmen wir für deren Inhalte keine Haftung,
da wir uns diese nicht zu eigen machen, sondern lediglich
auf deren Stand zum Zeitpunkt der Erstveröffentlichung verweisen.

Penguin Random House Verlagsgruppe FSC® N001967

1. Auflage 2022
Copyright © 2022 Penguin Verlag
in der Penguin Random House Verlagsgruppe GmbH,
Neumarkter Straße 28, 81673 München
Grafik: Sabine Timmann
Umschlaggestaltung: Hafen Werbeagentur Hamburg
Umschlagabbildung: Marina Weigel
Satz: Vornehm Mediengestaltung, München
Druck und Bindung: GGP Media GmbH, Pößneck
Printed in Germany
ISBN 978-3-328-10891-7

www.penguin-verlag.de

INHALT

Vorwort.................................... 9

1 Unser Start in ein nachhaltiges Leben 15
2 Klimawandel – Die Uhr tickt.................. 31
   Reportage: Sturmfluten und Hochwasser –
   Wie sich Küstenregionen auf den
   Klimawandel einstellen....................... 46
3 Andere, bessere Ernährung.................... 51
4 Plastik, viel zu viel Plastik 97
   Reportage: Warum unser Plastikkonsum
   das Klima anheizt............................ 160
5 Mobilität und Verkehr 167
6 Konsum – Weniger ist mehr................... 207
   Reportage: Bald sind sie weg, für immer –
   Die Gletscherschmelze als Sinnbild für die
   Klimakrise.................................. 230
7 Energie – Erneuerbar ist alternativlos 235
8 Pflanzen – Nicht nur was fürs Auge............. 277

Reportage: Wo der Klimawandel brandgefährlich
wirkt – Unterwegs in Brandenburg 298

Unser Fazit 303
Yannis – Jetzt rede ich! 307
Reportage: Epilog – Die Weltklima-Konferenz 312

Weitere Empfehlungen 321
Quellenverzeichnis 325
Anmerkungen 329

Für Maya, Mattis und Yannis

VORWORT

*»Sei du selbst die Veränderung, die du dir wünschst
für diese Welt.«*

MAHATMA GANDHI

Das schon mal vorweg: Das Klima zu schützen, der Kampf gegen den Klimawandel: das ist alles andere als kinderleicht. Im Gegenteil, es ist die größte Aufgabe und Herausforderung der Menschheit. Und auch wenn es wie ein Kampf von David gegen Goliath aussieht und der eigene Beitrag so verschwindend klein wirkt – er ist es nicht! Wir haben keine Wahl, wir müssen handeln und zwar jetzt. Dafür braucht es uns alle! Wir haben keine Zeit mehr, darauf zu hoffen, dass die Politik alles reguliert oder die Wirtschaft vorwegschreitet. Wir haben auch keine Zeit mehr zu sagen, dass uns alles zu kompliziert und anstrengend ist oder dass jeder Einzelne ja ohnehin nur so wenig bewirken könne und dass DIE Politik oder DIE Wirtschaft doch bitte etwas tun sollte. Auch WIR müssen handeln, jeder und jede von uns. Und wir alle haben mehr Möglichkeiten, als wir oft denken. Wir können nicht auf den perfekten Moment warten, auf die perfekte Lösung. Jeder

VORWORT

kleine Schritt hin zu einem nachhaltigeren Leben, zum Klimaschützen zählt. Dass es auch mit wenig Zeit, zwei Vollzeitjobs und als fünfköpfige Familie gelingen und dabei durchaus Spaß machen kann, viele Veränderungen anzustoßen, das wollen wir in diesem Buch zeigen. Wir, das sind Nicole (44) und Maik (45), zusammen mit unseren drei Kindern Yannis (11), Mattis (8) und Maya (6).

VORWORT

Wir erzählen von unserem persönlichen Weg hin zu einem möglichst nachhaltigen Leben, zeigen die größten Hebel im alltäglichen Kampf gegen den Klimawandel und geben viele Tipps, wie man mit weniger oder auch mit mehr Einsatz viel nachhaltiger leben kann. Für Fortgeschrittene gibt es auch weitergehende Tipps und immer wieder wichtige Hintergrundinformationen. Dabei geht es nicht um Perfektionismus, sondern um viele Veränderungen im Alltag, die auch mal klein ausfallen können, deshalb aber nicht weniger wichtig sind. Es geht nicht um reinen Verzicht, sondern darum, Sachen anders zu machen als vorher und dabei Spaß zu haben. Wir sind davon überzeugt, dass viel im Kleinen starten kann. Es geht um die kleinen Veränderungen in unserem Alltag, um unser Konsumverhalten, unsere Kaufentscheidungen. Mit diesen alltäglichen Kaufentscheidungen haben wir durchaus Macht. Macht gegenüber der Industrie und auch gegenüber der Politik. Wenn wir umweltfreundliche Produkte nachfragen, wird es immer mehr davon geben. Wenn wir zeigen, dass Klimaschutz wichtig für uns ist, zwingen wir auch die Politik zu reagieren. Diese Welle hat bereits begonnen, lasst sie uns noch höher, noch wirkungsvoller machen. Die Zeit drängt. Diese Krise ist die größte Krise, die wir zu bewältigen haben, unser Lebensraum ist in Gefahr, ebenso unsere Gesundheit und die unserer Kinder. Es bleibt nicht mehr viel Zeit zu handeln. Klimaschutz ist Sicherung unserer Existenzgrundlagen. Klimaschutz ist Gesundheitsschutz, denn mit unerträglichen Außentemperaturen wird es sich schon bald nicht mehr so leben und arbeiten lassen wie jetzt, ganz zu schweigen von Überflutungen und Dürren, die mit fortschreitendem Klima-

VORWORT

wandel sehr viel häufiger auftreten werden. Klimaschutz ist das Beste, was wir für unsere Zukunft und die unserer Kinder tun können.

Der Inhalt dieses Buches ist in acht Kapitel unterteilt, die auch alle einzeln gelesen werden können. Je nach Interesse kann auch mitten im Buch mit einem bestimmten Thema gestartet werden. Nach dem ersten Kapitel, in dem wir erzählen, wie unser Weg in ein nachhaltigeres Leben angefangen hat, zeigen wir im zweiten Kapitel auf, warum die Zeit so drängt, die Klimakrise so ernst ist und jetzt der Moment zu handeln gekommen ist. Dann folgen sechs Kapitel zu den sehr wichtigen Hebeln Energie, Ernährung, Mobilität, Konsum, Plastik und Müll, Pflanzen und Biodiversität.

Wir zeigen auf, warum dies so wichtige Hebel im Klimaschutz sind und geben immer wieder konkrete Tipps (gekennzeichnet mit 👍), was jede und jeder tun kann, liefern mehr Infos (gekennzeichnet mit ⓘ) für diejenigen, die tiefer gehen wollen, und geben Anregungen zum Selbermachen (gekennzeichnet mit ✋). Am Ende der sechs thematischen Kapitel findet sich jeweils eine Checkliste, in der alle wichtigen Tipps noch einmal zusammengefasst sind. Zwischendurch zeigen vier Reportagen, die Maik im Rahmen der Nachhaltigkeitswoche bei RTL gemacht hat, wie Kinder den Klimawandel schon jetzt in Deutschland erleben und welche Sorgen sie sich machen.

Man muss nicht in jedem Bereich Veränderungen zur gleichen Zeit anstoßen, man kann auch nach und nach vorgehen,

VORWORT

sich erst einen oder zwei Bereiche aussuchen und zu Beginn die leichteren Schritte gehen. Egal wie, Hauptsache anfangen, denn jedes bisschen zählt.

Sind Sie dabei? Los geht's!

Wie alles begann

Silvesterabend 2018, die Kinder sind im Bett und wir sitzen auf der Couch. Ohne Babysitter heißt das: Wohnzimmer statt Party, nachdenken statt tanzen. Dabei lassen wir das Jahr noch mal Revue passieren. Maya ist gerade drei geworden, einiges wird einfacher. Wir merken, dass wir nicht mehr ganz so erschöpft sind wie an den Silvesterabenden zuvor. Und dann, wie so oft an Silvester, überlegen wir, was das neue Jahr bringen wird. Wollen wir uns was vornehmen? Aber bitte nicht die klassischen guten Neujahrsvorsätze, wie weniger arbeiten, mehr Zeit für uns selbst, mehr Zeit für die Kinder, mehr Sport. Das ist uns ohnehin wichtig, dafür braucht es keine extra Vorsätze. Eher: Was wollen wir anders, besser machen – auch für unsere Kinder? Was hat uns in den vergangenen Wochen und Monaten beschäftigt, das wir im kommenden Jahr ändern wollen? Recht schnell wird klar: Es ist der Plastikmüll und auch der Einfluss von Kunststoff auf unsere Gesundheit. Wir finden es erschreckend zu sehen, wie viel Müll wir Menschen produzieren und was das für die Umwelt bedeutet. Und natürlich ist uns klar, dass wir daran auch beteiligt sind. Dass es auch unser Müll ist. Weiter alle Verpackungen einfach in die Tonne stecken, ohne darüber nachzudenken, was das für Folgen hat, das wollen wir so nicht mehr. Und auf einmal haben wir beide das Gefühl, es müsste doch auch mit weniger gehen. Wir leben heute in einer Plastikwelt, aber muss das so sein? »Könnten wir nicht versuchen, Plastik aus unserem Leben zu verbannen – zumindest da, wo es Alternativen gibt?«, fragt Nicole, und Maik ist sofort begeistert. Uns beiden ist sehr schnell klar: Dafür müssen wir auch unsere drei Kinder Yannis, Mattis und Maya gewinnen. Denn sie mitzuschleppen, das wird nicht reichen, wir wollen sie bewusst einbinden. Sie wird es ja auch betreffen, wenn wir unseren Fußabdruck auf dieser Welt nachhaltiger gestalten. Wir überlegen, dass wir schon jede Menge erreichen könnten, wenn wir bewusster kaufen, benutzen und verbrauchen.

Schnell wächst bei uns beiden die Idee und auch die Leidenschaft für das Projekt. Wir überlegen, was wir als Erstes tun könnten und wann. Am besten gleich morgen. Einfach mal anfangen. Nicht dogmatisch, sondern pragmatisch. Und Plastik vermeiden, wo wir es eben können. Und warum nicht auch darüber berichten, über unsere Erfahrungen, über Schwierigkeiten und Erfolge. Maik schlägt einen Blog vor, im Internet. So könnten auch andere teilhaben und wir noch mehr bewirken als die Veränderungen im kleinen Familienkreis. Und wir könnten uns so gleichzeitig dazu verpflichten, weiterzumachen, nicht aufzuhören, auch wenn es mal schwieriger werden sollte. Maik schnappt sich seinen Laptop. Er hat schon früher während seiner Redakteursausbildung aus Singapur, Brüssel oder Berlin gebloggt. Jetzt setzt er eine neue Seite auf. Wir überlegen, wie die Familienunternehmung heißen könnte: »Familie ohne Plastik«? Wenig realistisch, ein Leben ganz ohne Plastik. »Plastikfrei mit drei (Kindern)« – schwierig, schon alleine wegen der Klammern. Irgendwann aber steht der Titel: *Familie minus Plastik*.

UNSER START IN EIN NACHHALTIGES LEBEN

Wir wollen versuchen zu reduzieren, ohne Druck, ohne konkretes Ziel. Einfach anfangen, loslegen und am besten immer weitermachen. Uns fällt das Zitat von Mahatma Gandhi ein, dass man für sich selbst die Veränderung sein sollte, die man sich von der Welt wünscht. Es kommt mit auf die Seite. Um Mitternacht stoßen wir an, mit einem guten Gefühl im Bauch und einem Schluck Sekt im Glas – auf das Jahr 2019 und auf das neue Projekt, das wir gemeinsam mit den Kindern starten werden.

Uns war von Anfang an klar, dass wir es nicht schaffen werden, völlig auf Plastik zu verzichten. Plastikfrei leben war auch gar nicht das Ziel, sondern plastikreduziert – versuchen, richtig viel Plastik einzusparen, eine drastische Reduktion zu erreichen. Und dann schauen, wie weit wir kommen, welche Probleme auf uns zukommen und welche Ideen oder Lösungen wir finden. Wie toll die Kinder mitmachen würden, wie viel Überzeugungsarbeit es kosten würde, wo sie nicht mitgehen würden und wie wir darauf reagieren sollten – das alles wussten wir zu diesem Zeitpunkt noch nicht. Aber wirklich große Zweifel hatten wir nicht, denn Kinder sind generell sehr offene und interessierte Menschen, die man immer gut bei ihrer Neugier packen kann.

2019 begann dann wie erwartet früh. Maya mit ihren drei Jahren war es wie immer komplett egal, dass wir länger wach waren und Pläne geschmiedet hatten. Aber so ist es nun mal mit Kindern, es sei denn, man hat die Version Eule bekommen. Wir nicht, alle drei sind eindeutig Typ Lerche, also extreme Frühaufsteher (nur Yannis entwickelt sich gerade hin zur Eule). Das Positive daran: Der Morgen ist lang, man hat, wenn man die positive Seite sehen will, immer sehr viel vom

WIE ALLES BEGANN

Tag. Genug Zeit jedenfalls, um damit anzufangen, unseren Plan direkt in die Tat umzusetzen.

Erst mal haben wir die Kinder eingeweiht. Wir haben ihnen erklärt, was übermäßiger Plastikkonsum und Plastikmüll für uns und die Welt bedeutet, und versucht, all das möglichst kindgerecht zu erläutern. Gelungen ist uns das am Ende vor allem über Tiere, die an unserem übermäßigen Plastikkonsum und -müll leiden. Fische, Vögel, Delphine und Meeresschildkröten – das haben sie sofort verstanden. Für Maya war das alles komplett neu, aber Yannis und Mattis hatten schon entsprechende Bilder gesehen. Und da konnten wir prima andocken, konnten ihnen zeigen, was das mit unserem alltäglichen Verhalten zu tun hat und auch mit unserem eigenen Müll. Nicht alles kam am Ende bei jedem an, aber doch immerhin so viel, dass sie neugierig wurden und bereit waren mitzumachen. Denn für Abenteuer sind Kinder ja immer zu haben, und das haben wir ihnen an diesem Vormittag versprochen – ein großes Abenteuer, mit dem wir jetzt loslegen wollten.

Als Erstes haben wir uns überlegt, wie wir ab jetzt anders und umweltfreundlicher einkaufen könnten. Anfangs haben wir zusammen mit den Kindern aus eher langweiligen Stoffbeuteln schöne Einkaufstaschen gestaltet, mit denen wir in Zukunft Obst und Gemüse nach Hause transportieren wollten – sei es vom Markt oder vom Supermarkt. Für die Kleinen war das natürlich super, denn sie durften sich kreativ austoben – mit Stiften und Farben selbst entscheiden, wie die Beutel in neuer Farbe erstrahlen sollten. Alle haben eifrig verschönert und gemalt, jeder in seinem eigenen Stil. Die Begeisterung für unser neues Familienprojekt war allen anzusehen. Der Start war geglückt.

Die neuen Einkaufsbeutel hatten wir jetzt, aber für plastikfreie Einkäufe reichte das so ja noch nicht. Käse oder Wurst mussten ja auch irgendwo untergebracht werden. Wir hatten gelesen, dass es im Prinzip möglich sein sollte, die Waren an der Frischetheke in die mitgebrachten Dosen zu packen. Freundliche Hartnäckigkeit wurde einem empfohlen und der Tipp gegeben, dass die mitgebrachte Dose zwar wegen der Hygienevorschriften nicht hinter die Theke wandern darf, dass man sich aber sehr wohl oben auf der Theke treffen dürfte. So weit die Theorie. Die Praxis in einem ganz normalen Supermarkt, der nicht in einer Großstadt mit hipper Umgebung, sondern in einer Kleinstadt auf dem flachen Land stand, sollte beim ersten Versuch eine ganz andere sein, wie wir beide bald erfahren mussten.

Die wirklich einzigartigen Stoffbeutel waren ein guter Anfang. Häufig wird Obst und Gemüse in Plastik eingeschweißt, aber schon damals gab es auch unverpackte Varianten. Gerade bei Äpfeln, Karotten, Gurken oder Bananen war und ist das kein Problem. Und unsere Kinder haben uns immer wieder überrascht. Maik erinnert sich gerne an einen unserer Einkäufe mit dem damals sechsjährigen Mattis. Gemeinsam hatten Mattis und er im Supermarkt unseren Einkauf auf das Band gelegt, so gut wie nichts davon war in Plastik verpackt, Joghurt und Milch im Glas, Käse und Wurst in mitgebrachten Dosen, Obst und Gemüse einzeln. Das Abwiegen dauerte zwar etwas länger, was der netten Kassiererin aber nichts ausmachte. Und während Mattis stolz darauf war, den Einkauf so gut hinbekommen zu haben, geriet ein älterer Herr hinter uns immer mehr ins Grummeln. Irgendwann motzte er, wir sollten der armen Kassiererin nicht noch zusätzliche Arbeit machen. Die entgegnete freundlich: »Ach, das ist schon o. k. so. Besser so als die ganzen Plastiktüten.« Mattis strahlte, aber irgendwie fühlte Maik auch seine Anspannung. Beim Einräumen ins Auto sagte er zu ihm: »Der war komisch, der Mann eben, oder?« Die Antwort von Mattis war überraschend: »Ja, aber weißt du, Papa, vielleicht hat der keine Schildkröte.« Maik fragte nach, was Mattis damit meinte, und erhielt die Erklärung: »Der weiß vielleicht gar nicht, dass die Schildkröten im Meer das ganze Plastik fressen und davon krank werden.« Solche kleinen Geschichten gab es mehrere im Verlauf des Familienabenteuers, und sie haben uns immer darin bestätigt, dass unsere Kinder mit im Boot sind.

Nach und nach sind wir dann immer weiter gegangen, haben uns mit Mikroplastik auseinandergesetzt, haben Ideen zu Upcycling entwickelt. Wir haben gemerkt, dass man sehr viele Reinigungsmittel selber machen kann, haben auch mit selbst gemachtem Shampoo und Deo experimentiert – mal mehr, mal weniger erfolgreich. Manche DIY-Ideen (Do it yourself) haben sich fest etabliert, andere wurden nach kurzer Zeit wieder verworfen. Roggenmehl-Shampoo etwa war eine irgendwie verlockende Idee, aber weder für unsere Haare noch für die Dusche eine überzeugende Lösung.

Der bewusste Umgang mit Plastik und mit der Müllvermeidung hat dazu geführt, dass wir auch auf andere Dinge aufmerksam wurden, die uns vorher nicht in dem Maße aufgefallen waren. Das ist das Schöne an diesem Abenteuer – es hört einfach nicht auf. Wer einmal damit angefangen hat, entdeckt immer wieder Neues und kann Schritt für Schritt neue Wege gehen.

Nach einem Jahr wollten wir nicht mehr nur unseren Plastikverbrauch reduzieren, sondern mehr tun, so nachhaltig wie möglich leben. Wir wollten unseren Beitrag zum Klimaschutz leisten, weniger CO_2 verursachen, mehr tun – ganz nach Gandhi: »Sei du selbst die Veränderung die du dir wünschst für diese Welt.«

Wir haben uns immer öfter gefragt, wie wir nachhaltiger leben könnten, und uns dabei nach und nach verschiedene Bereiche unseres Lebens genauer angesehen, von der Ernährung über unseren Bezug zu und unseren Umgang mit Energie bis hin zu unserem Konsum und unserer Mobilität.

Viele dieser Schritte haben allerdings auch neue Konflikte entstehen lassen: zwischen der Anfangsbemühung, auf Plastik zu verzichten, und unserer zweiten Ambition, so nachhaltig wie möglich zu leben. So sind wir als Familie Vegetarier geworden, aber die Kinder wollten weiter »Wurst« auf dem Brot essen, allerdings bald keine tierische mehr, sondern vegetarische Wurst. Die gibt es aber leider nicht an der Frischetheke unserer Supermärkte. Es gibt sie nur in Plastik verpackt im Kühlregal. Das Gleiche gilt für veganen Käse, etwa auf Nussbasis. Beides verursacht Verpackungsmüll. Was Yannis dazu gebracht hat, seinem Lieblingshersteller von Wurst und vegetarischem Hackfleisch einen Brief zu schreiben, in dem er die leckeren Produkte lobte, gleichzeitig aber fragte, ob nicht auch ein Pfandsystem möglich sei. Eine Antwort hat er leider nie bekommen.

Wir haben in den letzten Monaten und Jahren gelernt,

dass immer wieder Abwägungen getroffen werden müssen und man sich manchmal auch auf dem Holzweg befindet. Trotzdem hat uns das alles nie wirklich frustriert. Wir kennen das beide aus der Arbeit: Um vorwärtszukommen, muss man manchmal das eigene Tun in Frage stellen und wenn nötig korrigieren. Es ist wichtig, einfach anzufangen, keine Angst vor Veränderungen zu haben. Denn Schritt für Schritt ist alles viel leichter, als es zunächst erscheint. Wir sind davon überzeugt, dass viel im Kleinen starten kann. Wir glauben nicht daran, dass der Einzelne nichts tun kann. Natürlich würde es noch viel mehr bringen, wenn vieles nachhaltiger reguliert würde oder mit Anreizen versehen, damit wir schneller von fossilen Brennstoffen wegkommen oder damit Firmen ihre Produktion und ihre Verpackungen auf umwelt- und klimafreundlichere Varianten umstellen. Wir denken dennoch, dass jeder kleine Schritt zählt. Je mehr Menschen anfangen, auf Nachhaltigkeit zu achten, desto präsenter wird das Thema sowohl in der Politik, die auf uns als Wähler angewiesen ist, als auch bei den Unternehmen in der Wirtschaft, die uns als Kunden brauchen und nach deren veränderten Bedürfnissen sie sich richten. Je mehr Menschen auf Nachhaltigkeit achten und entsprechend einkaufen, desto mehr nachhaltige Produkte wird es auch geben. Nachfrage bestimmt das Angebot.

Wir alle haben mehr Macht, als wir denken. Je mehr wir auf Nachhaltigkeit achten und zeigen, dass es uns wichtig ist, das Klima zu schützen, desto präsenter wird das Thema in der Politik, die auf uns als Wähler angewiesen

==ist und um unsere Stimmen buhlt. Je mehr wir unseren Einkauf als Stimmzettel nutzen und nachhaltige Produkte kaufen, desto mehr wird es davon geben.==

Als wir mit unserem Plastikverzicht angefangen haben, gab es zum Beispiel noch keine festen Shampoos in Drogerien oder Supermärkten zu kaufen. Seitdem die Plastik-Problematik aber immer mehr Menschen bewusst wird und sie entsprechend einkaufen, erhält man es fast überall. Es eröffnen immer mehr Unverpackt-Läden. Und auch das Angebot an veganem oder vegetarischem Fleischersatz hat immens zugenommen. Und wo es zu Beginn unseres plastikreduzierten Lebens noch Diskussionen an der Frischetheke unseres Supermarktes gab, ob der Käse jetzt in die mitgebrachte Dose gefüllt werden darf oder nicht, stehen mittlerweile Schilder, die einen dazu einladen, ja fast schon auffordern, genau das zu tun. Kurzum, es bewegt sich etwas. Langsam, aber stetig, und dennoch bleibt nach wie vor viel Raum für weitere Veränderungen.

Mit diesem Buch hoffen wir vielen Menschen Anregungen zu geben, selbst auch kleine Veränderungen anzustoßen, denn es muss nicht der ganz große Verzicht sein. Manchmal hat man auch einfach vergessen, dass es auch anders geht. Maik erinnert sich gerne an eine ältere Dame, die ihn im Supermarkt an der Frischetheke mit großen Augen ansah, als er den Käse von der Frischetheke in seiner mitgebrachten Dose in seinen Einkaufswagen packte, und zu ihm sagte: »Mensch, das ist ja eine gute Idee, junger Mann, so haben wir das früher eigentlich immer gemacht. Ich habe das total vergessen und wusste gar nicht, dass man das hier machen kann.« Und mit

Blick zum Verkäufer hinter der Theke: »Da bring ich beim nächsten Mal auch meine Dose mit.« Worauf der Verkäufer freundlich lächelnd erwiderte: »Aber natürlich, machen Sie das ruhig.«

Wir wollen mit diesem Buch zeigen, dass wir alle oft mehr bewirken können, als wir glauben, auch und gerade mit Kindern. Wir wollen Mut machen, anspornen. Wir sind mit Lust statt Frust diesen Weg gegangen, und haben alle Überlegungen und Diskussionen, die mit ihm verbunden waren, als sehr bereichernd empfunden. Innerhalb der Familie, aber auch mit Außenstehenden. Denn die gab es natürlich zuhauf. Es gab und gibt viele Diskussionen und Einwände von außen. Zum Beispiel, dass das ja alles gar nichts bringen würde. Dass der Einzelne doch eh nichts verändern kann. Das ist auch erst mal verständlich und hat oft mit dem Verteidigen der eigenen Komfortzone, der Vorlieben und Gewohnheiten zu tun. Ein »Augen zu und weiter so wie bisher« ist ja immer bequemer als eine aktive Veränderung. Aber man darf nicht vergessen, wie gut es sich anfühlt, die eigene Wirkmächtigkeit zu erfahren.

Die vier Argumente, die wir am häufigsten hören, sind:

Nummer 1: »Ja, der Klimawandel ist wirklich schlimm, man müsste eigentlich etwas dagegen machen, aber jetzt gerade passt es nicht.«

Leider muss man darauf entgegnen, dass wir keine Wahl mehr haben, denn der Zeitraum, in dem wir die schlimmste Katastrophe noch abwenden können, ist kurz (mehr dazu im zweiten Kapitel).

Nummer 2: »Es wird schon nicht so schlimm, ist ja alles übertrieben.«

Dieses Argument widerspricht allen Vorhersagen von Wissenschaftlern, die zu diesem Thema seit Jahren forschen und deren Warnungen wir ernst nehmen sollten. Während Klimakatastrophen all die Jahre weit weg von uns passierten, uns scheinbar nicht berührten, mussten wir vor Kurzem, im Juli 2021, hier in Deutschland aufgrund der Flutkatastrophe die schlimmen Folgen des Klimawandels hautnah miterleben. Eigentlich sollte spätestens jetzt klar sein, wie real die Gefahr ist. Und dass wir, wenn wir so weitermachen, mehr derartige Überflutungen haben werden oder aber Hitzeperioden, wie zuletzt in Kanada, mit Temperaturen, für die wir einfach nicht gemacht sind, die unsere Gesundheit extrem belasten.

Argument *Nummer 3* lautet: »Wir Bürger allein können rein gar nichts bewirken, unsere Macht ist begrenzt, Verzicht bringt nichts, die Politik muss Rahmenbedingungen setzen.«

Natürlich ist es extrem wichtig, dass von Seiten der Politik insbesondere die Energiewende ganz entscheidend vorangetrieben wird, sehr viel mehr Anreize und Regularien für die Förderung erneuerbarer Energien, die Abkehr von fossilen Brennstoffen, hin zu einer veränderten Mobilität und Landwirtschaft sowie zu einer energetischen Sanierung getroffen werden. Aber für all das muss eine Bevölkerung auch bereit sein, denn sonst werden Veränderungen nicht angenommen und umgesetzt, oder viel zu zögerlich oder zu spät. Wir müssen alle bereit sein für Maßnahmen, wir müssen den Klimaschutz als oberste Priorität verstehen, ihn einfordern. Nur dann wird etwas passieren.

Nummer 4: »Wenn wir hier in Deutschland klimafreundlich leben, ist damit noch gar nichts gewonnen, denn in China,

Indien und anderen Ländern wird doch weiterhin viel zu viel CO_2 in die Luft geblasen.«

Wenn wir so argumentieren, wird uns das für immer lahmlegen, denn wenn niemand anfängt und alle auf die anderen verweisen, wird sich nichts tun. Die Entwicklungsländer wollen zu Recht auch zunehmenden Wohlstand erleben. Sie sind nicht für all das CO_2 verantwortlich, das sich bereits in der Atmosphäre angesammelt hat. Dafür sind wir, die wohlhabenden Industrienationen, verantwortlich. Diesen »Whataboutism« hören wir häufiger. Whataboutism meint, dass man immer andere findet, die sich ja angeblich noch schlimmerer Vergehen schuldig machen, was von der eigenen Verantwortung ablenken soll. Eines der Argumente ist dabei häufig, es bringe ja nichts, wenn man selbst weniger Müll verursacht, während in Entwicklungsländern der Müll in die Landschaft geschmissen wird. Und da das ja das viel größere Problem sei, müsse man selbst hier erst mal nichts tun, das sei ja nur ein Tropfen auf den heißen Stein.

Das ist zu bequem, aus dem goldenen Käfig heraus, den uns die Geburtslotterie beschert hat, während andere in genau der gleichen Lotterie das Los Bangladesch, Niger oder Pakistan gezogen haben und nun mal ohne funktionierende Müllentsorgung leben müssen. Und nur um die Dinge etwas in Relation zu bringen: Wir Deutschen haben im Durchschnitt einen jährlichen CO_2-Ausstoß von ca. zehn Tonnen pro Person, in Indien liegt dieser nur bei zwei Tonnen. Natürlich ist diese globale Krise auch nur global zu lösen, jedoch haben wir als Industrieland, das für einen Großteil des sich bereits in der Atmosphäre befindlichen CO_2 verantwortlich ist, auch eine besondere Verantwortung, bei der Suche nach einer Lösung für dieses Dilemma voranzuschreiten. Es ist an uns, Entwicklungsländern vorzuleben, wie nachhaltige Entwicklung aussehen kann. Wir müssen diesen Ländern helfen, denn natürlich wollen auch sie zu mehr Wohlstand kommen, wofür sie mehr Energie brauchen. Daher sollten wir mit gutem Beispiel vorangehen, und dürfen nicht warten bis sich alle Nationen auf notwendige Maßnahmen geeinigt haben. Immerhin es gibt Hoffnung, dass sich beispielsweise mit dem Machtwechsel in den USA und dem Wiederbeitritt der USA zum Klimaabkommen auch dort in den nächsten Jahren mehr tun wird.

Wir selbst haben jedenfalls beschlossen nicht länger zu warten, zu diskutieren und zu hoffen, sondern aktiv zu werden. Uns ist klar, dass wir damit nur einen kleinen Beitrag leisten. Die ganz großen Hebel, wie die notwendige Energiewende, haben wir nicht in der Hand. Dennoch sind wir davon überzeugt, dass jeder Beitrag zählt. Viele kleine Hebel ergeben zusammen eben doch etwas Großes. Einen Umbruch, der von vielen getragen wird, und der so gestaltet werden kann, dass er kein Verzicht ist, sondern ein Zugewinn mit sich bringt: an Lebensqualität, erträglichen Temperaturen, gesunden Lebensgrundlagen und sauberer Luft. Kurzum einem Umfeld, in dem unsere Kinder groß werden können.

Uns ist auch klar, dass wir nicht nur positive Resonanz, sondern auch Kritik ernten werden. Wer Klimaschutz vorantreiben will, macht für die einen zu wenig, für die anderen zu viel, wird schnell als Öko-Tyrann abgestempelt oder nervt sein Umfeld als personifiziertes schlechtes Gewissen. Wir sind dieser Diskussionen langsam, aber sicher überdrüssig.

Und stellen die Gegenfrage: Was, wenn jeder bei sich selbst anfängt, in seinem direkten Mikrouniversum, was, wenn wir uns alle gegenseitig motivieren und unterstützen, statt Fehler beieinander zu suchen?

Wir haben beschlossen, diesen Weg als Familie zu gehen. Jeder Schritt zählt, und nichts muss perfekt sein, aber es muss etwas geschehen, denn die Zeit läuft uns davon ...

2 KLIMAWANDEL – DIE UHR TICKT

»Wir nähern uns beim Klima gefährlichen Kipppunkten, die, einmal überschritten, zu abrupten und unumkehrbaren Veränderungen im Erdsystem führen können.«[1]

HORST KÖHLER

Warum ist CO_2 ein Problem?

Kohlenstoffdioxid ist heute vielleicht das bekannteste Gas der Welt – CO_2 ist in aller Munde. In mehr als 50 Ländern weltweit wird sein Ausstoß mittlerweile besteuert. Das kleine Molekül mit großer Wirkung hat die Menschheit zu mehreren großen Gipfeln zusammengebracht, und selbst Kinder kennen seinen Namen. Das Gas ist geruch- und farblos, unauffällig eigentlich. Aber auch hartnäckig, denn wenn es in die Atmosphäre gelangt, bleibt es dort. Lange. Der natürliche Abbau dauert. Nach 1000 Jahren sind noch bis zu 40 Prozent des ursprünglich emittierten Gases vorhanden, schreibt das Umweltbundesamt. Um es restlos abzubauen, braucht es richtig viel Geduld und Hunderttausende Jahre. Das macht CO_2 (unter anderem) so problematisch, denn wir Menschen haben seit der Industrialisierung bereits viel zu viel Kohlendioxid in die Atmosphäre geblasen, vor allem durch Verbrennung von fossilen Energieträgern, also von Kohle, Erdöl und Erdgas, aber auch von Holz.

Ein Baum ist ein wachsender Kohlenstoffspeicher. Verbrennt man ihn, entsteht CO_2. Das Speichern dauert, das Verbrennen aber geht ruckzuck. »Zu fällen einen schönen Baum, braucht's eine halbe Stunde kaum. Zu wachsen, bis man ihn bewundert, braucht er, bedenkt es, ein Jahrhundert« – dieses Gedicht von Eugen Roth hatte Maik als Kind in die Freundschaftsbücher geschrieben. Heute hat es für ihn eine neue Bedeutung erhalten. Es beschreibt das Problem, in dem wir seit einigen Jahrzehnten stecken, besonders gut. Denn wir Menschen haben seit Beginn der Industrialisierung viel zu viel vom eigentlich im Boden oder in den Bäumen gut gespeicherten Kohlenstoff in die Atmosphäre geschickt und so den vom Menschen gemachten Klimawandel befeuert.

Mit der steigenden Konzentration von CO_2, das gut 80 Prozent aller Treibhausgase ausmacht, und mit seinen Verwandten wie Methan (CH_4) oder Lachgas (N_2O), haben wir die Erwärmung des Planeten mit einer unglaublichen Geschwindigkeit vorangetrieben. Und dann haben wir im letzten Jahrzehnt zum Endspurt angesetzt. Trotz Kyoto-Protokoll und aller Warnungen des Weltklimarates hat die Menschheit im wahrsten Sinne des Wortes noch mal ordentlich Gas gegeben.

Den Anstieg der Treibhausgase und allen voran den von CO_2 kann man sehr gut messen. Den Anfang machte Hawaii. Auf der Hauptinsel Hawaiis liegt einer der größten aktiven Vulkane, der Mauna Loa. Auf seinem Gipfel, in 3397 Metern Höhe, befindet sich das Observatorium mit der ältesten CO_2-Messreihe der Welt. Acht Jahre nachdem Arbeiter 1950 eine Straße durch die karge Mondlandschaft des Vulkans bauten und ihn so zugänglich machten, begann Professor Charles David Keeling dort seine Messungen. Er wollte wissen, welchen Einfluss der Mensch auf die Atmosphäre hat, oder besser gesagt: auf die Zusammensetzung der Atmosphäre. Seine Ergebnisse bilden die Grundlage der nach ihm benannten Keeling-Kurve. Sie liefert Antworten, die uns nicht gefallen, denn sie kennt nur eine Richtung: nach oben. Und das hat ganz klar mit uns Menschen zu tun. Seit Mitte des 19. Jahrhunderts hat sich der CO_2-Gehalt der Atmosphäre um gut 45 Prozent erhöht. Seine Konzentration wird in ppm angegeben, also *parts per million*: ein Molekül CO_2 pro eine Million Moleküle trockener Luft. Zu Beginn der Industrialisierung lag der durchschnittliche Wert noch bei 280 ppm. Als Maik geboren wurde, waren es schon 333 ppm, und zwei Jahre später, bei Nicoles Geburt, 335 ppm. Heute, während wir dieses Buch schreiben, haben wir die 420 ppm überschritten. Der höchste Wert seit mehreren Millionen Jahren. Und diese Zahl wächst immer schneller.

Wissenschaftler warnen seit Jahren vor dem Überschreiten der Grenze von 450 ppm CO_2-Gehalt in der Atmosphäre. Denn dann könnten, wie bei einem Dominospiel, weitere Steine angestoßen werden, die den Klimawandel beschleunigen und Entwicklungen in Gang setzen, die nicht mehr rückgängig gemacht werden können. Diese sogenannten Kipppunkte wären zum Beispiel das Auftauen der Permafrostböden in Sibirien, in denen seit Jahrtausenden das besonders aggressive Treibhausgas Methan gebunden ist. Wird es durch das Auftauen infolge steigender Temperaturen freigesetzt und gelangt in die Atmosphäre, wird der Klimawandel weiter beschleunigt. Es ist, als spritzten wir mit einer Flasche Spiritus in ein Lagerfeuer.

Die entscheidende Dekade

Wir entscheiden jetzt, in dieser Dekade, welchen Klimawandel wir erleben werden. Nicht, ob er kommt. Deutschland wird ein anderes, ein heißeres Land. Wie heiß, wie drastisch, das liegt an uns.

2050, schreiben Nick Reimer und Toralf Staud in ihrem Buch *Deutschland 2050*[2], wird es deutlich mehr Tage mit Hitze und Temperaturen über 40 °C geben – Häuser, Gleise etc. sind darauf nicht ausgelegt. Zudem müssen wir mit einem Wechsel von deutlich mehr Starkregen und mehr Trockenphasen rechnen sowie mit mehr und größeren Hagel-Niederschlägen. Sturmfluten an den Küsten werden zunehmen. Es ist ein düsteres Bild, das die beiden Autoren zeichnen. Zu wenig Kühlwasser im Rhein, der zu niedrig wird, um Schiffe auf ihm fahren zu lassen. Für die Unternehmen ist das schon jetzt mit Kosten verbunden, aber zur Mitte des Jahrhunderts wird es besonders schwierig. Auf dem Bau wird man im Sommer mittags teilweise gar nicht arbeiten können, weil auch das Material zu heiß wird. Risikoberater sind schon jetzt alarmiert: Typische Gewerbearchitektur, Blechhütten werden in naher Zukunft nicht mehr benutzbar. Kühlen wird sehr teuer – eine große Bürde für den Mittelstand. Jetzt schon werden Hirse, Soja und Kichererbsen für den Anbau in Brandenburg getestet. Weil der Weizenanbau bei den zu erwartenden Temperaturen zu teuer wird.

Es wird heißer und trockener. Die ehemalige Umweltministern Svenja Schulze hat einen Wasserplan erstellen lassen, dem zufolge es schon bald eng werden könnte. Eine nationale Wasserstrategie wird angeschoben. Manche Experten gehen sogar davon aus, dass Wasserknappheit in Zukunft als kritischer Parameter die CO_2-Konzentration ergänzen wird. Deutschland wird sich gut vorbereiten müssen auf das, was da schon sehr bald kommt. Schon jetzt ist Deutschland um zwei Grad wärmer als im späten 19. Jahrhundert, das hat der international anerkannte Klimaforscher Stephan Rahmstorf[3] ausgerechnet.

Die Zeit rennt also, nur haben es scheinbar noch immer viele Menschen nicht bemerkt, oder sie wollen es nicht wahrhaben. Dabei ist die Sache am Ende einfach und faktisch belegt. Es ist reine Physik: Wir haben ein gewisses Budget an Treibhausgasen, die wir in die Atmosphäre entlassen können. Wird es überschritten, ist die Erderwärmung nicht mehr auf 1,5 °C zu begrenzen. Auf diese notwendige Begrenzung hatte sich die Weltgemeinschaft 2015 bei der Klimakonferenz in Frankreich geeinigt und den Pariser Klimavertrag verabschiedet. Danach ist allerdings zu wenig passiert. Und so sind wir schon 2021 bei einer globalen Erderwärmung von 1,2 °C angekommen. Die Uhr tickt, daran wollen die Macher der Klima-Uhr erinnern, die als Countdown bis zu dem Zeitpunkt entwickelt wurde, an dem eine Erderwärmung um 1,5 °C, ausgelöst durch den vom Menschen gemachten Klimawandel, nicht mehr abzuwenden ist. Man kann sie sich im Internet ansehen oder auch als App herunterladen. Neben der alarmierend roten Deadline zeigt die Uhr aber auch eine hoffnungsvoll grüne »Lebenslinie«. Sie zeigt den langsam steigenden Anteil erneuerbarer Energien am globalen Strommix. Steigt er auf 100 Prozent, bevor die rote Uhr abgelaufen ist, sei das »Klima-Desaster« noch abzuwenden. Am 1. März 2022 waren es weniger als 20 Prozent. Da bleibt noch Luft nach oben, oder wie es die Macher der Klima-Uhr formulieren: Die Lebenslinie der erneuerbaren Energien wächst nicht schnell genug, um die Deadline zu treffen.

Andrew Boyd, einer der Entwickler der Klima-Uhr, ist fest davon überzeugt, dass uns dafür noch Zeit bleibt. Allerdings nur, wenn wir schnell und entschlossen handeln. Das Problem: Dieses notwendige Handeln geht über das hinaus, was die meisten Politiker auf der Welt als für politisch umsetzbar halten. Dabei sind die nächsten Jahre entscheidend. Wir brauchen, so betonen es Wissenschaftlicher und die Macher der Klima-Uhr, einen wirklichen Wandel der Weltwirtschaft, um die Erderwärmung auf 1,5 °C zu begrenzen. Einen Punkt, an dem es kein Zurück mehr gäbe. Noch haben wir ein Zeitfenster, um zu handeln, doch es schließt sich langsam, aber sicher. Wer sich die Uhr online anschaut, kann live dabei zusehen, wie die Stunden verrinnen. In Glasgow wurde sie 2021 auch eingesetzt – als Mahnung für die Teilnehmer der Klimakonferenz – und war 2019 bereits in Berlin zu sehen. Die Uhr zeigt, dass wir Menschen unsere Emissionen reduzieren müssen, so umfangreich und schnell, wie wir nur können. Über die technischen Mittel verfügen wir bereits und könnten mit ihnen schon heute eine gesündere und gerechtere Welt für uns alle schaffen.

Im September 2020 schreckte diese Uhr die New Yorker auf. Am Union Square konnten sie in riesigen Zahlen sehen, wie uns die Zeit davonläuft. Damals waren es noch sieben Jahre und gut drei Monate. Und damals war noch Donald Trump der Präsident der Vereinigten Staaten. Ein Mann, der das internationale Klimaabkommen aufgekündigt hatte und den menschengemachten Klimawandel anzweifelte. Heute ist die Situation eine andere: Im Weißen Haus regiert jetzt Joe Biden, und eine seiner ersten Amtshandlungen war es, dem Klimaabkommen wieder beizutreten. Und nicht nur das: Er berief auch einen internationalen Klimagipfel ein und machte Tempo. 40 Staats- und Regierungschefs, darunter der chinesische Präsident Xi Ching Pin und selbst der Russe Wladimir Putin, erschienen zur digitalen Konferenz und versprachen mehr Engagement. Führungsanspruch *made in USA* in Sachen Klimaschutz.

Und darüber hinaus veränderte Biden auch den Fokus. Statt auf die Sorgen über die Folgen des Klimawandels setzt Biden auf die Chancen, die in Klimaschutzmaßnahmen liegen, und lädt den Begriff so neu und positiv auf: Klimapolitik werde der Jobmotor der Zukunft. Viele neue Jobs würden entstehen, neue Möglichkeiten. Und weil Joe Biden mit einem so klaren Verständnis von Klimaschutz in seine Amtszeit startete, bekam er überraschend Rückenwind aus einer Ecke, von der das nicht zu erwarten war: Die Gewerkschaft der Kohlearbeiter, eine der größten Arbeitervertretungen in den USA, applaudierte Bidens Plänen, statt auf die Barrikaden zu gehen. *Change is coming* – der Wandel kommt, egal, ob wir ihn wollen oder nicht. Natürlich ist dieser Applaus mit Forderungen verbunden: Wir brauchen massive Investitionen, verlangte Gewerkschaftspräsident Cecil Roberts Ende April 2021 und forderte Subventionen für Firmen, die Solar- und Windenergie in die Kohleregionen bringen wollen. Und auch die neue Regierung gibt Anlass zur Hoffnung: Sie plant das Aus für den Kohle-Strom schon zum Ende dieses Jahrzehnts.

Der Klimawandel vor unserer Haustür

2021, das Jahr, in dem wir dieses Buch schreiben, ist ein besonderes Jahr. Ein Aufbruchjahr. Denn neben Joe Biden sorgten auch noch andere dafür, dass Klimapolitik und Klimaschutzmaßnahmen anders wahrgenommen wurden als bisher. Auch hier bei uns. Von der Mehrheit der Bevölkerung eher nicht erwartet, setzten die Richter des höchsten deutschen Gerichts in Karlsruhe ein Zeichen und erließen ein Urteil mit Signalwirkung: Die Klimaschutzgesetze der Bundesregierung, so entschieden die Richter, sind bei Weitem nicht ausreichend, und sie belasten die kommenden Generationen zu sehr, nehmen ihr Handlungsspielräume.

Das Urteil hatte mehrere Folgen. Zum einen wurde es von der Klimabewegung *Fridays for Future* um Luisa Neubauer bejubelt. So weit so erwartbar. Zum anderen aber gab es auch Applaus von den Politikern, die die entsprechenden Gesetze ja so unzureichend gestaltet und verabschiedet hatten, wie es das Bundesverfassungsgericht monierte. Eine seltsame Situation. Immerhin führte sie auch dazu, dass die scheidende schwarz-rote Bundesregierung unter Merkel schnell neue Maßnahmen verabschiedete und die Klimaziele anpasste. Zumindest etwas. Den ganz großen Wurf gab es nicht, im Sommer vor der Bundestagswahl. Trotzdem war ein gewisser Veränderungswille in der Politik und auch bei den Bürgern zu spüren. Schon vor der Hochwasserkatastrophe vom Juli 2021, aber erst recht danach.

Die schrecklichen Ereignisse in Nordrhein-Westfalen und Rheinland-Pfalz haben vielen klargemacht, dass uns die Klimakrise schon jetzt selbst betrifft. Keiner wird die Bilder aus Hagen, aus Erftstadt, aus der Eifel und aus dem kleinen Ort Schuld vergessen. Aber auch die Bilder aus Bad Neuenahr-Ahrweiler, wo ein guter Freund unserer Familie sein Haus an die Folgen der Klimakrise verloren hat. Zum Glück nicht sein Leben oder das seiner zwei Söhne. Aber die Vorstellung, wie er sich abends schnell noch etwas zu trinken und zu essen schnappt, bevor er vor dem immer schneller hereinströmenden Wasser mit den Kleinen in den ersten Stock und später aus Vorsicht noch ins Dachgeschoss flieht, hat uns fertiggemacht. Zum Glück fehlten dem Wasser noch zwei Stufen bis ins Obergeschoss. Und zum Glück hatte der kleine Baum vor dem Küchenfenster das Wohnmobil aufgehalten, das von den Fluten von außen durch die Wand in die Küche geschoben zu werden drohte. Keiner weiß, ob dabei das Haus stehen geblieben wäre und unserem Freund und seinen Kindern weiter Schutz geboten hätte.

Tod, Trümmer und Zerstörung in einem Katastrophengebiet, nicht viele Flugstunden von uns entfernt, sondern mitten in Deutschland. Der Juli 2021 hat uns gezeigt: Niemand ist wirklich sicher. Nirgends. Zu schnell kam das Wasser, zu wenig vorbereitet waren die Orte nahe der idyllischen kleinen

Flüsschen. Zu heftig die Kraft der Natur. Das Gefühl der heilen Welt in Deutschland ist brüchig geworden. Einem Land, das zwar etwas wärmer geworden ist, aber das doch sonst scheinbar nichts wirklich Schlimmes zu befürchten hatte von diesem Klimawandel, von der Erderwärmung. Bislang waren Klimakatastrophen meist weit weg passiert, wir waren hier vermeintlich sicher. Diese vermeintliche Sicherheit lag im Sommer 2021 begraben unter Schlamm, der nach Diesel und Öl roch. Es war ein harter Realitätsschock. Schreckliche Tage für die Menschen, die um ihre Existenz kämpften, die Angehörige verloren hatten und nicht wussten, wie es weitergehen sollte. Und es teilweise heute noch nicht wissen.

Meteorologen wie Christian Häckl, Bernd Fuchs, Özden Terli oder Sven Plöger haben uns und den Zuschauern erklärt, wie sich der Jetstream durch die Erderwärmung verlangsamt. Und wie das dazu führt, dass die Dürrezeiten länger andauern, aber eben auch die Tiefs länger hängen bleiben. Dass öfter heftige Starkregenereignisse kommen werden. Und dass das alles am Klimawandel liegt, den wir Menschen verursacht haben und den wir weiter anfeuern. Jeden Tag.

Klimaschutz und Menschenrechte gehören zusammen

Klimaschutz ist am Ende auch Schutz der Menschenrechte. Vor allem für unsere Kinder. Die Menschenrechtsorganisation *Terre des Hommes* hat deshalb schon 2020 eine weltweite Kampagne gestartet. Sie heißt »My Planet, my Rights«, also »Mein

Planet, meine Rechte«. Denn der Klimawandel trifft schon jetzt Kinder und Jugendliche besonders hart. Eine halbe Milliarde Kinder leben in von Überflutung bedrohten Gebieten. 24 Millionen Kinder werden laut einer Berechnung der Weltgesundheitsorganisation bis zum Jahr 2050 wegen der Folgen des Klimawandels unterernährt sein. Und diese Unterernährung ist tödlich – fast die Hälfte aller Todesfälle bei Kindern unter fünf Jahren wird durch sie verursacht. Der Klimawandel tötet in seiner Folge Millionen Kinder. Deshalb setzt sich *Terre des Hommes* für ein international festgeschriebenes Kinderrecht auf eine gesunde Umwelt ein, einen internationalen Standard, der dann wiederum Regierungen weltweit dazu zwingen könnte, aktiv gegen Klimawandel und Umweltzerstörung vorzugehen. Die Kampagne war erfolgreich: Im September 2021 hatte *Terre des Hommes* 140 000 Unterschriften gesammelt. Anfang Oktober hat dann der Menschenrechtsrat der Vereinten Nationen beschlossen, das Recht auf eine gesunde Umwelt anzuerkennen. 43 von 47 Staaten stimmten für die Anerkennung, darunter auch Deutschland.

Wie wichtig das ist, das hat Maik mitbekommen, als er von Leelas Geschichte erfuhr, eines von Millionen Kindern, die schon heute an den Folgen des Klimawandels leiden. Die Achtjährige lebt in der Wüste von Tharparkar, im pakistanischen Grenzgebiet zu Indien. Der Klimawandel hat das ohnehin schwierige Leben hier noch anstrengender gemacht. Leela, die vor zwei Jahren ihren Vater verloren hat, lebt mit ihrer Mutter und ihren sechs Geschwistern in einem kleinen Dorf ohne eigenen Brunnen. Deshalb müssen die Kinder fast täglich stundenlang durch die Wüste laufen, in sengender Hitze, um einen Brunnen zu finden, der noch Wasser führt. Zeit für die Schule hat Leela nicht. Dabei ist es ihr größter Wunsch, Lehrerin zu werden und die Kinder des Dorfes zu unterrichten. Als Pate für den RTL-Spendenmarathon unterstützt Maik ein Projekt von *Terre des Hommes*, das Leela und den anderen Kindern des Dorfes Bildung ermöglicht. Gemeinsam mit der Partnerorganisation AWARE werden solarbetriebene Pumpanlagen gebaut, die die Dörfer mit frischem Wasser versorgen, damit die Kinder endlich wieder Zeit haben, um in die Schule zu gehen und mit ihren Freunden zu spielen. Auch die Schulen selbst werden repariert oder neu gebaut, was besonders wichtig ist, weil die Analphabetenquote in diesem Teil Pakistans besonders hoch ist. Eine von vielen Geschichten, die uns die Augen geöffnet haben.

Aber auch bei uns in Deutschland gibt es Grund zur Hoffnung: 2021 tagte zum ersten Mal der »Bürgerrat Klima«: 160 Bürgerinnen und Bürger wurden zufällig ausgewählt nach Alter, Geschlecht, Bildungsstand und Migrationshintergrund. Und von Experten geschult, insgesamt 50 Stunden lang. Viele hatten sich nie wirklich mit dem Klimawandel oder mit möglichen Lösungen gegen die Erderwärmung beschäftigt. Zwölf Sitzungen wurden anberaumt, um aus den Normalbürgern Klimaexperten zu machen, immer unter der Leitfrage »Wie gestalten wir Klimapolitik: Gut für uns, gut für unsere Umwelt und gut für unser Land?«. Am Ende haben diese bunt zusammengewürfelten Menschen mit großem Engagement Vorschläge für die Politik erarbeitet, ihre Antwort auf die Klimakrise: 90 Prozent erneuerbare Energien und das schon 2040, raus aus dem Kohlestrom schon bis 2030 und Tempo 120 km/h auf der Autobahn – das allerdings nur mit Zustimmung von 58 Prozent der Bürgerratsmitglieder.

Ein tolles Experiment, von dem beteiligte Wissenschaftler wie Claudia Kemfert voller Begeisterung erzählen. Auch die Klimapsychologin Janna Hoppmann, die den Prozess des Bürgerrats begleitete. Für die Teilnehmer sei es eine wichtige, individuelle Erfahrung, sie hätten so politische Selbstwirksamkeit erlebt. »Mit ihrer Teilnahme am Bürgerrat machen sie einen Unterschied und können zu Lösungen für Klimaschutz beitragen.« Schirmherr war Bundespräsident a.D. Horst Köhler, der in seinem Grußwort einen entscheidenden Punkt hervorgehoben hat: »Die Bürgerinnen und Bürger werden Vorschläge und Ideen einbringen und dabei, so hoffe ich, auch über ihre Zweifel und Ängste sprechen. Beides ist wichtig. Denn Veränderungen rufen auch Widerwillen hervor. Und wenn Deutschland die Ziele erreichen will, zu denen es sich 2015 im Klimaabkommen von Paris verpflichtet hat, ist eine große gesellschaftliche Veränderungsbereitschaft vonnöten.«[4] Und er macht Mut für diese Transformation, denn in ihr stecken auch große Chancen auf mehr Lebensqualität. In einem Interview, das der Bundespräsident a.D. Maik Ende November 2021 gab, lobte er dann, wie engagiert und lösungsorientiert der Bürgerrat gearbeitet habe: »Ich freue mich auch, dass die neue Bundesregierung vorhat, zu konkreten Fragestellungen Bürgerräte einzusetzen – so steht es im Koalitionsvertrag. Der Bürgerrat Klima hat mit seinem Bürgergutachten bewiesen: Das lohnt sich!«

Schon vor der Überschwemmungskatastrophe, die bei vielen ähnlich gewirkt haben könnte wie damals der Atom-

GAU von Fukushima auf die Kanzlerin und andere Politiker, hatte die repräsentative More-in-Common-Studie[5] gezeigt, dass der Klimawandel im Bewusstsein der Bevölkerung angekommen ist. 65 Prozent der Befragten sagen, ja, er sei schon jetzt zu spüren. Und auch den eigenen Anteil bedenken viele kritisch. Nur 38 Prozent der Befragten sagen: »Angesichts meiner persönlichen Situation tue ich bereits genug für den Klimaschutz.« Der Rest glaubt, er könnte etwas mehr tun (54 Prozent) oder sogar deutlich mehr (8 Prozent). Man kann also sagen, es ist breiter Konsens in Deutschland, dass der Klimawandel real ist und er die Menschen umtreibt. Beste Voraussetzung, um etwas zu tun. Also, packen wir's an.

Hochwasseralarm

Für die Nachhaltigkeitswoche der Mediengruppe RTL war Maik im Spätsommer 2021 gemeinsam mit Kinderreportern unterwegs, um gemeinsam auf die Folgen des Klimawandels zu schauen. *Klimaretten für Anfänger* hieß die Reportageserie, die dabei gemeinsam mit Seema-Media entstand. Vier dieser Reportagen beschreiben wir in diesem Buch, eben weil sie sich auf der Augenhöhe der Kinder mit dem Thema Klimakrise beschäftigen, die uns auch bei unserem Familienprojekt so wichtig ist. Hier ist die erste:

REPORTAGE

STURMFLUTEN UND HOCHWASSER – WIE SICH KÜSTENREGIONEN AUF DEN KLIMAWANDEL EINSTELLEN

Mit einem lauten Hupen der Schiffssirene geht es los in Richtung Hamburg-Hafencity. Wir sind an Bord des Segelforschungsschiffs *Aldebaran*, unsere Kinderreporterin Sophia und ich, Maik. Wir wollen herausfinden, wo der Klimawandel in Hamburg schon zu sehen ist und wie Sophia das alles erlebt. Mit an Bord ist der Tierschutzexperte Dr. Veit Henning von der Universität Hamburg, der uns im Laufe der Schifffahrt von der Todeszone für Fische erzählen wird.

Wir sind alle etwas aufgeregt, Sophia und ich, unser Fernsehteam, aber auch die Crew der *Aldebaran*. Das kleine gelbe Forschungsschiff ist nach dem hellsten Stern im Sternbild Stier benannt. Das ist ganz bewusst so gewählt, erklärt mir Katrin Heratsch von der Deutschen Meeresstiftung, denn manchmal müsse man bei diesem Thema auch mal mit dem Kopf durch die Wand. Heute müssen wir uns nur einen Weg auf der Elbe bahnen, zwischen riesigen Containerschiffen, Fähren und anderen kleineren Frachtern. Während uns der kalte Fahrtwind frösteln lässt, erfahren Sophia und ich von Veit Henning, wie schwierig es die Fische hier im Sommer haben. Drei Wochen lang war in einem großen Bereich der Elbe der Sauerstoffgehalt so gering, dass eine regelrechte Todeszone entstand, durch die die kleineren Fische nicht hindurchkamen.

»Wie viele Fische sind daran denn gestorben?«, wollen Sophia und ich wissen. Veit winkt ab – das könne man gar nicht mehr zählen. Und solche Phasen, in denen das Wasser zu warm und damit zu sauerstoffarm sei, würden zunehmen, daran bestehe kein Zweifel. Der Klimawandel. Dazu kommt aber auch die Ausbaggerung der Elbe für die riesigen Containerschiffe. Dadurch wurde die Strömungsgeschwindigkeit der Elbe beschleunigt. Mehr Wasser strömt dann schneller vom Meer aus in die Stadt und nimmt dabei jede Menge Sedimente mit. Wenn es dann deutlich langsamer wieder zurückkehrt, bleibt der Schlick im Hafen zurück. Vor allem in den Nebenarmen mit wenig Strömung führt das dazu, dass immer öfter ausgebaggert werden muss. Für die Fische hat auch die neue Geschwindigkeit Konsequenzen, denn die Sicht wird durch das aufgewirbelte und mitgerissene Sediment trüb. Die kleinen Fische können die Krebse und anderen Tiere, von denen sie sich ernähren, immer schwerer entdecken.

Als Sophia gemeinsam mit Veit eine Wasserprobe nimmt, sieht man deutlich, wie trüb das Wasser ist. Weniger kleine Fische, sogenannte Stichlinge, heißt weniger Futter für die Zander und Vögel, aber auch für die Schweinswale. »Können die Fische hier ganz aussterben?«, will Sophia wissen. »Ja«, sagt Veit, »das ist durchaus möglich.« Die Stille, die folgt, ist erdrückend. Als Sophia und ich von Bord gehen, sind meine Gefühle gemischt. Der Ausflug auf der Elbe in dem kleinen gelben Forschungsboot hatte so viel Beruhigendes, aber zugleich auch so viel Erschreckendes. Sophia scheint es ähnlich ergangen zu sein. Das aufgeweckte Kind ist sichtlich bedrückt. Sie wird ein paar Stunden später aber wieder etwas hoffnungsvoller auf das tödliche Problem der Fische schauen können.

Vorher bekommen wir beide, zurück an Land, erst mal was auf die Ohren. Ausgestattet mit grellorangen Warnwesten dürfen wir als Deichwarte im Hamburger Hafen aushelfen, bei der Deichverteidigung, wie es ganz offiziell heißt. Hamburg liegt nur sechs Meter über dem Meeresspiegel, der weiter voranschreitende Klimawandel bedroht die Millionenmetropole. Deshalb hat die Stadt Sturmflutmauern gebaut, die teilweise durch tonnenschwere Sperrtore Schutz vor den Wassermassen bieten soll, die Stürme von der Nordsee über die Elbe in die Stadt drücken können. Diese Verteidigungsanlage dürfen wir uns heute genauer ansehen.

Nach einer kurzen Sicherheitseinweisung darf Sophia eines der 2000 kg schweren Senktore an den Landungsbrücken herunterfahren. Etwas aufgeregt dreht sie einen Schlüssel um, schaltet einen der beiden hydraulischen Motoren an und drückt auf einen gelben Knopf, auf dem »Tor schließen« steht. Und dann wird es plötzlich sehr laut. Eine Sirene warnt die Passanten in der Umgebung, während ich am Flatterband stehe, mit dem wir die nähere Umgebung des Tores abgeschirmt haben. Heute ist das Ganze natürlich nur ein Test. Im Ernstfall soll so aber das Wasser einer Sturmflut aufgehalten werden. Der Anstieg des Meeresspiegels durch den Klimawandel wird die Wahrscheinlichkeit von solchen Extrem-

REPORTAGE

wetterereignissen erhöhen. Hamburg als Millionenmetropole wappnet sich. Gegen die Sturmflut ist man gut aufgestellt, sagen Risikoexperten, weniger gut gegen Starkregenereignisse. Die aber werden auch zunehmen, da sind sich die meisten Experten einig.

Für Sophia haben wir noch ein letztes Highlight vorbereitet. Wir haben rote Klappstühle dabei und mit Alexander Mohrenberg einen Interviewpartner, der sich mit dem Thema auskennt. Umwelt, Klima und Energie sind seine Themen in der Hamburger Bürgerschaft, wo der 27-Jährige für die SPD tätig ist. Sophia hat sich vorbereitet und fragt ihn, was denn Hamburg gegen den Klimawandel und seine Bedrohungen tun will. Mohrenberg spricht von Energiewende, Solardächern und Stadtbegrünung und dass das alles aber auch nur helfen kann, den Prozess der Erderwärmung zu verlangsamen. Die gute Nachricht für Sophia kommt am Schluss des Interviews, als unsere Kinderreporterin den Politiker fragt, was man denn gegen die Todeszone für Fische tun kann. Mohrenberg nennt als Erstes die Bekämpfung des Klimawandels, kommt dann aber auch auf die Industrie zu sprechen, die weniger Restwärme ihrer Produktion in problematische Bereiche der Elbe ableiten soll und mit der man über Wärmerückgewinnung verhandelt. Von dieser Wärmerückgewinnung könnten wiederum die Menschen in den angrenzenden Häusern profitieren, weil sie so ihre Wohnungen günstig heizen könnten. Gleichzeitig könnte auf diese Weise die Wassertemperatur in den kritischen Sommerwochen vielleicht etwas heruntergekühlt und den Fischen mehr Sauerstoff ermöglicht werden.

REPORTAGE

Nach dem Interview beenden Sophia und ich unsere Aufnahmen. Wie sehr unsere Reportage sie ins Grübeln gebracht hat, das kann ich nur erahnen, aber mich wird sie noch lange beschäftigen.

3
ANDERE, BESSERE ERNÄHRUNG

»Unsere Ernährung umzustellen, wird nicht ausreichen, um die Erde zu retten. Aber wir können sie nicht retten, ohne uns anders zu ernähren.«

JONATHAN SAFRAN FOER

Fleisch – Darf's ein bisschen weniger sein?

Ernährung ist ein sehr wichtiges Thema, wenn es um den Klimaschutz geht. Es ist aber auch ein besonders schwieriges Thema, weil es die Gemüter wohl am meisten erhitzt. Wenn es beispielsweise ums Fleisch geht, hört der Spaß oft auf. Man denke nur an den Aufschrei, als die Grünen vor ein paar Jahren einen Veggie-Tag pro Woche forderten. Oder die Schlagzeilen, als Volkswagen die Currywurst aus der Kantine verbannte. Klar ist jedoch, dass unsere derzeitigen Ernährungsgewohnheiten mit viel Fleisch- und Fischkonsum so nicht haltbar und nicht gesund sind – nicht gesund für die Erde, aber auch nicht gesund für jeden Einzelnen von uns.

Laut Umweltbundesamt verbraucht jeder Deutsche im Durchschnitt 500 kg Lebensmittel im Jahr – Getränke nicht mit eingerechnet. Durch den Anbau von Pflanzen, Futterpflanzen, Düngemittel, Methanemissionen von Kühen und andere Faktoren verursacht so jeder von uns damit mehr als zwei Tonnen CO_2. Fast 70 Prozent aller Treibhausgase, die bei der Produktion freigesetzt werden, gehen auf tierische Produkte zurück. 1 kg Rindfleisch verursacht beispielsweise ca. 11–14 kg CO_2. Mit dem

FLEISCH – DARF'S EIN BISSCHEN WENIGER SEIN?

> gleichen Ausstoß könnte man im Auto etwa eine Strecke von 100 km zurücklegen. Und gerade bei Rindern wird es problematisch, denn sie stoßen beim Verdauen auch noch Methan aus, das deutlich mehr Wärme speichern kann als CO_2 und damit ein je nach Quelle 23- bis 28-mal höheres Treibhauspotenzial hat als Kohlendioxid. Das Gute wiederum an Methan: Es hält sich nicht so lange in der Atmosphäre, der Weltklimarat geht von etwa zwölf Jahren aus, was bedeutet, dass wir Menschen mit Fleischreduktion sehr schnell und effektiv gegen die Erderwärmung vorgehen könnten. Leider ist das aber im Moment noch nicht der Fall.

Wir haben uns die Zahlen des Fleischkonsums mit Yannis, unserem Großen, mal genauer angeschaut: Laut Statista verzehrt jeder Deutsche im Durchschnitt 57,33 kg Fleisch und Wurstwaren im Jahr. »Ist das jetzt viel?«, war direkt die Frage unseres Großen. 57 kg im Jahr, das sind 156 g pro Tag oder 1,1 kg pro Woche. Eine typische feine Bratwurst wiegt 80–120 g, nehmen wir im Durchschnitt 100 g. Das heißt, in der Woche verdrücken wir Deutschen statistisch gesehen ungefähr zehn Bratwürste. Da aber einige Menschen, wie Yannis und wir, gar kein oder fast kein Fleisch essen, müssen andere deutlich über diesem Durchschnitt liegen. Auch wenn dies vielleicht eine nicht einfach anzunehmende Erkenntnis ist: Ja, das ist eindeutig zu viel! Langfristig stehen uns nicht so viele Flächen für die intensive Tiernutzung, inklusive dem Anbau von Tierfutter, zur Verfügung. Die weltweite Fleischproduktion beansprucht 70 Prozent der Ackerflächen für Futteranbau und, zu einem geringeren Teil, zur Nutzung als Weiden. Auch ein Großteil der Abholzung und Brandrodung der Regenwälder dient der Viehzucht und dem Anbau von Futtermitteln. Mit einer Reduktion des Fleischkonsums schützen wir also auch die Wälder, die wir als CO_2-Speicher dringend brauchen. Klimaschutz wird ohne eine Umstellung unserer Ernährung nicht funktionieren. Ohne eine drastische Einschränkung der Massentierhaltung, als einem der größten CO_2- und Methangas-Produzenten, können wir keine Kehrtwende schaffen.

Wer weniger Fleisch ist, tut übrigens nicht nur etwas Gutes für die Welt, sondern vor allem auch für sich selbst. Zahlreiche Studien beweisen, dass es gesünder ist, weniger Fleisch zu essen. Übermäßiger Fleischkonsum erhöht das Risiko für Herz-Kreislauf-Erkrankungen, Diabetes und sogar Krebs, er verstopft Arterien, erhöht das Herzinfarktrisiko und sorgt für Übergewicht. Wer sich dagegen überwiegend vegetarisch ernährt, lebt gesünder. Und es gibt ja neben dem Klima und der eigenen Gesundheit noch einen dritten guten Grund, seinen eigenen Fleischkonsum zu verringern: Die teilweise unfassbar schlimmen Haltungsbedingungen der industriellen Tierzucht. Eigentlich hat jeder schon davon gehört, aber viele blenden es erfolgreich aus. Wären Ställe oder Schlachthöfe der Massentierhaltung durchsichtig und direkt vor unserer Haustür oder müssten wir unsere Tiere selbst schlachten, würde der Fleischkonsum garantiert signifikant sinken. So aber findet das tierische Leid weit weg von unserem Teller statt. Und Fleisch ist gleichzeitig einfach zu billig. Es ist schockierend, wenn man für einen Kilogramm Blumenkohl oder Spargel mitunter mehr zahlen muss als für ein Kilogramm Schweinefleisch.

Deshalb: Jede Reduzierung zählt, es muss nicht der komplette Verzicht sein. Wer vorher jeden Tag Fleisch gegessen hatte, könnte anfangen, nur noch vier- bis fünfmal die Woche Fleisch zu essen. Wer vorher viermal die Woche Fleisch auf dem Speiseplan hatte, könnte auf ein- bis zweimal die Woche reduzieren. Schritt für Schritt – und wenn viele mitmachen und reduzieren, hilft das mehr, als wenn einige wenige komplett vegetarisch oder vegan leben.

Legten zum Beispiel alle Deutschen nur einmal in der Woche einen fleischfreien Tag ein, so hat es der *WWF* ausgerechnet, dann könnten schon 9 Millionen Tonnen an Treibhausgasemissionen pro Jahr eingespart werden. Das entspricht den CO_2-Emissionen von ungefähr 75 Milliarden km Fahrten mit dem Pkw. Eine vierköpfige Familie müsste jedes Jahr auf 3600 km Autofahrt verzichten, wollte sie einen vergleichbaren Klimaeffekt erzielen, wie ihn ein fleischfreier Wochentag hätte. Wie viel mehr lässt sich positiv einsparen bei zwei, drei, vier fleischfreien Tagen oder einem fast kompletten Verzicht auf Fleisch! Schwierig, denken Sie? Nein, es ist einfacher als man denkt.

ANDERE, BESSERE ERNÄHRUNG

Wir haben es ausprobiert und leben seit fast zwei Jahren überwiegend als Vegetarier und Flexitarier. Zu Hause kochen wir generell kein Fleisch, höchstens mal für Besucher, die das erwarten, aber auch das ist sehr selten. Wenn wir allerdings auf einer Grillparty oder bei Freunden zum Essen sind, dann wollen wir keinen Aufwand machen und essen eben das, was es gibt. So kommen wir auf maximal zwei, drei Fleischmahlzeiten pro Monat. Auch im Restaurant greifen wir mal zu einem Fleischgericht, insbesondere wenn die vegetarischen Varianten so armselig sind, dass wir am Ende bei großem Hunger mit nur Salat oder trockenen Kartoffeln und etwas Gemüse dasitzen würden – was bei einigen Restaurants leider nach wie vor der Fall ist. Aber auch hier muss man sagen: Es wird besser.

Wurst essen und kaufen wir gar nicht mehr, aber da wir noch nie große Wurstliebhaber waren, fällt unser dieser Verzicht gar nicht schwer. Insgesamt empfinden wir es nicht als besonders schwer, sondern einfach als eine Umstellung, aber eine positive. Es gibt so viele leckere vegetarische Gerichte – Gemüse gebraten, gegrillt oder gekocht, das schmeckt einfach wunderbar. Und es werden ja auch immer mehr Fleischalternativen entwickelt.

Unser ältester Sohn Yannis (11) ist von sich aus Vegetarier geworden, seit er von Massentierhaltung und der Klimakrise gehört hat. Kinder sind einfach toll: Sobald sie erfahren, was ihr eigenes Verhalten für Auswirkungen hat, sind sie in der Regel sehr viel schneller dazu bereit, aktiv zu werden und ihr Verhalten zu ändern, als viele Erwachsene. Während Yannis vor seinem Wechsel zum Vegetarismus noch schwärmte, wenn es beim Schulmittagessen Chicken Nuggets gab, lehnt er Fleisch jetzt komplett ab. Und er macht da auch keine Ausnahmen. Zur Not isst er auch mal nur trockenes Brot oder Nudeln pur.

Als Eltern sehen wir das natürlich mit gemischten Gefühlen. Einerseits finden wir es toll, dass er sich so engagiert und nicht nur von sich sagt, dass er ein Klima- und Tierschützer ist, sondern den Worten Taten folgen lässt und kompromisslos seinen Beitrag leistet. Andererseits machen wir uns natürlich auch Sorgen, dass es so zu einer Mangelernährung kommen könnte. Und leider isst er auch nicht alle Gemüsesorten und Hülsenfrüchte, sondern nur, was ihm schmeckt, und das ist nicht allzu viel. Wir haben ausführlich mit ihm über unsere Sorgen und die Gefahr einer Mangelernährung gesprochen und am Ende den Deal gemacht, dass er dann mehr Hülsenfrüchte, Gemüse und Nüsse essen muss. Linsen, Bohnen oder Erbsen mag er, so wie wir sie essen, aber einfach nicht. Also haben wir uns darauf geeinigt, dass wir seinem Essen und dem seiner Geschwister öfter pürierte Linsen oder Kichererbsen hinzufügen. Das geht ganz wunderbar, selbst in den von den Kindern heiß geliebten Pfann- oder Reibekuchen oder auch in der vegetarischen Bolognese. Und ein- bis zweimal die Woche gibt es bei uns sowieso Suppe, in die alles Mögliche an regionalem Bio-Gemüse reinkommt. Und auch hier landet wieder eine gute Portion pürierter roter Linsen drin.

> Eines von Yannis' Lieblingsgerichten, Lasagne, oder Nudeln mit Hackfleischsoße, gibt es jetzt eben in der vegetarischen Variante. Da haben wir gemein-

sam einiges ausprobiert. Mal mit Linsen gekocht und dann mit pürierten Tomaten vermischt, was lecker schmeckt und sehr gesund ist. Aber auch Blumenkohl ganz klein gehackt, gewürzt und mit pürierten Tomaten vermischt (frisch pürierte Tomaten oder, wenn es schnell gehen soll, bereits fertig pürierte Tomaten aus der Glasflasche), eignet sich sehr gut als Ersatz. Und natürlich kann man solch eine vegetarische Bolognese auch sehr gut mit Sojaschnetzeln machen, die man in Wasser aufkocht, ziehen lässt und dann wie Hackfleisch kurz in der Pfanne anbrät, pürierte Tomaten dazu, würzen, und fertig ist die klimafreundliche und gesündere Variante des Italien-Klassikers. Die Sojaschnetzel haben einen weiteren Vorteil, wie auch die Linsen: Man kann sie immer und in großen Mengen im Vorratsschrank haben. Wenn es mal schnell gehen soll und die Zeit nicht zum Einkaufen reicht, ist das unschlagbar. Und für diejenigen, die es dem traditionellen Fleisch noch ähnlicher wollen, gibt es mittlerweile in jedem Supermarkt in der Kühltheke vegetarisches Hackfleisch. Der Geschmack ist gut, allerdings stört uns die Plastikverpackung, denn diese vegetarischen Ersatzprodukte kann man leider (noch) nicht unverpackt an der Frischetheke kaufen.

Auch für Burger-Fans gibt es mittlerweile eine Vielzahl an vegetarischen Buletten. Manche ahmen mit Hilfe von Roter

FLEISCH – DARF'S EIN BISSCHEN WENIGER SEIN?

Bete sogar das Blutige in der Bulette nach. Die Auswahl ist in den letzten Jahren immer größer geworden. Mittlerweile gibt es nicht nur im Bio-Laden, sondern sogar schon im Discounter Veggie-Burger zu kaufen und das ist gut so, denn so werden mehr Menschen auch mal zu der fleischlosen Alternative greifen. Und je mehr fleischlose Alternativen nachgefragt werden, desto mehr Produkte wird es wiederum geben. Es gibt sogar Versuche, Fleisch im Labor zu züchten. Dabei entnehmen Forscher einem Tier ein paar Zellen und vermehren diese Zellen im Labor. Noch ist das sehr teuer und nicht marktreif, aber es zeigt: Es tut sich viel. Für uns muss das, was wir essen, traditionellem Fleisch gar nicht so sehr ähneln, uns schmecken die Gemüseburger, die nichts Rauchiges oder Fleischartiges imitieren, sogar viel besser, aber Geschmack ist ja sehr individuell, und mit den derzeit auf dem Markt befindlichen Produkten sollte für jeden etwas dabei sein. Probieren Sie es doch mal aus! Und natürlich kann man die Burger-Pattys auch selbst machen. Hier ein Rezept:

Vegetarische Burger

300 g Linsen zusammen mit 300 g Kichererbsen weichkochen (trockene Kichererbsen einlegen oder vorgekochte aus dem Glas verwenden). Dann pürieren, würzen und etwas Vollkornmehl hinzugeben, bis man eine etwas festere Konsistenz hat, um Pattys daraus formen zu können. Diese dann in der Pfanne goldbraun anbraten.

Einmal erzählte uns Yannis, dass sogar einer seiner Freunde, der nicht viel von vegetarischer Ernährung hält, ihm ein lustiges Werbevideo gezeigt hat, in dem eine Familie, gemütlich am Tisch sitzend, die neuen Burger auf Erbsenbasis verspeist, während eine große, künstliche Erbse empört ins Zimmer kommt. Nach und nach rücken diese Produkte immer mehr von der Nische in die Mitte der Gesellschaft.

Selbst vegetarische Würstchen und Wurst gibt es mittlerweile fast überall zu kaufen, auch im normalen Supermarkt. Vegetarische Mortadella essen unsere Kinder sehr gern, das ist bei uns mittlerweile die gängige »Wurst« geworden. Das führte so weit, dass Maya, unsere Kleinste, im Supermarkt mal lautstark forderte, sie wolle doch jetzt endlich mal wieder *echte* Wurst haben, oder bei Oma nachfragt, ob das auf dem Tisch echte Wurst sei, und damit anfangs etwas irritierte Blicke erntete. Beide Jungs wollen gar nichts mehr von tierischer Wurst wissen, und wenn Maya bei Oma mal tierische Wurst isst, belehren sie sie auch direkt, dass sie jetzt sehr intelligente Schweine esse. Dass die wegen ihr sterben mussten. Da gab es schon endlose Diskussionen am Essenstisch. Und aus Sicht der Jungs erfolgreich, denn mittlerweile greift auch Maya lieber zur vegetarischen Variante, und die Diskussionen beim Abendessen drehen sich wieder um andere Themen. Von diesem Erfolg beseelt, hat Yannis auch gleich versucht, in seinem Freundeskreis missionarisch tätig zu werden. Aber da hat er bislang auf Granit gebissen.

Nicht nur Fleisch schlägt auf die Klimabilanz, sondern tierische Produkte allgemein. Dazu gehört beispielsweise auch Butter, und die ist das klimaschädlichste Lebensmittel über-

FLEISCH – DARF'S EIN BISSCHEN WENIGER SEIN?

haupt: Ein Kilogramm davon verursacht 24 Kilogramm CO_2, und damit mehr als Rindfleisch, weil für die Butterherstellung sehr viel Milch benötigt wird, für ein Kilogramm Butter ca. 18 Liter, die zudem verarbeitet werden muss. Viele Kühe müssen gehalten werden, und die Herstellung ist sehr energieintensiv. Uns war das überhaupt nicht bewusst, wir dachten immer, Fleisch stehe an erster Stelle der klimaschädlichen Lebensmittel. Dabei ist es die Butter. Diese neue Erkenntnis haben wir direkt mit den Kindern geteilt, und schnell war klar, dass wir alle gut auf Butter verzichten können und wollen. Wir beide brauchen sowieso weder Butter noch Margarine als Geschmacksverstärker. Der vegetarische Brotaufstrich direkt aufs Brot reicht uns völlig aus. Nur Maya und Mattis möchten nicht ganz verzichten, und so sind wir jetzt auf Pflanzenmargarine umgestiegen. Die ist zwar in Plastik verpackt, was nicht in unser möglichst plastikfreies Leben passt, gleichzeitig hat die Margarine aber eine deutlich bessere Ökobilanz. Und da nur Maya und Mattis sie nutzen, hält so eine Packung auch ziemlich lange. Allein mit dem Verzicht auf Butter kann also schon jede Menge fürs Klima getan werden! Margarine oder Öl sind ein sehr guter und klimafreundlicher Ersatz. Auch Kuchen lassen sich wunderbar ohne Butter backen. Es gibt viele vegane Rezepte im Netz, und Sonnenblumenöl eignet sich beim Backen ganz wunderbar als Alternative zur Butter.

Die klimafeindlichsten Lebensmittel

Verursachung der CO_{2e}-Menge in kg durch ein kg von dem Lebensmittel

Das sind die klimafeindlichsten Lebensmittel:

1. Butter (pro 1 kg werden ca. 24 kg CO_{2e} verursacht)
2. Rindfleisch (pro 1 kg werden ca. 13 kg CO_{2e} verursacht)
3. Käse und Sahne (pro 1 kg werden 8,5 kg bzw. 7,6 CO_{2e} verursacht)
4. Tiefkühl-Pommes (pro 1 kg werden 5,7 kg CO_{2e} verursacht)
5. Schokolade (pro 1 kg werden 3,5 kg CO_{2e} verursacht)
6. Schweinefleisch (pro 1 kg werden 3,25 kg CO_{2e} verursacht)

Maik hat 2020 den »Vegenuary« mitgemacht, also einen Monat lang auf alle tierischen Produkte verzichtet, was ihm vor allem beim Käse schwerfiel. Weil er dabei aber ungewollt Gewicht verloren hatte, hat er ab Mitte Februar doch wieder auf tierische Produkte zurückgegriffen. Milch und Joghurt hat er sich so aber abgewöhnt, und seinen Kaffee trinkt er in der Regel schwarz – oder aber unterwegs mal mit Soja- oder noch lieber Hafermilch. Käse kehrte auch zurück in den Speiseplan, allerdings deutlich reduzierter.

Fisch – Weniger und nachhaltiger

Nachdem wir Vegetarier wurden, haben wir noch eine Weile lang Fisch gegessen, wir finden Fisch auch sehr lecker. Yannis aber war der Erste, der auch keinen Fisch mehr essen wollte, weil es sich ja dabei auch um ein Tier handelt. Er hatte in diesem Jahr seine Leidenschaft für Fische entdeckt, hat sich zwei Aquarien gekauft und gibt einen guten Teil seiner Ersparnisse im Zoogeschäft aus. Fische auf dem Teller, und seien es auch nur Fischstäbchen, kommen für Yannis seitdem nicht mehr in Frage. Nach ein paar Vorträgen darüber, was für tolle Tiere Fische sind, hat er inzwischen auch seinen Bruder überzeugt.

Wir waren zugegebenermaßen nicht direkt überzeugt. Aber je mehr wir uns mit dem Thema Nachhaltigkeit beschäftigen, je mehr wir uns über das Nahrungsmittel Fisch informiert haben, desto weniger landete Fisch auch auf unserem Teller, bis uns der Appetit irgendwann fast komplett verging. Als Nicole einer Freundin davon erzählte, dass wir prinzipiell kaum noch Fisch essen, war sie entsetzt und fragte: »Jetzt doch nicht auch noch Fisch?! Was bleibt denn dann als Genuss? Jetzt werdet ihr komplette Freaks.« Irgendwie finden wir das auch schade. Fisch war schon ein besonderer Genuss. Aber wir sehen keine wirkliche Alternative dazu, uns auch hier einzuschränken, und zwar wieder mal sowohl unserer Umwelt als auch unserer Gesundheit zuliebe.

Aber Fisch ist doch gesund, mögen jetzt einige einwenden. Prinzipiell ist Fisch zwar voller wertvoller Fette und Omega-3-Säuren. Aber viele Speisefische sind mittlerweile leider auch Giftstoffen und Mikroplastik belastet. Dazu kommt, dass unsere Ozeane zunehmend überfischt sind, mit dramatischen Folgen für das gesamte Ökosystem und damit am Ende auch mit für das Weltklima.

Unsere Ozeane speichern ca. 30 Prozent der jährlichen CO_2-Emissionen, viermal so viel wie der Regenwald im Amazonas-Gebiet, was nicht verwunderlich ist, weil sie ja gut 70 Prozent unseres Planeten bedecken. Und das ist noch längst nicht alles. Der Naturschutzbund *NABU* schreibt auf seiner Homepage: »Sie speichern 50-mal mehr Treibhausgase als die Atmosphäre und damit 20 – 30 Prozent des vom Menschen weltweit seit 1980 verursachten Kohlendioxids. Damit sind sie unsere wichtigste natürliche Kohlenstoffsenke.«[6] Doch der Anstieg des CO_2-Gehalts bringt das chemische Gleichgewicht der Meere durcheinander. Er führt zu einer Versaue-

FISCH – WENIGER UND NACHHALTIGER

> rung, und die wiederum lässt kalkartige Substanzen aufweichen. Viele Lebewesen im Meer wie Korallen, Muscheln oder Plankton brauchen jedoch Kalk, um ihre Schalen und Knochen aufzubauen. Bekommen sie nicht mehr ausreichend Kalk, sterben sie ab. Das gesamte Ökosystem unter Wasser wird dadurch ins Ungleichgewicht gebracht. Zudem greift der Mensch auch durch kommerziellen Fischfang massiv in das sensible Gleichgewicht unter Wasser ein. Die Welternährungsorganisation schätzt, dass 89 Prozent der kommerziell genutzten Fischbestände ausgereizt, überfischt oder schon zusammengebrochen sind. Und wir zerstören mit der Tier- auch die Pflanzenwelt unter Wasser. Weniger Pflanzen bedeutet am Ende auch einen geringeren Klimaschutz im Meer.

Lachs ist einer der Fische, die wir häufig gegessen haben, auf dem Brot, gegrillt oder in verschiedenen Sushi-Varianten. War schon lecker. Dabei ist gerade dieser Fisch sehr problematisch, warnt nicht nur der WWF. Auch Hannes Jaennicke und Ina Knobloch beschreiben in ihrem Buch *Aufschrei der Meere*, unter welchen extremen Bedingungen die Tiere in Aquafarmen gezüchtet werden. Wobei die vier bis sieben Jahre, die Lachse brauchen, bis sie ausgewachsen sind, in den Lachsfarmen auf ca. ein Jahr verkürzt werden. Dafür werden die Fische in kleinsten Gehegen gehalten, in denen sie sich kaum bewegen können, ähnlich eng zusammengepfercht wie Schweine

ANDERE, BESSERE ERNÄHRUNG

in konventioneller Tierhaltung, damit sie möglichst schnell möglichst fett werden. Weil das nicht gesund ist und in dieser Enge Krankheiten entstehen und schnell weitergegeben werden, erhalten sie mit dem Futter täglich allerlei Chemikalien und Medikamente wie Antibiotika. Das alles landet dann in Form von Sushi oder Lachssteak auch in unseren Mägen und sorgt dann, so die Befürchtung vieler Wissenschaftler, auch dafür, dass Antibiotikaresistenzen zunehmen. Was schon jetzt ein großes Problem für Krankenhäuser auch in Deutschland ist.

Auch die Energiebilanz des Lachses sieht nicht gerade gut aus: Für ein Kilo dieses Raubfischs werden sechs bis zehn Kilo Futterfisch benötigt. Der Futterfisch ist eine recht teure Nahrung. Auf norwegischen Fischfarmen wurde er daher durch günstige Sojapellets ersetzt. Die wiederum kommen häufig aus Brasilien, und ihrer Produktion fällt Regenwald zum Opfer. Zudem werden dort beim Anbau massenhaft Pestizide eingesetzt, die dann wiederum auch im Fisch landen. Für den Transport von Brasilien nach Europa muss den Sojapellets zu allem Überfluss noch als Brandschutz das Gift Ethoxyn zugesetzt werden, ein krebserregendes Pflanzenschutzmittel.[7] Alles zusammen genommen, kann daraus eine Mischung entstehen, die nicht gerade gesund ist und schlimmstenfalls zusammen mit Mikroplastik und Antibiotika auf unserem Teller landet. Leider enthält der Lachs so auch keine wertvollen Omega-3-Säuren mehr, da er diese nur produziert, wenn er sich natürlich von anderen Fischen ernährt und nicht von Sojapellets.

Jetzt werden Sie vielleicht einwenden, dass Sie ja Wildlachs kaufen. Leider täuscht da der Name. Wildlachs, den wir hier im Supermarkt kaufen, lebt in der Regel nicht wild und schon gar nicht gesund. Die meisten von ihnen kommen eben doch aus den Fischfabriken und sind oft ebenfalls mit Mikroplastik, Quecksilber und Chemikalien belastet. Wenn Sie sich jetzt fragen, wie Sie alternativ Omega-3-Fettsäuren aufnehmen können, so ist die Antwort ganz einfach: Leinsamen, ebenso wie hochwertige Speiseöle, wie Leinöl oder Hanföl, enthalten es. Wir geben es in das Dressing für jeden Salat, denn ein paar Tropfen dieser Öle decken den Bedarf, und das zudem gesünder als über die Fisch-Variante.

Wenn wir sicher sein könnten, dass der Fisch auf unserem Teller nicht aus Zuchtfarmen, sondern aus dem Meer stammt und nicht kommerziell gefischt wurde, mit allen Folgen des katastrophalen Beifangs und der Zerstörung der Meeresböden, dann wäre es anders. So wie damals bei Nicoles griechischer Gastfamilie. Sie hatte die Griechin Eva in ihrer Schulzeit über ihren damals besten Freund kennengelernt und sich mit ihr angefreundet. Evas Familie hatte sie dann eingeladen, zwei Wochen mit ihnen auf Kreta zu verbringen. Jeden Morgen und jeden Nachmittag war Nicole mit ihnen am Strand, immer an anderen tollen Buchten, die von Touristen kaum besucht wurden, und immer waren Evas Bruder und ihr Vater auf Fischfang. Dieser frische Fisch wurde dann zum Mittag- oder Abendessen zubereitet und war unglaublich lecker. Das war ressourcenfreundlicher Fang, es gab keinen Beifang, keine riesigen Netze, die den Meeresboden zerstören. Auch Maik hat als Kind oft nachhaltigen Fisch gegessen. Denn sein Opa züchtete lange Zeit Forellen in einem Teich im Westerwald. Für den kleinen Maik war das immer ein spannender

Spaziergang, wenn sein Opa mit ihm und einem Eimer voller zerkleinerter Essensreste loszog, um seine Fische zu füttern. Am See angelangt, griff er immer wieder in den Eimer und verteilte das Fischfutter mit weiten Wurfbewegungen, sodass es aussah, als ob es regnen würde. Natürlich durfte der kleine Maik auch die Fische füttern. Die wurden einmal im Jahr »geerntet«. Und dann verschwanden einige von ihnen in den Tiefkühltruhen der Familien und landeten so am Ende eben auch auf Maiks Teller.

Leider aber gibt es diesen Opa und seinen Fischteich nicht mehr, und leider leben wir auch nicht auf einer Insel in Griechenland. Und wir beide wären sicherlich auch nicht als Fischjäger zu gebrauchen – noch weniger würden wir es schaffen, den Fisch zu töten. Und so bleiben uns nur Fischhändler und Supermärkte, ohne vergleichbar transparenten Einblick in die Fangmethoden.

Reduzieren Sie Ihren Fischkonsum. Wenn Sie Fisch essen, achten Sie auf Biozertifizierungen. Auch wenn Siegel von MSC und FSC immer wieder bei Umweltschützern in der Kritik stehen, ist es doch besser, Fisch zu kaufen, der diese Siegel trägt. Auch der Fischratgeber vom *WWF* kann bei der Wahl der Fischsorten hilfreich sein – man findet ihn ganz leicht über die Homepage des *WWF*.

Insekten – Nahrungsmittel der Zukunft?

Nach Schätzungen der Welternährungsorganisation FAO ernähren sich weltweit bereits 2 Millionen Menschen von Insekten. Insbesondere in Asien, Afrika und Lateinamerika sind Insekten fester Bestandteil der Speisepläne und oft sogar als Spezialitäten angesehen. 1900 Insektenarten sind essbar. Ganz oben auf der Speisekarte stehen Käfer, Raupen, Bienen, Wespen, Ameisen, Heuschrecken und Grillen.

Insekten sind voller Proteine, und nicht wenige Klimaforscher prophezeien, dass Insekten das Nahrungsmittel der Zukunft sein werden. Doch tun die meisten Europäer, wir eingeschlossen, sich schwer mit auf dem Boden krabbelnden Würmern, Spinnen und Hornissen. Und obwohl Nicole sonst in Bezug auf Nahrungsmittel sehr offen ist und gerne neue Sachen ausprobiert, hat sie in Bezug auf Insekten ihre Vorbehalte. Ihr ist eine Reise aus Vietnam in guter Erinnerung. Maik und sie waren damals mit dem Rucksack in Vietnam unterwegs. Wir reisten von Hanoi über verschiedene Stationen bis runter nach Saigon. So authentisch und wenig touristisch wie möglich – wir lieben dieses Eintauchen in andere Kulturen. Wir nahmen immer die normalen Busse ohne Komfort, mit denen auch die Einheimischen fuhren. Auf einer dieser Touren machten wir eine Mittagsrast. Als Nicole aus dem Bus stieg, kamen viele Vietnamesinnen angelaufen, die auf dem Kopf Mittagssnacks balancierten und uns anpriesen. Erst konnte sie nicht sehen, was es war, und freute sich schon darauf, mal wieder etwas zu essen, das nicht schon seit mehreren Stunden im Rucksack schlummerte. Doch beim zweiten Blick sah sie, dass es karamellisierte Heuschrecken, Spinnen und Würmer waren, die da auf den Schalen auf ihre Käufer warteten.

Augenblicklich war ihr der Appetit vergangen, und sie war nur noch damit beschäftigt, den emsigen Verkäuferinnen auszuweichen. Das Problem war, dass die alle einen Kopf kleiner waren und ihre Ware auf dem Kopf zur Schau stellten, also direkt auf ihrer Augenhöhe. Und nicht nur das, als es dann endlich weiterging und Nicoles Sitznachbarin nach der Pause ebenfalls wieder Platz genommen hatte, musste sie feststellen, dass diese sich gut eingedeckt hatte und einen kleinen Plastikbeutel mit dicken Spinnen öffnete. Sie fing an, einer großen Spinne ein Bein nach dem anderen abzureißen und sich genüsslich in den Mund zu stecken. Nicole rückte daraufhin weiter ans Fenster und machte sich so klein sie nur konnte. Am liebsten hätte sie auf der Stelle den Platz gewechselt, was im voll besetzten Bus aber unmöglich war. Also musste sie aushalten und wünschte sich, Kopfhörer dabeizuhaben, um wenigstens dieses Knacken nicht mehr hören zu müssen. Irgendwann wurde ihr schlecht und gleichzeitig bewusst, dass sie doch nicht so uneingeschränkt offen war für neue kulinarische Genüsse, wie sie das immer von sich gedacht hatte. Maik wollte diesen Snack übrigens durchaus probieren. Aber nachdem Nicole ihm angedroht hatte, ihn dann erst mal nicht mehr zu küssen, verzichtete er darauf.

Auch heute noch würde Nicole diese Spinnen nicht probieren, aber Mehl aus getrockneten Würmern oder Burger auf Wurmbasis durchaus.

INSEKTEN – NAHRUNGSMITTEL DER ZUKUNFT?

Insekten enthalten einen hohen Anteil an ungesättigten Fettsäuren, Vitaminen und Mineralstoffen. In Europa sind die Niederlande einer der größten Insektenproduzenten. Dort gibt es rund zehn Insektenfarmen wie zum Beispiel die *Proti Farm*. Sie züchtet neben Buffalo-Käfern neun weitere Insektenarten. Die Larven des Buffalo-Käfers leben dort zu Tausenden in kleinen Wannen zusammen. Doch im Vergleich zur Massentierhaltung bei Schweinen macht es den Käfern nichts aus, und die Tierchen brauchen natürlich auch viel weniger Platz. Zudem, ganz wichtig, produzieren sie keine Gülle und verbrauchen viel weniger Futter. Laut einer Studie der Vereinten Nationen werden für ein Kilo Fleisch aus Grillen nur etwa zwei Kilo Futtermittel benötigt. Bei Schweinen ist es die vierfache Menge, bei Rindern sogar die zwölffache. Und auch in Bezug auf Proteine punktet Insektennahrung. Mehlwürmer zum Beispiel haben 18,7 Prozent Proteinanteil. Und wenn sie getrocknet werden, sogar 51 Prozent und damit mehr als das Doppelte von Rind-, Schweine- oder Hühnerfleisch mit einem Proteingehalt von 22 – 23 Prozent. Insbesondere in Proteinriegeln für Sportler, aber auch in Burger-Pattys haben diese Mehlwürmer Einzug gehalten. *Bugfoundation* ist eine der Firmen, die Insekten für ihre Burger-Pattys nutzen. Seit 2018 werden sie vermarktet. 2019 gab es einige Wochen lang einen Test in der Burger-Kette *Hans im Glück*, wo schon vor Ablauf der Testphase

> alle Insektenburger ausverkauft waren. Mehlwürmer sind seit Mai 2021 in der EU zugelassen, für alle anderen Insekten aber steht das noch aus. Denn bei der Insektenzucht fehlen noch die nötigen Erkenntnisse und Regelungen, insbesondere für die Haltung, die Tötung und die Zulassung verarbeitender Betriebe.

Unserem Hund haben wir vor Kurzem Trockenfutter auf Insektenbasis gekauft. Tara ist nämlich die einzige überzeugte Fleischfresserin in unserem Haushalt. Auf der Suche nach einer klimafreundlicheren Ernährung für sie haben wir im Internet *Green Petfood* gefunden. Da haben wir vegetarisches und eben Insektenfutter bestellt. Während das vegetarische Futter bei ihr leider komplett durchfiel, mochte sie das Insektenfutter sehr gerne. Damit ist sie dann schon einmal der erste Insekten(fr)esser unter uns. Ob wir ihr folgen werden, ist derzeit noch unklar.

Was bleibt denn dann noch? Ganz viel!

»Was bleibt euch denn noch zu essen bei so viel Verzicht?«, fragte Nicoles Mutter irgendwann ziemlich entsetzt. Mal abgesehen davon, dass wir dieses Wort nicht besonders mögen, bleibt viel, wenn man sich nicht nur auf die bürgerliche, deutsche Küche beschränkt. Aber wir haben ja zum Glück tolle Einflüsse aus der internationalen und insbesondere der asiatischen Küche, die sehr lecker sind. Wir lieben indische, vietnamesische oder thailändische Gerichte und haben vieles davon übernommen oder auch mit der deutschen Küche kombiniert. Und da kommt man auch gut ohne Fleisch aus. Eine Gemüse-Reis-Pfanne oder ein Curry aus dem Wok, auch mal mit etwas Kokosmilch verfeinert, ist immer ein Genuss. Und ganz ehrlich: Wir empfinden unsere Art der Ernährung nicht als Verzicht. Es ist eher eine Umstellung. Es gibt so viele leckere Gemüsesorten und so tolle vegetarische Gerichte. Wem Ideen fehlen, der findet auf dem Büchermarkt der letzten Jahre zahlreiche vegetarische oder gar vegane Kochbücher.

Auf jeden Fall sollte alles frisch gekocht sein. Dass wir generell keine Fertigprodukte einkaufen, hilft nicht nur dem Klimaschutz, sondern zudem auch unserer persönlichen Gesundheit. Dafür haben Sie nicht die Zeit? Wir glauben ja, dass mehr geht, wenn man es nur will. Auch wir beide sind berufstätig, haben drei Kinder, machen viel Sport und engagieren uns ehrenamtlich. Zeit ist bei uns nie im Überfluss vorhanden. Und doch nehmen wir uns immer die Zeit, frisch zu kochen. Es sind nie komplizierte Gerichte, auf jeden Fall keine, die viel Zeit in Anspruch nehmen. Aber vor allem die fleischlose Küche geht ja oft schnell. Frisches Gemüse – je nach Saison variiert das von beispielsweise Aubergine, Zucchini und Paprika über Kürbis und Blumenkohl bis hin zu Brokkoli – wird von uns meist mit etwas Olivenöl und Knoblauch in der Pfanne angebraten und dann je nach Lust und Laune mit Kartoffeln, Nudeln (gerne auch Vollkornpasta), oder auch mal Vollkornreis, Hirse oder Couscous vermischt und mit Erbsen, Linsen oder Kichererbsen verfeinert. Mal gewürzt mit Currypaste oder Currypulver, mal mit Sojasoße, mal mit pürierten Tomaten, mal mit Kokosmilch. Es gibt so viele Varianten unserer sehr schnellen, aber gesunden Küche.

Kunterbuntes Gemüse für Kinder

Für die Kinder ist einer der Klassiker unser Gemüseeintopf: Linsen, Kartoffeln, Karotten, Süßkartoffeln und, je nach Saison, Kürbis oder Kohlrabi, geschält, in Stücke geschnitten und dann weich gekocht, alles schön unkenntlich püriert und mit gehackten Nüssen oder vegetarischen Würstchen serviert.

Aber auch vegetarische Lasagne, Reibekuchen mit frischen Kartoffeln und einem Plus an pürierten Linsen, Pfannkuchen mit Käsefüllung, Nudeln mit Tomaten-, vegetarischer oder veganer Hackfleischsoße stehen bei uns häufig auf dem Tisch. Das geht alles sehr schnell und ist viel klimafreundlicher als Tiefkühlkost und garantiert frei von Zusatzstoffen, verstecktem Zucker oder anderen unerwünschten Beigaben. Ebenfalls sehr hilfreich ist es, Grundelemente, wie Bohnen, Kichererbsen oder Erbsen, aber auch andere Gemüsesorten, vorzukochen. Füllt man sie dann in Gläser und stellt sie in den Kühlschrank, dann kann man mit ihnen unter der Woche sogar noch schneller gesundes Essen auf den Tisch zaubern und herrlich kombinieren.

WAS BLEIBT DENN DANN NOCH? GANZ VIEL!

Und noch ein Tipp: Kartoffeln sind ein sehr ökologisches Nahrungsmittel und sollten bei einer klimafreundlichen Ernährung öfter auf den Teller kommen als beispielsweise Reis. Denn Reis, etwa aus Asien, verursacht rund 3 kg Treibhausgase, Nudeln nur ein Drittel und Kartoffeln weniger als ein Sechstel davon. Zudem benötigen Kartoffeln pro Kalorie wenig Anbaufläche. Allerdings sollte man regionale Bio-Kartoffeln wählen, auch unbekanntere Sorten und auch kleine, nicht ganz so schöne Kartoffeln, die man fast nur auf dem Markt oder dem Bio-Bauernhof erhält. Nicht in den Einkaufskorb sollten Kartoffeln aus der Ferne, auch wenn die manchmal optisch mit ihrer glatten, fast komplett sauberen Schale ansprechender aussehen.

Auch wenn Maik kein richtiger Kartoffel-Fan ist, haben ihn diese Fakten überzeugt, weshalb sie bei uns jetzt sehr regelmäßig auf dem Teller landen. Pommes machen wir mittlerweile nur noch selbst und frisch, auch weil die gekauften Tiefkühl-Pommes in der Rangliste der klimaschädlichsten Lebensmittel auf Rang vier landen. Also noch vor Schweine- und Geflügelfleisch, das hat uns überrascht. Der Grund dafür ist ihre sehr energieintensive Herstellung: Die Kartoffeln müssen getrocknet, frittiert und tiefgekühlt werden. Als wir das den Kindern erzählt haben, war Mattis in großer Sorge, denn er isst Pommes sehr gerne. »Wenn wir jetzt keine Pommes mehr essen, finde ich das Ganze aber doof!«, war direkt sein Kommentar. Doch zum Glück gibt es eine ganz einfache Lösung, und niemand muss auf Pommes verzichten. Man kann sie einfach selber machen und das ist gar nicht so aufwendig.

Pommes selber machen

Kartoffeln schälen, in lange Stäbchen schneiden, ein Backblech mit Öl bestreichen und alles bei 180° ca. 20 Minuten backen, fertig sind die selbst gemachten Pommes, mit wesentlich besserer CO_2-Bilanz und komplett verpackungsfrei. Die natürliche »Verpackung« der Kartoffeln kann man vorher gründlich gewaschen übrigens mit Öl und Salz im Backofen auch prima zu Chips verarbeiten. Oder man kann sie gesäubert mit den anderen Gemüseabfällen sammeln und daraus Gemüsebrühe kochen und abseihen.

Schön ist es auch, dass die Kinder beim Schälen und Schneiden direkt mitmachen können. Mattis fand das von Anfang an ziemlich spannend und wir waren auf seine erste Verkostung gespannt. Zum Glück hat es ihm direkt gut geschmeckt, sodass klar war: Pommes werden ab jetzt immer selbst gemacht, und er bleibt weiter mit dabei. Mattis ist mittlerweile sogar ein absoluter Fan davon, seine Pommes selbst zu schneiden, und auch wenn Oma ihm bei Besuchen Pommes anbietet, fragt er direkt nach, ob es nicht auch selbst gemachte sein können.

WAS BLEIBT DENN DANN NOCH? GANZ VIEL!

An unsere Grenzen kommen wir allerdings, wenn der eine Teil unserer Eltern zu uns zu Besuch kommt. Für sie ist ein Gericht ohne Fleisch oder Fisch kein wirkliches Essen, zumindest können sie nichts mit unseren Rezepten anfangen, mögen kein Curry, keine bunten Gemüsepfannen, kein Couscous, Falafel-Bällchen oder Tofu. Dann wird es in der Tat schwierig.

Eine Zeit lang haben wir auch versucht, vegan zu leben, aber das hat uns letztlich nicht überzeugt. Nicole liebt Kaffee, aber nur mit Milch, ohne Milch schmeckt er ihr nicht. Maik kann nur schwer auf Käse verzichten. Und dennoch ist uns die Reduktion von tierischen Produkten, auch von Milch und Käse, generell wichtig. Zum Glück gibt es mittlerweile selbst Käse auf Linsen- oder Walnussbasis, der sehr gut schmeckt, und Milchersatz wie etwa Hafermilch. Aber wie so oft gilt es auch hier, genau hinzuschauen und sich möglichst umfassend zu informieren. Mandelmilch beispielsweise, die wir eine kurze Zeit als Milchersatz genutzt haben, ist oft keine klimafreundliche Alternative. Denn der Großteil der dafür verwendeten Mandeln stammt aus Kalifornien. Dort herrschen Monokulturen vor, auf denen es für die Bestäubung der Mandelbäume nötig ist, jährlich Milliarden Bienen auf den Plantagen zu verteilen, die zuvor industriell gezüchtet werden. Zudem verschlingen Mandelbäume enorme Mengen an Wasser. Da sieht es mit der Hafermilch-Variante besser aus, sie verbraucht deutlich weniger Energie und hat keine anderen klima- oder ressourcenbelastenden Nachteile. So gesehen, ist Hafermilch für uns ein super Ersatz, und doch mag Nicole den fettigen Geschmack der Kuhmilch in ihrem Cappuccino einfach viel lieber. Und so muss es ab und zu dann doch die Kuhmilch sein, und für die Kinder sowieso. Aber Nicole hat reduziert, von vier Cappuccini täglich auf maximal zwei. Und statt einer zweiten oder dritten Tasse Kaffee trinken sie und Maik inzwischen auch mehr Tee zum Frühstück. Denn Tee hat eine etwa viermal bessere CO_2-Bilanz als Kaffee.

Die beste Ernährung – Für uns und den Planeten

Die Empfehlung der EAT-Lancet Commission, einem Team aus renommierten Wissenschaftlern aus 16 Ländern, empfiehlt die sogenannte *planetary health diet*. *Diet* steht hier aber nicht für Diät, sondern für eine Ernährungsweise. Diese besteht idealerweise dominant aus Gemüse, Obst, Vollkornprodukten, Nüssen und ungesättigten Fettsäuren und enthält nur wenig Fleisch oder Fisch. Würden wir alle uns danach richten, dann könnten alle Menschen auf diesem Planeten ernährt werden, es würde keinen Hunger mehr geben, wir würden deutlich weniger CO_2 ausstoßen, sehr viel gesünder leben und zahlreiche Todesfälle verhindern.

DIE BESTE ERNÄHRUNG – FÜR UNS UND DEN PLANETEN

Generell gilt es, so viel regionale, saisonale und biologische Produkte wie möglich zu kaufen, um Monokulturen, Gewächshausanbau und lange Transportwege zu vermeiden, die wiederum für einen hohen CO_2-Ausstoß verantwortlich sind. Umso mehr, wenn die Produkte per Flugzeug transportiert werden müssen.

ANDERE, BESSERE ERNÄHRUNG

Eingeflogene Südfrüchte wie Mangos oder Ananas, aber auch Avocados verursachen beispielsweise sehr viel CO_2. Das führte bei Maik und Nicole öfter zu Diskussionen, wenn Maik Mangos mit nach Hause brachte. Und mittlerweile kaufen wir deshalb fast keine Mangos, Ananas oder auch Avocados mehr. Auch Erdbeeren werden außerhalb der Saison häufig eingeflogen und haben dann eine sehr schlechte CO_2-Bilanz. Genau wie Produkte aus (beheizten) Gewächshäusern, zum Beispiel Tomaten außerhalb der Saison. Deshalb ist es am besten, nur oder vornehmlich saisonales Obst und Gemüse aus der Region zu kaufen, idealerweise auf dem Wochenmarkt oder von Bio-Bauernhöfen in der Umgebung. Das eignet sich gerade mit Kindern gut für einen kleinen Wochenendausflug. Wir haben einen Bauernhof im Nachbarort, der hat sogar drei Ziegen, die die Kinder streicheln können, und ein kleines Hofcafé. Es ist genau die richtige Entfernung für eine kleine Radtour zu fünft, die Kinder können dort kurz Pause machen, Ziegen streicheln, und wir kaufen im Hofladen ein.

Viele Höfe liefern mittlerweile auch Obst- und Gemüsekisten mit frischen regionalen und unverpackten Produkten aus. Wir haben uns vor einem Jahr für solch eine Kiste von einem Bio-Bauernhof nicht weit von uns entschieden. Erst mal haben wir angerufen und gefragt, ob es bereits eine Route in unsere Nähe gibt, über die die Kisten ausgeliefert werden. Die gab es, die Auslieferung erfolgte auf ihr bislang aber nur donnerstags, eigentlich wäre uns Montag lieber gewesen. Aber natürlich wollten wir nicht, dass die Betreiber für uns eine Extraanfahrt machen müssen. Also haben wir dem Termin am Donnerstag zugestimmt. Die Produkte, die wir seitdem bekommen, sind aus der Region, und sie werden unverpackt in einer Mehrwegkiste angeliefert, die dann bei der nächsten Lieferung wieder mitgenommen wird. Alles darin ist Bio-Obst und -Gemüse. Und das Schönste daran: Es gibt eine Vorauswahl des Bio-Bauernhofes. Anfangs haben wir diese Vorauswahl immer genau so übernommen und dadurch Gemüsesorten kennengelernt, die wir vorher noch nie gegessen hatten, wie zum Beispiel Palmkohl, Schwarzkohl, Petersilienwurzel oder Schwarzwurzel.

So lecker wir die Inhalte unserer Bio-Kiste auch finden, ihre Vorteile gehen natürlich noch weiter. Denn in der biologischen Landwirtschaft wird auf Pestizide verzichtet, die über die Nahrung auch in unseren Körper gelangen können und im Verdacht stehen, krebserregend zu sein. Auch chemische Dünger werden nicht eingesetzt, und somit wird unser Grundwasser nicht verunreinigt. Die Böden werden nicht durch Monokulturen kaputt gemacht. Viele Wissenschaftler warnen davor, dass wir bald weltweit nicht mehr genug fruchtbare Böden haben werden. Durch Monokulturen und Pestizide wachsen auf konventionellen Äckern weniger Wildkräuter, und im Boden sind weniger Regenwürmer unterwegs. Diese sind aber für die Böden sehr wichtig, da sie diese auflockern, sodass mehr Wasser eindringen und mehr Feuchtigkeit gespeichert werden kann. Als Resultat ist der Boden fruchtbarer, resistenter und kann bei Überschwemmungen sehr viel mehr Wasser aufnehmen. Aber nicht nur bei Überschwemmungen sind biologisch kultivierte Äcker hilfreich, sie speichern auch CO_2.

Durch Einsatz von chemischen Düngern kann zwar kurzfristig der Ertrag der Böden gesteigert werden, aber langfristig gerät der ganze Kreislauf aus den Fugen, und die Böden werden zunehmend unfruchtbar. Deswegen wäre es immens wichtig, dass mehr Ackerfläche biologisch betrieben wird. Und wir alle können mithelfen, indem wir mehr Bio-Produkte kaufen.

Lebensmittel für die Tonne?

Wussten Sie, dass jedes Jahr allein in Deutschland rund 13 Millionen Tonnen Lebensmittel im Müll landen?[8] Bei den Privathaushalten sind es ca. 85 Kilogramm im Jahr, was einem Warenwert von gut 234 Euro entspricht. Wer befürchtet, dass nachhaltiges Leben immer gleich bedeutet, alles wird teurer, findet hier ein gutes Gegenargument. Lebensmittelverschwendung ist aber nicht nur problematisch für den eigenen Geldbeutel. Laut Deutscher Umwelthilfe entstehen dadurch pro Person und Jahr knapp eine halbe Tonne Treibhausgase. Ein absoluter Wahnsinn! Denn jedes Lebensmittel, das in der Tonne landet, musste ja aufwendig produziert werden, hat viel Wasser verschlungen und Ackerfläche in Anspruch genommen oder wurde mit viel Energieaufwand produziert und dann transportiert. Alles umsonst! Dabei ist es gar nicht so schwer, mitzuhelfen, dass diese gewaltige Menge reduziert wird, und zwar in vielen Bereichen.

Wir haben als fünfköpfige Familie deutlich reduziert, wie viel wir auf diese Art verschwenden, und finden, es war und ist gar nicht so schwer: Zum Beispiel versuchen wir immer nur die Mengen zu kaufen, die wir wirklich brauchen, und nicht zu viele Vorräte an leicht verderblichen, frischen Lebensmitteln zu halten und diese dann richtig zu lagern. Wenn wir

LEBENSMITTEL FÜR DIE TONNE?

einkaufen und wissen, dass wir etwas sowieso am selben oder nächsten Tag verbrauchen, nehmen wir das Produkt mit der kürzeren Mindesthaltbarkeit. Oder die schon etwas reiferen Bananen. Wir kaufen auch gerne Gemüse und Obst, das vielleicht nicht ganz der Norm entspricht, das man aber leider häufig nur in Bio-Märkten oder auf dem Markt angeboten bekommt. Die gebogene, krumme Karotte oder Gurke zum Beispiel schmeckt natürlich genauso gut wie das lange, der Norm entsprechende, geradlinige Gemüse. Und der Apfel mit leichter Delle ist nicht weniger lecker.

Maik hat 2020 im Rahmen seiner Reportage »Wegwerfland« lange zu dem Thema recherchiert und mehrere Lebensmittelretter getroffen, unter anderem Stefan Kreuzberger von der Organisation *Foodsharing*, aber auch junge Menschen, die nachts in den Containern von Supermärkten noch gut verwendbare Lebensmittel vor dem Wegwerfen bewahren. Der Starkoch Roland Trettl hat für ausgewählte Gäste aus weggeworfenem Essen sogar mal ein Retter-Menü gekocht. Es kam bei allen sehr gut an. Also Lebensmittel am besten nicht zu früh abschreiben. Am Ende entscheidet der Geschmack, nicht das Datum. Denn das Mindesthaltbarkeitsdatum ist kein Verfallsdatum.

Das Mindesthaltbarkeitsdatum wird oft mit einem Verfallsdatum verwechselt. Wenn bei einem Lebensmittel die Mindesthaltbarkeit abgelaufen ist, heißt das jedoch nicht, dass es automatisch schlecht ist. Das Mindesthaltbarkeitsdatum auf Lebensmitteln gibt an, bis zu welchem Zeitpunkt ein Produkt spezielle Eigenschaften, wie seinen Geruch oder seinen Geschmack, garantiert behält – was aber noch nicht heißt, dass es diese danach verliert oder gar automatisch schlecht wird. Und was die wenigsten wissen: Das Mindesthaltbarkeitsdatum legt allein der Hersteller fest, es gibt keinerlei Vorgaben dazu. Stefan Kreutzberger, der auch schon mehrfach als Sachverständiger im Deutschen Bundestag angehört wurde, sagte Maik dazu in einem Interview: »Natürlich haben der Handel und die Industrie ein Interesse daran, das Datum so kurz wie möglich zu halten, damit der Warenumschlag höher wird. Es ist ein rein wirtschaftssteuerndes Mindesthaltbarkeitsdatum und kein wissenschaftlich gesetztes.« Hersteller und Lebensmittelhandel halten dagegen, das Mindesthaltbarkeitsdatum biete Verbrauchern Orientierung und Schutz. Am Ende sollte jeder selbst entscheiden und auf seine eigenen Sinneseindrücke achten.

Wir haben die Erfahrung gemacht, dass man vieles auch noch Tage oder, je nach Lebensmittel, Wochen nach Ablauf des Mindesthaltbarkeitsdatums unbedenklich genießen kann. Wir machen dafür immer den Geruchs- und Probiertest: Riecht und schmeckt alles wie immer, wird es auch gegessen. Wie schon erwähnt, greifen wir auch mal bewusst zur Ware mit nur noch kurzer Mindesthaltbarkeit, zumindest bei Produkten, von denen wir wissen, dass wir sie zeitnah konsumieren. Ein Teil des Problems ist ja, dass die meisten Konsumenten immer die Produkte mit dem möglichst längsten Mindesthaltbarkeitsdatum nehmen, weshalb die mit dem kürzeren Datum im Laden bleiben und letztendlich meist weggeschmissen werden.

Und wenn dann doch mal zu viele frische Lebensmittel eingekauft wurden, das Gemüse im Kühlschrank nicht mehr ganz so frisch aussieht, die Bananen braun werden, kann man sie alle noch verwerten. Hier ein paar Ideen:

Gemüse zu Gemüseaufstrich

Gemüse, das dringend aufgebraucht werden muss, wird bei uns zu Gemüseaufstrich verarbeitet. Da kann man beliebig variieren. Die Konsistenz bekommt man mit Linsen oder Kichererbsen, Haferflocken oder Sonnenblumenkernen ganz leicht hin. Einfach alles aufkochen und dann im Mixer pürieren und anschließend würzen. Beim Gemüse ist nach Geschmack alles möglich, was im Kühlschrank weg muss oder worauf man gerade Lust hat: Egal ob Kürbis, Sellerie, Karotten, Steckrübe oder Rote Bete. Und die vielen Gläser, die wir sammeln (etwa Marmeladengläser oder die von gekauften Gemüseaufstrichen), bekommen eine gute Weiterverwendung. Hier zwei unserer letzten Variationen:
Wir haben Steckrüben klein geschnitten, ca. 1 Handvoll, dazu ungefähr die gleiche Menge an Linsen und Sellerie hinzugeben, alles weich gekocht und dann püriert. Anschließend haben wir die Masse mit Kräutersalz, Kurkuma, Knoblauch, Tomatenmark

und einem Schuss Curry gewürzt. Da kann man sehr kreativ werden und beispielsweise auch Chili unterrühren. Es schmeckt immer anders und immer lecker – finden zumindest Nicole und Maik. Den Kindern konnten wir diesen Aufstrich leider noch nicht schmackhaft machen, auch nicht mit all den guten Argumenten, dass er komplett verpackungsfrei, gesund und klimafreundlich ist. Nur Maya mag ihn ab und zu auf dem Brot, die Jungs lehnen die Gemüsecremes, ob selbst gemacht oder gekauft, komplett ab. Wir haben Geduld und sind überzeugt, dass sie irgendwann auf den Geschmack kommen werden. Bis dahin sehen sie täglich, wie gut es uns schmeckt.

Aus überreifen Bananen: Bananenkuchen, Smoothies oder Eis machen
Aus überreifen, schon sehr braunen Bananen machen wir zur Freude der Kinder Bananenmilch oder Bananenkuchen. Ganz braune Bananen sind besonders weich und süß und schmecken im Kuchen sehr lecker: Yannis' absoluter Favorit. Wenn er sich einen Kuchen wünschen darf, dann immer Bananenkuchen.
Zutaten: 2–3 reife Bananen, 1 Päckchen Vanillezucker, 100 g Zucker, 1 Prise Salz, 2 TL Backpulver, 200 g Mehl, 2 Eier, 50 ml Sonnenblumenöl, ca. 50 ml Hafermilch.
Zuerst die Bananen pürieren oder klein mixen, dann Vanillezucker, Zucker und Salz hinzufügen, zum

Schluss die Eier. Backpulver und Mehl vermischen und unterrühren. Dann ca. 50 ml Hafermilch hinzufügen, sodass es eine lockere Konsistenz gib (nicht zu dick, aber auch nicht zu flüssig). Bei 180 °C ca. 30 Minuten backen.

Aus braunen Bananen lässt sich alternativ aber auch ganz einfach Eis zaubern: Einfach die geschälte Banane ins Kühlfach legen, ein paar Stunden später in den Mixer geben und glatt pürieren – fertig ist cremiges und sehr ökologisches Eis, das komplett ohne tierische Produkte auskommt!

Aus leicht schrumpeligen Äpfeln oder Beeren, denen man ansieht, dass sie nur noch kurz genießbar sein werden, kann man ebenfalls einen Kuchen machen oder Smoothies oder Eis. Für Smoothies oder Eis geben wir alles in den Mixer, etwas Hafer- oder Kuhmilch hinzu, alternativ auch mal Joghurt, und dann legen legen wir das Ganze entweder ins Kühlfach oder füllen es direkt in die Gläser.

Altes Brot wird Eierbrot oder Bruschetta
Aus altem Brot machen wir Bruschetta, Eierbrot oder arme Ritter: Das Brot mit Oliven- oder Rapsöl in der Pfanne anbraten und dann entweder Eier dazugeben oder etwas Honig oder Zucker. Für Bruschetta einfach Tomaten und Knoblauch klein schneiden, auf das alte Brot geben und im Ofen knusprig werden lassen. Alte Brötchen, die schon zu trocken geworden sind, kann man zu Paniermehl reiben.

Tomatensoße selbst gemacht

Aus matschigen Tomaten machen wir eine leckere Tomatensoße, und wenn zu viel davon da ist, frieren wir sie ein. Tomatensoße brauchen wir schließlich regelmäßig, nicht zuletzt für Yannis' vegetarische Bolognese oder Lasagne.

Obstmus oder Trockenobst

Wir haben im Spätsommer immer sehr viele Äpfel, viele wirft der Baum in unserem Garten auch schon vorher ab, einige mit braunen Stellen oder Wurmbefall. Wir machen dann Apfelmus draus. Auch unser Feigenbäumchen ist in den letzten Jahren immens gewachsen, regelrecht explodiert und mittlerweile ein richtiger Feigenbaum. Damit die Äpfel und Feigen auch alle genutzt werden, haben wir uns kürzlich einen Dörrautomaten gebraucht gekauft. Ihn zu finden, war gar nicht schwer: Bei den Kleinanzeigen im Internet sind wir schnell fündig geworden und haben einen gefunden, der auch noch energieeffizient ist. Mit den ersten auf dem Boden liegenden und für den normalen Verzehr noch zu sauren Äpfeln hat Maik es gleich ausprobiert. Die braunen und von Würmern befallenen Stellen hat er abgeschnitten und den Rest dann in den Dörrautomat gegeben. Und heraus kamen richtig leckere Apfelchips. Mattis und Maya finden sie zu sauer, der Rest der Familie ist dagegen begeistert. Und sobald die Feigen reif sind, machen wir unsere getrockneten Feigen selbst.

> **Reste wieder- und weiterverwenden**
> Essensreste vom Kochen kommen in einen Topf und werden am nächsten Tag noch mal aufgetischt und dafür eventuell noch mit etwas mehr Gemüse, mehr Reis, Nudeln oder was gerade da ist, verlängert. Bleiben größere Mengen übrig, frieren wir etwas ein, sodass wir dann an einem Tag mit echter Zeitknappheit, zum Beispiel wegen Videokonferenzen, das selbst gekochte Essen auftauen und warm machen können.

Toll finden wir, dass in unseren Pizzerien die Pizzen immer in zwei verschiedenen Größen angeboten werden. Für die Kinder kann man die kleine Variante wählen, und es bleibt nichts oder nur wenig übrig. Auch mit den Kindern haben wir viel über das Thema Lebensmittelverschwendung gesprochen und sie ins Boot geholt, um unsere Verschwendung, so weit es geht, zu reduzieren. Manchmal ist das schwieriger, wenn es beispielsweise um die Brotboxen aus Schule und Kita geht und darüber diskutiert werden muss, dass man die zurückgebrachten Apfelstückchen oder die Laugenbrezel noch essen kann. Aber meist sind sie doch sehr einsichtig. Sie murren in der Regel auch nicht, wenn es an zwei Tagen hintereinander das Gleiche zu essen gibt.

Und dann gibt es natürlich noch die Verschwendung direkt an der Quelle. Insbesondere im Spätsommer, wenn auf zahlreichen Bäumen, um die sich niemand kümmert, die Äpfel herunterfallen und verfaulen – während wir gleichzeitig

Äpfel aus Chile oder Neuseeland oder sonst wo importieren. Das ist schon ein Paradox, zumindest wenn bei uns auch gerade Erntezeit ist. Wir sammeln deshalb gerne die Äpfel auf diesen frei zugänglichen Obstwiesen auf.

Im Internet gibt es sogar eine Seite, die wilde Streuobstwiesen aufzeigt. Die Seite heißt *mundraub.org* – schauen Sie doch mal rein, bestimmt gibt es auch Obstbäume in Ihrer Nähe. Deutschlandweit kann jeder bei *Mundraub* Obstbäume, Nuss- oder Beerensträucher eintragen, die niemandem gehören und an denen man sich daher frei bedienen kann und das auch sollte, damit nicht alles verdirbt.

Aber auch einige Initiativen wie die *Tafel*, *Zu gut für die Tonne* oder *Foodsharing* versuchen durch Aktionen und Aufklärung die Lebensmittelverschwendung zu minimieren. Genau wie die App *Togoodtogo*. Supermärkte, Bäckereien, aber auch Restaurants und Hotels können dort ihre noch guten, aber übrig gebliebenen Speisen deutlich günstiger verkaufen. Laut eigener Angabe wurden über die App bereits über 4,5 Millionen Mahlzeiten vor der Mülltonne gerettet und damit insgesamt über 11 000 Tonnen CO_2-Äquivalente eingespart. Zum Vergleich: Die gleiche Menge an Treibhausgasemissionen wird ausgestoßen, wenn mehr als 2000 Flugzeuge einmal die Welt umrunden. Allein in Berlin wurden über

> die App bereits 450 000 Mahlzeiten vor der Verschwendung gerettet.
> Dann gibt es noch verschiedene neue Anbieter, die Lebensmittel verkaufen, die zwar fast abgelaufen, aber noch gut sind. Einer davon ist *Sirplus*, ein Supermarkt in Berlin, der deutschlandweit verkauft. Wir hatten dort auch schon Lebensmittelrettungskisten bestellt. Das war ganz spannend, denn manche Produkte hätten wir so nicht gekauft, fanden sie dann aber doch mal ganz lecker.

Natürlich gibt es auch andere Arten von Verschwendung, auf die wir keinen direkten Einfluss haben, wie zum Beispiel in der Lebensmittelindustrie durch Transportschäden, falsche Lagerung, Ernteschäden oder ein Überangebot oder aber durch das Wegschmeißen von Lebensmitteln in den Supermärkten.

Es gibt hier in Deutschland leider keine Gesetze, die ernsthaft versuchen, die Lebensmittelverschwendung zu begrenzen. Unsere Nachbarn in Frankreich sind da schon deutlich weiter: Dort müssen Supermärkte mit mindestens 400 qm Ladenfläche seit 2016 alle unverkauften, aber bald ablaufenden oder leicht gedellten, aber noch essbaren Lebensmittel an Hilfsorganisationen verschenken. Tun sie es nicht, drohen Geldstrafen von bis zu 3750 Euro. In Deutschland dagegen, und das finden wir völlig absurd, machen sich Menschen strafbar, die noch genießbare Lebensmittel aus den Müllcontainern der Supermärkte retten. Bei allen Diskussionen um die nötige

Haftung: Diese Regelung erscheint uns völlig unsinnig. Aber immerhin, auch hier gehen einige Supermärkte mittlerweile freiwillig den Weg, dass sie übrig gebliebene Lebensmittel an die *Tafel* oder andere Organisationen spenden. Leider tun das aber noch nicht alle, und so landen weiterhin zahlreiche noch gute Lebensmittel in der Tonne.

Der frühere Minister Guillaume Garot kann die deutsche Politik nicht verstehen. Er hat das französische Gesetz zur Bekämpfung der Lebensmittelverschwendung durchgeboxt, es trägt, das ist in Frankreich so üblich, sogar seinen Namen. Bei einem Treffen in Paris sagte er Maik in einem Interview: »Wenn wir in Frankreich darauf gewartet hätten, dass sich der gute Wille durchsetzt, dann hätten wir nicht so viel erreicht.« In Deutschland zählt dagegen weiter der gute Wille. Die deutsche Regierung setzt bisher auf eine zahnlose, nationale Vermeidungsstrategie ohne Reduktionsziele. Auch weil sich der Handel vehement dagegen wehrt und auf Eigeninitiative pocht. Darauf angesprochen, musste der französische Exminister lächeln. »Das gesetzlich zu regeln, ist einfach viel erfolgreicher, und ich wäre wirklich begeistert, wenn sich ein so großes und wichtiges Land wie Deutschland im Kampf gegen die Lebensmittelverschwendung an die Seite Frankreichs stellen und so die anderen europäischen Länder mitnehmen würde«, so Garot. Und Frankreich ist uns noch einen Schritt voraus, denn während wir im Bereich der Lebensmittelverschwendung mit Schätzungen arbeiten müssen, erhebt Frankreich Daten durch eine Dokumentationspflicht für Supermärkte. In Deutschland muss keiner angeben, was am Ende, nach Spenden, doch noch in der Tonne landet.

LEBENSMITTEL FÜR DIE TONNE?

Wir haben also ein Faktenproblem: Während die Bundesregierung von 12 Millionen Tonnen verschwendeten Lebensmitteln pro Jahr ausgeht, schätzt der WWF die Verschwendung auf 18 Millionen Tonnen. Und wenn man dann noch die Vorernte-Ausfälle dazurechnet, beispielsweise bei Kartoffeln, die wegen ihrer Form nicht im Supermarkt landen, sondern untergeackert werden, oder bei Äpfeln, die an den Bäumen hängen bleiben, dann kommt man auf gut 20 Millionen Tonnen, schätzt die Organisation *Foodsharing*. Das sind 20 Milliarden Kilogramm und jede Menge gute Gründe, endlich etwas zu tun. 2012 war der Bundestag noch mutig und wollte die deutsche Lebensmittelverschwendung bis 2020 halbieren. Das aber hat nicht geklappt, und man war wahrscheinlich froh und dankbar, dass man sich später mit den europäischen Partnern auf ein gemeinsames Datum für dieses Ziel einigen konnte: 2030. Aber wenn man keine verlässlichen Zahlen darüber hat, wie hoch die Verschwendung ausfällt, wie will man sie dann sinnvoll um die Hälfte reduzieren? Die Hälfte wovon? Außerdem fehlen uns verbindliche Reduktionsziele in der nationalen Vermeidungsstrategie der Bundesregierung. Dabei sind die Zahlen erschreckend genug. Nach Schätzungen werden in Deutschland jedes Jahr 230 000 Rinder, 4 Millionen Schweine und 46 Millionen Hühner geschlachtet, nur um am Ende in der Tonne zu landen.

CHECKLISTE

Wenn man sich vornimmt, sich ökologisch nachhaltiger zu ernähren, kann einen die Menge an Themen, die es zu beachten gibt, anfangs erschrecken. Wichtig ist, das haben wir selbst erlebt, einfach irgendwo anzufangen, denn es macht wirklich Spaß, und die Umstellung kann am Ende eine echte Bereicherung sein. Hier noch mal die wichtigsten Tipps zusammengefasst:

~ Möglichst fleischarm ernähren. Starten Sie, je nach Ausgangslage, mit 2–6 vegetarischen Tagen in der Woche. Besser erst mal mit einer schrittweisen Reduktion anfangen, als es direkt radikal zu versuchen und dann nach einer Woche das Handtuch zu werfen. Wichtiger ist eine Reduktion von sehr vielen als ein kompletter Verzicht von nur wenigen.
~ Es gibt mittlerweile sehr viele Fleischersatzprodukte, die man entweder einfach selber herstellen oder kaufen kann: vegetarisches Hackfleisch, vegetarische Würstchen, vegetarische Burger. Einfach mal ausprobieren!
~ Versuchen Sie auch, den Fischkonsum einzuschränken. Ähnlich wie bei Fleisch sollten Sie dabei schrittweise vorgehen.
~ Insgesamt ist es sinnvoll, tierische Produkte zu reduzieren, auch Eier und Milchprodukte.
~ Butter ganz einfach durch Margarine ersetzen – die Umwelt dankt es Ihnen!
~ Aufs Brot eignet sich Gemüseaufstrich als Ersatz für Butter und Käse. Den kann man ganz einfach mit verschiedenen Gemüseresten und Linsen oder Sonnenblumenkernen als Basis selbst machen oder aber von diversen Anbietern im Supermarkt kaufen.
~ Hülsenfrüchte sowie Bio-Obst und -Gemüse möglichst aus der Region

CHECKLISTE

beziehen und saisonal auf dem Wochenmarkt, in Bio-Läden oder Hofläden der Region einkaufen.
- ~ Essen frisch kochen, anstatt Fertiggerichte zu konsumieren.
- ~ Statt Tiefkühl-Pommes, welche in der Rangliste klimaschädlicher Lebensmittel an vierter Stelle stehen, Pommes ganz einfach selber machen.
- ~ Mehr Kartoffeln, weniger Reis essen.
- ~ Statt Chiasamen besser Leinsamen aus Deutschland nehmen, statt Quinoa lieber Hirse.
- ~ Wenn Saft, dann besser Apfelsaft aus heimischer, regionaler Produktion. Orangensaft verursacht etwa dreimal so viel Treibhausgase wie Apfelsaft. Es gibt mittlerweile sogar Fruchtsaftkonzentrate, die mit Wasser aufgefüllt werden können.
- ~ Kaffeekonsum reduzieren, besser Tee trinken, weil der viel klimafreundlicher ist.
- ~ Nur so viel einkaufen, wie auch benötigt wird.
- ~ Reste aufheben und zu einer nächsten Mahlzeit verarbeiten oder Nachbarn und Freunden mit Kuchenresten eine Freude machen.
- ~ Mindesthaltbarkeitsdatum nicht als Verfallsdatum ansehen; die allermeisten Lebensmittel können auch nach Ablauf des MHD noch gegessen werden. Geruchs- und Geschmacksprobe machen.
- ~ Nicht automatisch nach dem Produkt mit dem längeren MHD greifen, wenn zum Beispiel die Milch ohnehin in den nächsten zwei Tagen aufgebraucht wird.
- ~ Auch Obst und Gemüse kaufen, das nicht der ästhetischen Norm entspricht: Die schrumpelige Karotte schmeckt genauso gut!

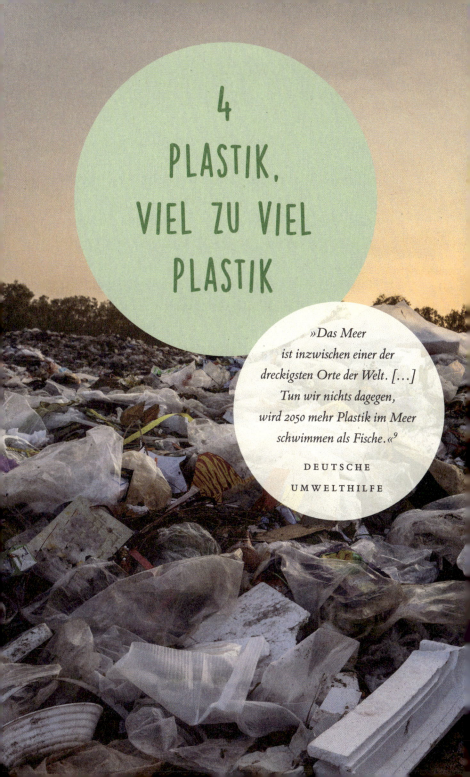

4 PLASTIK, VIEL ZU VIEL PLASTIK

»Das Meer ist inzwischen einer der dreckigsten Orte der Welt. [...] Tun wir nichts dagegen, wird 2050 mehr Plastik im Meer schwimmen als Fische.«[9]

DEUTSCHE UMWELTHILFE

Diese Plastikflut kann so nicht weitergehen

Kunststoffe, vor allem Plastik, haben vieles einfacher gemacht. In manchen Bereichen, wie zum Beispiel der Medizin, sind sie unersetzlich. Und trotzdem: 70 Jahre nach seiner Erfindung haben wir die Kontrolle über die Welt des Plastiks verloren. Es gibt zu viel, es ist mittlerweile überall, selbst im Wasser, das wir trinken, oder im Schnee, der vom Himmel fällt. Weil es zu billig ist, weil die Kosten der Entsorgung von der Herstellung größtenteils abgekoppelt sind. Und weil wir Menschen den Kunststoff nutzen, ohne darüber nachzudenken, wo er sinnvoll und wo er überflüssig ist.

Die Herstellung von Plastik produziert Treibhausgase, weil sie eine Menge Energie braucht und als Rohstoffe Öl und Gas verwendet werden. Der fossile Kohlenstoff im Plastik wird dann bei der Müllverbrennung oder bei anderen Abbauprozessen wieder in Form von CO_2 in die Atmosphäre geblasen. Das Plastikproblem ist damit nicht nur ein Müllproblem, sondern auch direkt mit der Klimakrise verknüpft. Es ist das Problem, das den meisten Menschen bewusster ist, das medial die meiste Aufmerksamkeit erhalten hat, das greifbarer ist. All den Plastikmüll können wir sehen, Bilder vermüllter Landschaften sind schrecklich, während die CO_2-Belastung leider unsichtbar bleibt. Leider, denn sonst wäre allen die Notwendigkeit des Handelns mit hoher Wahrscheinlichkeit sehr viel bewusster und dringlicher.

> Laut Deutscher Umwelthilfe überfluten rund 10 Millionen Tonnen Plastikmüll die Weltmeere, und wenn wir so weitermachen wie bisher, schwimmen ab 2050 mehr Plastikteile als Fische in den Meeren. Schon jetzt sterben jedes Jahr eine Million Seevögel und hunderttausend Meeressäuger, weil sie Plastikteile mit Nahrung verwechseln und dann verhungern, die Mägen gefüllt mit Plastik. Die größte aller im Ozean schwimmenden Plastikmüllinseln, der *North Pacific Garbage Patch*, hat bereits die sechsfache Größe Deutschlands. Und mehr als 70 Prozent der Abfälle schwimmen in tieferen Wasserschichten oder sinken auf den Meeresboden.

Bilder von vermüllten Landschaften, Stränden oder Meerestieren, die sich in Plastik verfangen, sind einfach nur schrecklich. Und das alles ist keinesfalls nur der Müll aus anderen Ländern, die keine funktionierende Müllentsorgung haben. Auch wir tragen zu diesem Müllberg bei. Achtlos in die Natur geworfene Plastiktüten oder -verpackungen werden vom Wind in die Flüsse geweht und über die Flüsse in die Meere transportiert. Dort vermengen sie sich zu großen, schwimmenden Müllinseln, bevor sie sich mit der Zeit in Mikropartikel auflösen.

Es stimmt leider nicht, dass wir Deutschen Vorreiter in

der Plastikvermeidung sind. Einige afrikanische Länder sind uns teilweise deutlich voraus. Kenia, Marokko, Uganda, Südafrika und Ruanda etwa haben Plastiktüten komplett verboten und ihre Nutzung mit hohen Geldstrafen belegt, in Kenia sogar mit Gefängnisstrafen. Als Konsequenz sind Plastiktüten in diesen Ländern fast komplett verschwunden. In Deutschland wird lediglich eine kleine Gebühr auf Plastiktüten erhoben. Das hat zwar auch schon zu einer starken Reduzierung beigetragen, aber trotzdem sind noch viel zu viele im Umlauf.

Etwa in Supermärkten beim Obst und Gemüse. Sorglos nutzen viele diese kostenlosen Einwegbeutelchen und packen ihr Obst darin ein, nur um es dann zu Hause direkt wieder auszupacken und die Beutel wegzuschmeißen. Dabei gibt es mittlerweile in jedem Supermarkt wiederverwendbare Obst- und Gemüsebeutel zu kaufen, die kaum Gewicht haben und deshalb praktischerweise einfach mitgewogen werden können. Und auch lose kann man Äpfel ohne Probleme in den Einkaufswagen packen. Bei uns hat sich noch nie eine Kassiererin darüber beschwert, wenn wir das Obst oder Gemüse lose auf das Transportband zur Kasse gelegt haben. Im Gegenteil. Wir haben die Erfahrung gemacht, dass die meisten Angestellten in Supermärkten sehr wohl wissen, in welch irrer Verpackungswelt wir leben. Denn es geht ja nicht nur um die Plastiktüten. Auch Verpackungen und Einwegflaschen sind ein Problem, da auch diese am Ende im Müll landen und schließlich in der Umwelt.

Laut Deutscher Umwelthilfe werden in Deutschland in jeder Stunde rund 2 Millionen Einweg-Plastikflaschen verbraucht, das sind mehr als 47 Millionen Stück pro Tag. Und diese Einweg-Plastikflaschen dominieren mittlerweile den Getränkemarkt. Für ihre Produktion werden jährlich 438 000 Tonnen Rohöl und fast 9 Milliarden Kilowattstunden Energie verbraucht. Diese Einweg-Plastikflaschen können zwar auch an Pfandautomaten abgegeben werden, und Verbrauchern wird suggeriert, dass sie komplett recycelt werden. Das trifft laut Deutscher Umwelthilfe aber meist nicht zu. Die Flaschen werden typischerweise geschreddert, eingeschmolzen und zu Granulat verarbeitet. Dieses Granulat jedoch ist nur schwer verwertbar, und nur ein kleiner Teil, weniger als 30 Prozent, wird zu neuen Plastikflaschen verarbeitet. Der Rest geht in die Produktion von Textilfasern, Planen oder anderen Produkten. Verbraucher können Einweg- oft nicht von Mehrwegflaschen unterscheiden. Auf beide wird ja Pfand erhoben, auf die Einwegflaschen allerdings 25 Cent, auf die Mehrwegflaschen nur ca. 15 Cent. Die Einwegflaschen erkennt man in der Regel daran, dass sie viel dünner sind und sich leicht eindrücken lassen. Die Discounter Lidl und Aldi verwenden für Wasser, aber auch für andere nicht alkoholische Getränke, fast ausschließlich Einwegflaschen und erklären das mit der Nachfrage. Wir Verbraucher können das also beeinflussen, indem wir anders einkaufen.

PLASTIK, VIEL ZU VIEL PLASTIK

Seit wir vor drei Jahren unser Projekt *Familie minus Plastik* gestartet haben, versuchen wir, unseren Anteil am Berg der Plastikverpackungen so klein wie möglich zu halten. Wo immer es geht, versuchen wir, beim Einkauf auf Plastikverpackungen zu verzichten. In der Summe macht das was aus, und wenn das viele andere auch tun, können wir wirklich etwas erreichen.

Wir fünf wollen nicht mehr dafür verantwortlich sein, dass Massen an Plastik und Mikroplastik in unsere Flüsse und Meere gelangen. Lange haben wir jede Woche zwei prall gefüllte gelbe Säcke mit Plastikmüll vor die Tür gestellt. Das war eindeutig zu viel, und wir wollten das stark reduzieren. Denn obwohl wir unseren Müll sauber trennen, ist uns klar, dass die deutsche Recyclingquote längst nicht so gut ist, wie suggeriert wird.

Mittlerweile wird die Recyclingquote selbst innerhalb des Systems kritisch gesehen. Der Chef des *Grünen Punkts*, Michael Wiener, plädiert für einen Exportstopp von Müll in Staaten außerhalb der EU und für mehr Wiederaufbereitung in Deutschland selbst. Dazu müsste auch die Industrie stärker in die Pflicht genommen werden. Das fordern Umweltorganisationen wie die *Deutsche Umwelthilfe* schon lange. Und die Verpackungs- und Kunststoffexpertin des *WWF*, Laura Griestop, sagt: Durch innovative Wiederverwertungsmodelle, durch Vermeiden und Minimieren unnötiger Verpackungen und recyclinggerechtes Design könnte man in Deutschland

DIESE PLASTIKFLUT KANN SO NICHT WEITERGEHEN

bis 2040 mehr als 20 Millionen Tonnen Kunststoff einsparen. Das würde auch im Kampf gegen den Klimawandel helfen, denn so könnten 68 Millionen Tonnen Treibhausgase eingespart werden. Tatsächlich werden derzeit jedoch nur etwa 10 Prozent des Plastiks aus dem gelben Sack tatsächlich recycelt. 40 Prozent hingegen werden in Entwicklungsländer exportiert, in denen nicht immer ganz klar ist, was damit am Ende passiert. Die restlichen 50 Prozent werden »thermisch verwertet« – was nichts anderes ist als eine schöne Umschreibung für »verbrannt«. 1,6 Millionen Tonnen Kunststoffverpackungen landen jedes Jahr im Ofen, schätzt der WWF, mit einem Gesamtwert von 3,8 Milliarden Euro. Nur weil wir so sorglos konsumieren.

Bilder von ganzen Müllbergen, etwa auf den Malediven, sind einfach nur schrecklich. Auch wenn es vermeintlich weit weg von uns passiert, tragen wir für diese Umweltverschmutzung eine Verantwortung. Aber auch unser Müllberg hier in Deutschland wird ja ständig größer.

Natürlich wissen wir, dass es kaum möglich ist, komplett plastikfrei zu leben. Dann dürften wir keine Waschmaschine mehr besitzen, keinen Wäscheständer, Maya hätte keine Puppen mehr, die Jungs müssten auf ihr Lego verzichten. Komplett plastikfrei zu leben, ist illusorisch, aber eine drastische Reduktion, ein klarer Cut ist möglich bei all dem überflüssigen Plastik. Und davon gibt es eine Menge!

Die Kinder, insbesondere die Jungs, konnten wir schnell gewinnen. Beide sind von Meeresschildkröten fasziniert und kennen die schrecklichen Bilder, wie sie sich in Plastikstrudeln verfangen oder ihnen Plastik-Strohhalme aus der Nase ragen. Dagegen anzugehen, fanden sie sofort gut. In der Tat sind Meeresschildkröten besonders stark vom vielen Plastik in den Ozeanen betroffen, denn sie verwechseln Plastiktüten häufig mit ihrer Hauptnahrungsquelle, den Quallen. So fressen sie statt Quallen vorbeidriftende Plastiktüten und ersticken dann daran. Oder sie verfangen sich in weggeschmissenen alten Fischernetzen und ertrinken.

Lebensmittel plastikfrei einkaufen

Auf überflüssiges Plastik beim Einkaufen zu verzichten, war für uns relativ leicht und verlangte kaum mehr, als eine bessere Organisation. Wir leben nicht in einer Großstadt mit Unverpackt- und Bio-Läden an jeder Ecke, sondern in einer Kleinstadt, eher auf dem Land. Zwar gibt es diese Läden in Köln, das 30 Kilometer von uns entfernt liegt, aber eben nicht in einer praktikablen Nähe. Denn diese Strecke für jeden Einkauf mit dem Auto zurückzulegen, ist für uns weder zeitlich machbar, noch wäre es klimafreundlich.

Aber auch hier kann man Schritt für Schritt vorgehen. Wir haben eigentlich immer einige Stoffbeutel dabei, in die wir unsere Einkäufe füllen können. Sie liegen griffbereit im Fahrradkorb, im Rucksack oder der Handtasche. Allerdings ist so ein Stoffbeutel in der Herstellung auch sehr ressourcenintensiv und nur dann eine ökologische Alternative, wenn er sehr oft verwendet wird, mindestens 20-, eher um die 30-mal. Aber genau das haben die meisten unserer Beutel längst hinter sich. Sie sind ja sehr robust und können lange verwendet werden. Wir hatten sowieso schon einige Stoffbeutel zu Hause, die haben die Kinder dann einfach verschönert. Mit Textilmarkern haben sie verschiedene Motive draufgemalt oder sie einfach etwas bunter gestaltet. Und das war der Einstieg in unser plastikreduziertes Leben und der perfekte Start in ein Abenteuer, das uns bis heute beschäftigt.

Auch Papiertüten haben leider keine bessere Ökobilanz als Plastiktüten. Deshalb bringt eine Reduktion von Plastiktüten bei gleichzeitig vermehrter Nutzung von Papiertüten nichts für die Umwelt. Papiertüten sind erst nach viermaligem Gebrauch ökologisch sinnvoller als Plastiktüten, und häufig reißen sie dann doch nach zwei- bis dreimaliger Nutzung. Stoffbeutel sind erst nach 20- bis 30-maliger Nutzung ökologisch sinnvoller. Denn der Anbau der für ihre Herstellung nötigen Rohstoffe verschlingt viel Wasser, Energie, Fläche und geht in der Regel mit dem Einsatz von Pestiziden einher. Deshalb besser nicht zu viele Stoffbeutel ansammeln. Wenn ein Beutel vergessen wurde und zu Hause bereits zahlreiche Beutel vorhanden sind, ist es tatsächlich ökologischer, ausnahmsweise auch mal eine Plastiktüte zu nehmen.

PLASTIK, VIEL ZU VIEL PLASTIK

Unsere ersten Reduktionsschritte sind ganz leicht und für jeden umsetzbar: Wir lassen die in Plastik eingepackten Äpfel, Nektarinen, Pfirsiche oder Karotten einfach links liegen und greifen zur losen Variante, wie es sie in den meisten Supermärkten und selbst bei Discountern mittlerweile längst gibt. Das lose Obst und Gemüse kommt dann in unsere mitgebrachten Beutel, und wir bringen bei jedem Einkauf nicht nur weniger Plastik mit nach Hause, sondern geben damit auch noch einen Stimmzettel ab und zeigen dem Supermarkt: Wir brauchen kein verpacktes Obst und Gemüse. Und je mehr Menschen das machen, desto größer wird das Angebot an unverpacktem Obst und Gemüse. Denn die Betreiber schauen sehr genau darauf, was liegen bleibt und was sich verkauft. Das Erfreuliche ist ja, dass inzwischen immer mehr Menschen umdenken. Trotzdem gibt es immer noch viel zu viel Gemüse und Obst in unnötiger Verpackung. Helfen Sie doch mit, dass das ein Ende hat. Nähen oder kaufen Sie sich kleine Obst- und Gemüsebeutel, nehmen Sie die immer mit zum Einkaufen, oder legen Sie Obst und Gemüse einfach ohne Verpackung in den Einkaufswagen – und schon können auch Sie eine Menge an Plastikmüll einsparen.

Eine andere gute und sehr einfache Möglichkeit, Plastik zu vermeiden, bietet sich beim Wasser. Wasser kann man statt in Plastik auch in Glasflaschen kaufen oder, noch besser: Man kann es einfach aus der Leitung nehmen. Unser Trinkwasser aus dem Hahn ist in Deutschland sehr gut kontrolliert und komplett unbedenklich zu Genießen. Man muss auch nicht befürchten, dass Weichmacher und Mikroplastik in das Wasser übergehen könnten. Wir trinken unser Wasser daher meistens aus dem Hahn, und wenn wir es etwas spritziger haben wollen, geben wir die Kohlensäure mit unserem Sprudler dazu. Das macht weniger Arbeit beim Schleppen der schweren Kästen und spart zudem noch Geld. Klimafreundlicher ist das Leitungswasser auch, denn der Transport und die Verpackung, die beim gekauften Mineralwasser anfallen, bleiben aus – pro Liter Flaschenwasser sind das immerhin 202,74 Gramm CO_{2e}. Bei einem durchschnittlichen Verbrauch von 181,4 Litern Flaschenwasser pro Person und Jahr könnte man, wenn alle hier in Deutschland mitmachen würden, somit 3 Millionen Tonnen CO_{2e} einsparen, so die Rechnung von *a tip: tap*, einem gemeinnützigen Verein, der sich für Leitungswasser und gegen Plastikmüll einsetzt. Das wäre in etwa anderthalbmal so viel, wie der gesamte innerdeutsche Flugverkehr ausmacht!

Mit der Umstellung von Flaschen- auf Leitungswasser kann man durch nachhaltiges Leben sogar Geld einsparen. Die Organisation *a tip: tap* hat das mal genauer ausgerechnet. Für einen Euro bekommt man im Supermarkt gerade mal um die fünf Liter Mineralwasser, aber 200 Liter ebenso gutes Wasser aus dem Hahn. Für einen vierköpfigen Haushalt wurde auf dieser Grundlage ausgerechnet, dass 1,5 l Trinkwasser pro Tag und Person bei vier Personen (also 1,5 l × 4 Personen × 365 Tage) ganze 2190 Liter pro Jahr ergibt. Bei einem durchschnittlichen Preis von 50 Cent pro Liter sind das 1095 Euro für das

PLASTIK, VIEL ZU VIEL PLASTIK

> Mineralwasser. Der Preis für Leitungswasser liegt nur bei 0,5 Cent pro Liter, jährlich für die gleiche Menge also bei 11 Euro. Somit lassen sich mit Leitungswasser als Familie 1000 Euro pro Jahr bzw. 10 000 Euro in zehn Jahren einsparen. Und wenn man unterwegs ist und sein abgefülltes Leitungswasser dabeihat, anstatt für einen Liter Wasser mehr als 1 – 2 Euro zahlen zu müssen, ist die Ersparnis sogar noch viel größer. Ganz zu schweigen vom anstrengenden Schleppen der Wasserkästen und den Kosten, die beim Getränkemarkt für An- und Abtransport entstehen. Eigentlich spricht nichts für den Kauf von Mineralwasser in Flaschen, außer unserer Gewohnheit und einer unbegründeten Skepsis gegenüber Leitungswasser. In Frankreich ist es dagegen komplett üblich, Leitungswasser zu trinken.

Andere Getränke wie Apfelsaft und Milch kaufen wir in der Mehrweg-Glasflasche, vorzugsweise von Lieferanten aus der Region, damit keine zu langen Transportwege notwendig sind. Denn das ist gerade bei Glasflaschen entscheidend für die Klimabilanz: Je weiter der Weg, desto mehr schlägt das größere Gewicht im Vergleich zur PET-Flasche zu Buche. Saft in Einwegflaschen kommt schon lange nicht mehr in unseren Einkaufswagen. Darüber hatten wir früher nicht nachgedacht und bei Angeboten gerne mal zugegriffen und sechs Plastikflaschen, in Plastik eingeschweißt, mit nach Hause genommen. Heute definitiv nicht mehr.

LEBENSMITTEL PLASTIKFREI EINKAUFEN

Käse kaufen wir überwiegend an der Frischetheke und in mitgebrachten Behältern ein. Am Anfang war das immer ein wenig anstrengend, weil die Verkäuferinnen die mitgebrachte Dose aus Hygienegründen zunächst nicht füllen wollten. Da wir uns aber informiert hatten und wussten, dass die Dose zwar nicht über die Theke wandern darf, der Käse aber durchaus auf der Theke eingefüllt werden kann, sind wir hartnäckig geblieben – und natürlich immer freundlich. Und auch wenn die anderen Kunden bei den ersten Versuchen hinter uns etwas warten mussten, mehrere Diskussionen mit Verkäuferinnen notwendig waren und beim ersten Mal sogar die Chefin geholt werden musste, hat es letztendlich geklappt. Manchmal braucht man einfach einen langen Atem. Und es wurde mit der Zeit immer einfacher. Mittlerweile stehen in unserem Supermarkt sogar Schilder, die dazu einladen, die eigene Dose mitzubringen oder eine zu erwerben, die man befüllen und dann beim nächsten Einkauf wieder mitbringen kann. Und wir werden jetzt nicht mehr argwöhnisch, sondern freundlich mit unseren Dosen empfangen. Mittlerweile gibt es in unserem normalen Supermarkt sogar eine kleine Unverpackt-Ecke, in der Nüsse, Nudeln und Müsli unverpackt eingekauft werden können. Allein diese zwei Beispiele zeigen, wie viel sich in den letzten Jahren bewegt hat. Und auch wie viel sich tut, wenn Verbraucher immer wieder nachfragen und andere Prioritäten zeigen.

Auch unseren Joghurt kaufen wir im Mehrweg-Pfandglas, und nicht in kleinen Plastikbechern, die nur einmal verwendet werden. Für unsere Kinder wird der Nachtisch dann aus dem großen Glas in kleine Schälchen umgefüllt. Das hat auch noch den Vorteil, dass wir die bunten, überzuckerten Kinderjoghurts, die mehr Süßigkeit als Joghurt sind, im Regal stehen lassen können. Anfangs gab es da zwar schon ein paar Diskussionen mit den Kindern, denn natürlich sind diese Kinderjoghurts dafür gemacht, Kinder zu verführen: knallig buntes Plastik, oft noch eine kleine Tasche mit Schokobällchen oder Ähnlichem und zudem bekannte Kinderfiguren als Lockmittel. Meist wenig und ungesunder Inhalt, dafür aber viel Verpackung. Wir haben unseren Kindern lange erklärt, dass wir so viel Verpackung und so viel Zucker nicht wollen und warum das am Ende dann gut für sie ist. Wir haben mit ihnen zusammen nach Alternativen gesucht, und mittlerweile ist es kein Thema mehr – der Joghurt im Glas schmeckt ihnen sehr gut.

Insgesamt spielt sich plastikfreier Einkauf relativ schnell ein. Dennoch erinnern wir uns noch gut daran, dass wir das erste Mal im Supermarkt mit diesem Vorsatz schon etwas desillusionierend fanden. Yannis, der uns damals begleitete, meinte direkt, dass da ja nicht mehr so viel übrig bleibe, was wir überhaupt noch kaufen könnten. In der Tat reduziert sich die Auswahl. Allerdings empfinden wir das als befreiend und nicht als schmerzhaften Verzicht. Einkaufen geht seitdem schneller, wir haben einen gewissen Tunnelblick entwickelt, und all die bunt leuchtenden Plastikverpackungen werden weitgehend ignoriert. Gerade Maik, der sich gerne mal »inspirieren« lässt, neue Sachen auszuprobieren, wie er sagt, oder aber »verführen«, wie Nicole behauptet, empfand das schnell als eine gute Entwicklung.

Das klingt Ihnen zu zielstrebig und vielleicht auch zu streng? Natürlich müssen Ausnahmen erlaubt sein, schon

LEBENSMITTEL PLASTIKFREI EINKAUFEN

allein, um die Kinder nicht zu verlieren. Kommen wir also zu den schwierigen Momenten: Süßigkeiten sind beispielsweise immer in Plastik verpackt, und wenn wir die komplett meiden würden, würden die Kinder direkt streiken, und zwar alle drei geschlossen. Deshalb haben wir für uns entschieden, auf zu großen Ehrgeiz lieber zu verzichten, weil der schnell kontraproduktiv werden könnte. Das haben wir auch offen mit den Kindern besprochen, auch dass wir trotzdem versuchen wollen, auch hier zu reduzieren. So wenig Plastikverpackung wie möglich, aber ohne Frust. Also kaufen wir die Gummibärchen in der Großpackung, und nicht die einzeln noch einmal verpackten Kleinpäckchen. Eis versuchen wir, so oft wie möglich, selbst zu machen, in wiederbefüllbaren Formen oder in den kleinen Gläschen, in denen wir die Gemüseaufstriche gekauft haben. Mittlerweile machen sich die Großen ihr »Kratzeis« sogar schon selbst. Trotzdem kaufen wir auch Eis, wenn die Kinder es sich wünschen. Sie essen beides gerne und können beim Selbstgemachten ja auch selbst neue Geschmacksrichtungen erfinden. Im Moment steht Saft aus der Glasflasche ganz hoch im Kurs, den sich die Kinder einfach selbst in die wiederverwendbaren Eisformen füllen und selbstständig einfrieren.

Dieser gesunde Pragmatismus, wie wir ihn nennen, ist aber, das hat sich über die Jahre gezeigt, auch gut für einen selbst. Nicht zu viel zu wollen, sondern auch nachsichtig mit sich selbst zu sein, das senkt das Frustlevel deutlich. Natürlich wissen wir, dass es auch Menschen gibt, die weitaus perfekter sind als wir, die es beispielsweise schaffen, ihren kompletten Jahresmüll in ein Marmeladenglas zu packen. Das ist fantastisch, keine Frage, und dagegen ist unser zu einem Viertel gefüllter gelber Sack alle zwei Wochen bereits eine Müllsünde. Aber den Vorsatz, unseren Müll auf nur ein Marmeladenglas zu beschränken, würden wir vielleicht eine Woche durchhalten, hätten danach die Kinder ziemlich sicher verloren und würden wohl irgendwann gefrustet ganz aufgeben. So haben wir immer noch etwas mehr Müll, aber dafür eine langfristige Reduktion und freuen uns über diese Einsparungen. Wir sind überzeugt davon, dass es für den Planeten besser ist, wenn sich nicht einige wenige mit fast vollständiger Askese abmühen, sondern möglichst viele kleinere, aber langfristige Schritte machen. Am Ende dürfte mehr gewonnen sein, wenn wir alle deutlich reduzieren, und das nachhaltig und mit langem Atem. Und da ist es völlig o. k., auch mal Kekse, Eis, Reis oder Linsen in einer kleinen Plastikverpackung zu kaufen, statt immer dogmatisch Nein zu sagen und dann aber nach ein paar Monaten gefrustet aufzugeben. Denken Sie daran: Es soll kein Kurzstreckenlauf werden, sondern ein Marathon, länger noch, es soll uns dauerhaft begleiten, am besten unser Leben lang, und vor allem sollen unsere Kinder auch weiter Spaß daran haben.

· Plastik raus aus der Küche

Einer unserer ersten Schritte im Rahmen des plastikreduzierten Einkaufens war die Inventur in Küche und Bad. Bestandsaufnahme und dann Beginn der Reduktion. Das Ziel: Auf Plastik, so gut es geht, zu verzichten und Alternativen zu finden. Und da geht einiges, gerade als Familie! Angefangen in Küche und Badezimmer haben wir geschaut, wo sich bei uns überall unnötiges Plastik findet. Schon die Bestandsaufnahme in der Küche hat uns recht schnell gezeigt: Wir haben jede Menge Reduzierungspotential. Um zu vermeiden, dass Plastik weiter in unser Essen gelangt, haben wir erst mal alle Plastikbehälter gegen Glas eingetauscht. Zum Glück hatten wir schon seit Längerem Joghurt im Glas gekauft und die leeren Gläser aufbewahrt. Darin sollten ab jetzt die Müslizutaten, wie Rosinen, Kokosraspel oder Ähnliches fürs Frühstück Platz finden. Die Jungs durften die Deckel der ehemaligen Joghurtgläser neu gestalten, und das hat ihnen eine Menge Spaß gemacht. Die Plastikdosen wurden fürs Erste aus der Küche verbannt. Kindergeschirr aus Plastik haben wir erst mal zur Seite geräumt und in einer Kiste verstaut. Alles wegwerfen wäre eine unnötige Umweltbelastung, da wir erst mal einen großen Müllberg produziert hätten, und genau das wollten wir ja nicht. Deshalb wurden diese Becher und Teller nur weggepackt und kommen immer wieder zum Vorschein, wenn es bei Kindergeburtstagen noch etwas turbulenter bei uns zu Hause zugeht als sonst. Der Vorteil: Dann brauchen wir kein buntes Einwegplastik oder Pappbecher einzukaufen, die dann nach der Party in der Mülltonne landen.

Auch der Blick in den Vorratsschrank zeigte: Hier ist jede Menge Reduktionspotential. Die Regale voll mit Plastik: zehn Packungen Nudeln, verpackt in Plastik, ein Sixpack *Hohes C* (noch nicht mal Pfandflaschen). Schnell war klar: Da lässt sich einiges ändern. Erst mal musste das natürlich alles verbraucht werden, aber dann würden wir so nicht mehr einkaufen. Aber zu diesem Punkt war uns auch klar: Wir müssen das neue, plastikreduzierte Leben langsam angehen, Schritt für Schritt, sonst entsteht nur Frust statt Lust. Jeden Tag ein bisschen mehr anders machen, besser machen. Pragmatisch, nicht dogmatisch.

Unsere Schneidebrettchen waren zum Glück sowieso schon größtenteils aus Holz. Die wenigen Plastikbrettchen, die es doch in unsere Küche geschafft hatten, haben wir aussortiert. Alle hatten einige Rillen, und es ist klar, dass Mikroplastikpartikel mit dem Messer abgelöst werden und dann in das Essen gelangen. Außerdem können sich in diesen Rillen Bakterien ansiedeln. Auch wenn ein Teil unserer Eltern der festen Meinung ist, dass Plastikbretter doch hygienischer seien, weil sie besser zu reinigen sind und man sie deshalb besser als Frühstücks- oder Abendbrot-Brettchen einsetzen sollte. Unbeachtet bleibt dabei die Tatsache, dass Holz über Gerbstoffe verfügt und diese dafür sorgen, dass sich keine Keime ansiedeln können. Durch Schnittstellen im Holz werden diese natürlichen antibakteriellen Stoffe immer wieder freigesetzt. Und auch das Argument, Holzbretter seien nach einer Zeit unansehnlich, teilen wir absolut nicht. Im Gegenteil, Plastikbretter muss man nach einer Weile aussortieren, weil sie komplett zerkratzt sind. Holzbretter jedoch halten viel länger, verändern an manchen Stellen vielleicht ganz leicht die Farbe, aber das finden wir eher charmant, und wir lieben Holz, weil es ein so natürliches Material ist.

Frischhalte- oder Alufolie benutzen wir heute nicht mehr, denn Alufolie benötig in der Herstellung sehr viel Energie, zudem entstehen dabei giftige Abfälle. Auch Frischhaltefolie ist für uns überflüssiges Plastik. Stattdessen halten wir Lebensmittel in sauberen Geschirrtüchern frisch, in unseren Stoffbeuteln oder auch in einem Bienenwachstuch. Bienenwachs wirkt antiseptisch und kann nach Gebrauch einfach mit klarem Wasser abgewaschen werden. Bienenwachstücher kann man selber machen – Anleitungen dazu gibt es zahlreich im Internet zu finden – oder in Bio-Supermärkten kaufen. Für flüssigere Dinge oder Lebensmittelreste nehmen wir unsere Keramikschüsseln, auf die wir eine kleine Untertasse legen. Gängige Untertassen passen fast immer genau auf gängige Schüsseln, das schließt komplett ab und so kann alles Mögliche ohne Probleme im Kühlschrank gelagert werden. Wir sammeln und nutzen aber auch Gläser, etwa von den Gemüseaufstrichen, von eingelegten Gurken, Mais, Apfelmus oder Joghurt. Die kann man auch sehr gut als Aufbewahrungs- und Frischhaltebehälter benutzen.

Frischhalte- und Alufolien kann man ganz einfach ersetzen: Lebensmittel entweder in Stoff- oder in Bienenwachstüchern frisch halten, die man entweder kaufen oder selber machen kann.
Auch einfrieren geht ohne Plastik: Einfach alte (natürlich vorher ausgespülte) Marmeladen-Apfelmus- oder Gemüseaufstrichgläser nehmen und befüllen. Brot und Brötchen können in Stofftücher gewickelt werden und bleiben im Tiefkühlfach ebenfalls frisch.

Eine Freundin fragte uns mal, wie wir ohne Plastikbeutel Sachen einfrieren. Das ist eigentlich ganz einfach. Wir nehmen genau diese Gläser auch zum Einfrieren, sodass wir uns auch Plastik-Gefrierbeutel sparen können. Wichtig ist dabei nur, sie nicht bis ganz oben hin zu befüllen, dann aber funktioniert es wunderbar. Brot oder Brötchen frieren wir in Tüchern eingewickelt ein oder in unseren Stoffbeuteln.

Die Kinder lieben es, ihre Getränke ab und zu auch mal mit einem Strohhalm zu trinken. Plastik-Strohhalme aber haben eine sehr schlechte Bilanz und sind bei uns als unnötiges Plastik natürlich Schnee von gestern. Denn es gibt mittlerweile eine Vielzahl an Alternativen. Wir haben jetzt Strohhalme aus Glas und aus Metall zu Hause, die man einfach mit einem kleinen Bürstchen reinigen kann. Von einem Dreh hat Maik sogar einmal Strohhalme aus Apfelresten mitgebracht, von einem Start-up, das ganze Hotelketten mit diesen essbaren Strohhalmen beliefert. Nicht nur unsere Kinder stehen total drauf, weil man sie so schön nebenbei aufknabbern kann und sie nach Apfel schmecken. Auch Makkaroni eignen sich übrigens gut als Strohhalm-Ersatz, allerdings sollten sie nicht allzu lang im Glas sein, denn nach einiger Zeit lösen sie sich dann doch auf. Maya mag am liebsten den Metall-Strohhalm mit goldener Beschichtung, den sie »meinen goldenen Strohhalm« nennt. Die Jungs nehmen beide am liebsten die Glas-Variante. So hat jeder seine Lösung. Plastik-Strohhalme vermisst keiner.

Plastik raus aus dem Badezimmer

Auch im Badezimmer kann man auf viel Plastik verzichten. Auch hier gab es bei uns am Anfang mit Blick auf die vielen bunten Plastikflaschen nur zwei mögliche Reaktionen: »Wow, das ist so viel, das schaffen wir nie« oder »Hey, das ist echt eine Menge, aber das heißt auch, wir können jede Menge einsparen!«. Wir haben uns für Letzteres entschieden und mit den Kindern diskutiert, was wir wirklich brauchen und worauf wir verzichten könnten. Zahnbürsten aus Plastik, muss das sein? Shampoo, Duschgel, Cremes und anderes geht ebenfalls ohne Plastik. Wir machten uns auf die Suche nach Alternativen. Statt flüssiges Duschgel nutzen wir festes Duschgel oder Seife. Die Flüssigseife aus dem Spender zum Händewaschen musste wunderbarer Seife am Stück aus dem letzten Frankreich-Urlaub weichen. Flüssigseife besteht nämlich zu einem Großteil aus Wasser, und dieses wird dann unnötigerweise weite Strecken transportiert und verursacht dabei CO_2-Emissionen. Zudem muss sie ja in Plastik verpackt werden, während man Seife am Stück sehr einfach unverpackt kaufen kann, in Bio-Läden oder bei der Kette *Lush*.[10]

> Statt flüssiger, sollte man sich die Hände mit fester Seife waschen, die man auch gut zum Duschen nutzen kann. Auch Shampoos gibt es in fester Seifenform. In flüssig bekommt man sie ganz ohne Plastik bei Abfüllstationen in Unverpackt-Läden.

Shampoo wollten wir durch mehrere Versuche mit selbst gemachten Alternativen ersetzen, von denen sich am Ende aber keine so richtig durchsetzen konnte. So hatten wir kurzzeitig auch mal Shampoo aus Roggenmehl im Einsatz, aber nach viel Sauerei und trockenen, strähnigen Haaren haben wir das dann doch aufgegeben. Jetzt ist es gegen festes Shampoo eingetauscht, das aussieht wie Seife und wunderbar funktioniert. Sie schäumt nur nicht so stark wie das Shampoo aus der Flasche. Daran musste sich Yannis erst gewöhnen. Übrigens: Auch das feste Shampoo ist ein Beispiel dafür, wie viel sich ändern kann, wenn die Nachfrage stimmt. Als wir angefangen haben, gab es Haarseife eigentlich nur in Bio-Märkten oder online zu kaufen. Mittlerweile bekommt man eine gute Auswahl ganz bequem in jeder Drogerie und selbst in einigen Supermärkten. Plastikfreies Duschen und Waschen ist also völlig problemlos möglich.

Unsere Plastik-Zahnbürsten haben wir gegen Holz-Zahnbürsten aus Bambus eingetauscht, die Zahnpasta in der Tube größtenteils gegen Zahnputztabletten. Als wir damit anfingen, mussten wir die noch online bestellen, mittlerweile reicht der Weg in die Drogerie. Neue Zahnbürsten finden unsere Kinder immer super. Allerdings waren wir uns anfangs nicht so sicher, wie sie die Umstellung aufnehmen würden, denn früher gab es immer bunte Conni- oder Cars- oder andere Jungenhelden-Bürsten. Als wir die Bambus-Zahnbürsten Yannis als Erstem zeigten, fand er direkt, dass sie schön aussehen. Und damit war klar, es funktioniert, denn zu dem Zeitpunkt schlossen sich die beiden Kleineren meistens dem Urteil von Yannis an. Und genau so kam es, die Umstellung war schnell angenommen, sie haben nur darauf bestanden, gleich die Namen auf den Bürstenstiel zu schreiben. Klar, sehen ja auch alle gleich aus. Alle zusammen in ein Glas gestellt, das die Plastik-Putzbecher ersetzt, und fertig. Wir finden, das sieht auch noch viel schöner aus. Davon abgesehen, sind wir selbst sowieso große Bambus-Fans – sieht super aus, wächst nach, was will man mehr?

Bei den Zahnputztabletten wurde es etwas schwieriger. Maya mit ihren damals drei Jahren hat es nicht hinbekommen, sie zu zerkauen und sich dann damit die Zähne zu putzen. Und auch Mattis, damals fünf, hat die halb zerkaute Tablette sofort wieder ausgespuckt. Da haben wir beschlossen, dass die beiden erst mal weiter ihre Zahnpastatuben bekommen. Yannis fand es etwas komisch, putzte dann aber wie gewohnt drauflos. Wir fanden das Zerkauen und dann Putzen anfangs auch eher gewöhnungsbedürftig und haben Tabletten und Plastiktube heute im Wechseleinsatz. Es schäumt auch nicht ganz so schön, sondern ist etwas wässriger. Aber am Ende ist es, wie so oft, eine Frage der Gewöhnung. Der Geschmack ist gut, der holzartige Stil liegt schön in der Hand, und nach dem Putzen hat man das gewohnte Gefühl sauberer Zähne.

Einweg und to go – ein No-Go

Wann fing es eigentlich an, dass Einwegprodukte erfunden wurden und der Wert von lang anhaltender Qualität in manchen Bereichen auf der Strecke geblieben ist? Von der Einwegkamera ist man ja mittlerweile wieder etwas abgerückt, aber Einwegregencapes beispielsweise gibt es noch überall. Wann wurde Wegwerfen cool? Einwegverpackungen sind ein echtes Problem und gemeinsam mit dem To-go-Trend hat das die Abfallberge deutlich wachsen lassen.

Jede Stunde werden in Deutschland 380 000 To-Go-Becher konsumiert. Kaffee rein, Kaffee raus und weg damit. Sind doch nur Pappbecher? Von wegen. Die beliebten Kaffee-To-go-Becher sind zwar aus Pappe, aber immer mit einer Plastikbeschichtung versehen. Dadurch sind sie nicht recyclebar, genauso wenig wie der Plastikdeckel oben drauf und das kleine Umrührstäbchen, das man meist dazubekommt. Wenn die Becher dann nicht mal in den Müll geschmissen werden, sondern in der Landschaft landen, wird es richtig ärgerlich. Seit dem 3. Juli 2021 ist zwar ein Teil der Einweg-Plastikverpackungen in Deutschland verboten, auf die Kaffeebecher trifft das allerdings nicht zu. Hier verspricht das Start-up *Recup* Abhilfe: Sie haben ein Pfandsystem für Becher und seit Kurzem auch für Bowls entwickelt. Die Becher gibt es in den drei gängigen Größen 0,2 l, 0,3 l und 0,4 l für alle Heißgetränke vom Espresso bis hin zum Latte Macchiato oder heißer Schokolade. Sie sind komplett recycelbar, BPA- und schadstofffrei, spülmaschinenfest und können bis zu 1000-mal wiederverwendet werden. 7500 Cafés, Bäckereien, Restaurants, Tankstellen und Kioske nutzen, Stand heute, bereits diese Pfandbecher und sparen damit Tonnen an Müll ein.

EINWEG UND TO GO – EIN NO-GO

Für Nicole ist die To-go-Mentalität gar nichts. Wenn sie Kaffee oder Cappuccino trinkt, dann ist das für sie ein Genuss. Und den gönnt sie sich nicht in einem Plastik-Pappbecher, sondern in einer schönen Keramiktasse. Und nicht im Laufen auf dem Weg irgendwohin, sondern zu Hause auf einem bequemen Stuhl sitzend, mit der Familie, schön mit Freunden im Café, am besten noch mit einer Zeitung oder einem Buch ausgestattet. Das ist für sie wahrer Kaffeegenuss. Maik sieht das etwas anders und nimmt sich gerne mal einen Kaffee mit, allerdings immer mit einem wiederverwendbaren Becher. Davon hat er mittlerweile drei – einen immer am Mann, gerade wenn er auf Reportagereise geht. Kaffeebecher aus Stahl und eine wiederbefüllbare Flasche für den Wasserhaushalt. Und wenn die Redaktion nach der Mittagspause zum Eisessen runter an den Rhein geht, nimmt er sich immer eine Tasse aus der Redaktionsküche mit, für den Espresso unten am Kiosk.

Auch mit den Kindern haben wir über To-go-Verpackungen gesprochen und was das an zusätzlichem Müll für die Umwelt bedeutet. Die Kinder erleben bei uns ein anderes To-go: Jedes Kind hat eine Trinkflasche aus Stahl, die sie in die Schule, in den Urlaub, aber auch auf Tagesausflüge mitnehmen. Dazu bereiten wir meistens Dosen mit Snacks aus klein geschnittenem Obst vor. Das ist dann zwar auch To-go, aber selbst gemacht, mit wiederverwendbarer Verpackung. Die drei haben zum Glück auch sehr genau verstanden, was in Fast-Food-Ketten passiert. Natürlich üben diese Restaurants einen gewissen Reiz aus, anfänglich auch auf unsere Kinder. Aber großen Streit darüber, warum wir nicht mal zu

McDonald's und Co. gehen, gab es bisher nicht. Früher waren wir manchmal mit dem noch sehr kleinen Yannis da, auf der langen Fahrt von Berlin in den Taunus zu unseren Eltern, allerdings nicht wegen des Essens, sondern eher, weil eine kurze Pause und eine schnelle Kaffeerast gebraucht wurden. Das Essen hat uns beide dort noch nie wirklich überzeugt. Was uns auch damals schon gestört hat: wie die Kinder zusätzlich mit billigen Plastik-Geschenken im Happy Meal geködert werden. Spielzeug für einen Tag, höchstens aber eine Woche. Und seit zumindest die Jungs intensiv bei unserem Nachhaltigkeitsprojekt mitmachen, stört sie nicht nur der viele Müll dort. »Mac Do« ist seitdem für Yannis und Mattis ein No-Go.

Das Pausenbrot der Kinder schmieren wir immer selbst, geben es nie in Tüten mit, sondern, genau wie Obst, mittlerweile in Dosen aus Edelstahl. Am Anfang unseres Projekts waren die Dosen noch aus Plastik und mussten ausgetauscht werden. Dafür haben wir erst mal das Strumpfglas erfunden: Ein Joghurtglas, in dem das klein geschnittene Obst verschlussdicht in die Kita und Grundschule transportiert werden konnte, mit einer Wollsocke drüber als Bruchschutz. Das sah lustig aus und dämpfte auch den ein oder anderen nicht ganz so sanften Stoß. In der Kita sorgte das erst mal für staunende Blicke, Erheiterung und einigen Erklärungsbedarf. Das Strumpfglas war ein lustiger Anfang, am Ende aber doch nicht die bestmögliche Lösung. Und so haben wir dann für jedes Kind eine Brotdose aus Edelstahl gekauft. Diese Anschaffung lohnt sich wirklich. Die Dosen sind jetzt drei Jahre alt, jeden Tag im Einsatz und sehen immer noch super aus. Man kann sie ganz einfach in die Spülmaschine stecken – auch das ein echter Vorteil.

EINWEG UND TO GO – EIN NO-GO

Bei den Trinkflaschen der Kinder haben wir auch umgestellt, von Plastik auf Edelstahl. Diese Flaschen kosten zwar erst mal etwas mehr, als die Plastikvarianten, aber sie halten deutlich länger. Zudem spart man damit regelmäßig den Kauf von Wasserflaschen, wenn man unterwegs ist. Es ist nicht nur eine Investition für die Umwelt, sondern auch, wie so oft, eine in die eigene Gesundheit beziehungsweise die der Kinder. Edelstahl gibt nämlich im Gegensatz zum Plastik kein Mikroplastik und keine Weichmacher an das Getränk oder den Pausensnack ab. Wie schnell das passieren kann, haben Tests bei Kindern im Kindergartenalter gezeigt, die Plastikrückstände im Urin der Kinder nachweisen konnten. Und die lassen sich teilweise auch auf die Plastikboxen und Plastik-Trinkflaschen zurückführen. Auch bei Erwachsenen wurde in ähnlichen Tests schon Mikroplastik im Blut nachgewiesen.

> Das Problem ist, dass die meisten Arten Plastik mit Zusätzen versehen werden, die sie biegsam, elastisch, weich oder auch starr machen. Viele dieser Zusätze lösen sich im Laufe der Zeit wieder vom Plastik ab und werden dann an die Umwelt abgegeben: an die Luft, an das Wasser, an das Trinken oder Essen, das in ihm aufbewahrt wird, oder auch direkt an uns im direkten Kontakt. Insbesondere sogenannte *Phtalate* (Weichmacher) oder *BPA* (Bisphenol A) gelten als gesundheitsschädlich und stehen in Verdacht, krebserregend sowie für Entwicklungsstörungen und reduzierte Fruchtbar-

> keit verantwortlich zu sein. Das alles hat uns dazu bewogen, auch Mehrwegplastik möglichst selten zu nutzen und uns stattdessen nach Alternativen umzusehen. Bisher gab es die meistens ohne große Probleme.

Kinderfeiern ohne Plastik

Als Yannis neun wurde, stellte er uns vor eine Herausforderung: Für seinen Kindergeburtstag forderte er eine Pokémon-Party. Diesen Wunsch wollten wir ihm natürlich erfüllen. Aber wie sollte das ohne Plastik klappen? Wer bei *Ecosia* (eine alternative Suchmaschine zu Google, siehe Kapitel 8) »Pokémon-Party« eingibt, findet natürlich jede Menge Material: Figuren, Becher, Teller, Partyschmuck – aber alles aus Plastik. Und das wollten wir ja alles nicht mehr. Doch etwas Deko musste natürlich schon sein. Als wir ihm sagten, dass sein Wunsch mit unserem Plastikverzicht schwer zu vereinbaren sei, wurde er sehr traurig und hatte erst mal Frust auf das ganze Familienprojekt. Er hat alles in Frage gestellt, alles war doof, er wollte nicht mehr mitmachen. Da klingelten bei uns die Alarmglocken. Gerade er, unser fleißigster Mitstreiter! Ihn durften wir nicht verlieren.

Also wurden wir kreativ. Selber machen war wie so oft die Devise, um unnötiges Plastik zu vermeiden. Wir suchten im Internet nach Pokémon-Bildern, die wir dann farbig in verschiedenen Größen ausdruckten. Die klebten wir auf

KINDERFEIERN OHNE PLASTIK

die für genau solche Anlässe aufbewahrten bunten Mehrweg-Plastikbecher. Dann kamen ein paar größer ausgedruckte Bilder auf den Tisch, und fertig war die Deko. Die Jungs haben beim Schneiden und Kleben eifrig mitgeholfen und waren sehr begeistert, dass sie die Geburtstagsdeko selbst herstellen konnten.

Jetzt musste natürlich noch ein Pokémon-Kuchen her. Und Muffins. Wieder mit möglichst wenig Plastikeinsatz. Nicole hat erst mal ganz normale Rührteig-Muffins gebacken. Ein paar der ausgeschnittenen Pokémon-Bilder haben die Jungs dann an Zahnstochern befestigt und so in die Muffins gesteckt – fertig waren die Pokémon-Muffins. Dann kam der Pikachu-Kuchen dran. Nicole ist eigentlich keine typische Back-Mama, also niemand, der auf der Kita- oder Schulfeier den Ehrgeiz hat, den schönsten und aufwendigsten Kuchen abzuliefern, am besten noch mehrstöckig. Dazu fehlt ihr die Zeit, oder, anders gesagt, es ist nichts, wofür sie ihre Zeit opfern möchte. Aber auf Fertigkuchen zurückzugreifen, möchte sie noch weniger. Also selbst ran. Einfache Basic-Kuchen hatte sie bisher noch immer hinbekommen, und so musste es auch diesmal funktionieren. Erst mal wurde ein normaler, runder Rührkuchen gebacken. Für die Ohren dann die Herz-Kuchenform genommen, allerdings in den Herzrundungen nur halb gefüllt und beim Backen etwas aufrecht gestellt. Etwas zurechtgeschnitten wurden daraus prompt Pikachus Ohren. Mit Puderzucker, Zitronensaft und gelber Lebensmittelfarbe aus Papiertüten wurde dann eine klebrige Masse erstellt, schön gelb. Auch hier halfen die Kinder wieder eifrig mit, es gab eher zu viel helfende Hände als zu wenig, denn es war natürlich spannend, so eine süße, gelbe Masse herzustellen. Und da sie tatsächlich sehr schön klebrig war, war es möglich, damit auch Pikachus Ohren »anzukleben«. Mit bunter Lebensmittelfarbe wurden dann die runden, roten Wangen, die schwarzen Augen und die Nase draufgemalt, und fertig war Pikachu in Kuchenform. Zur Belohnung gab es strahlende Gesichter der Jungs.

Weiter ging es mit der Vorbereitung der Action für die Party: Für jedes eingeladene Kind wurde eine Pikachu-Trainerkarte gebastelt, und wir haben uns diverse Spiele ausgedacht. Jedes geschaffte Spiel gab einen Eintrag in die Trainerkarte. So wurde beispielsweise das Pokémon Evoly entführt, und die Gruppe musste auf Spurensuche gehen, um ihn am Schluss auf dem Spielplatz aus seinem Gefängnis zu befreien. Das war eine Schnitzeljagd, die Maik mit mehreren gut versteckten Hinweiszetteln vorbereitet hatte. Die Geburtstagsgäste hatten sehr viel Spaß, und Mattis meinte am Abend zu Nicole: »Mama das war die beste Geburtstagsfeier! Machst du für meinen sechsten Geburtstag bitte auch eine Pokémon-Party?« Kein Problem, jetzt hatten wir ja schon Übung.

Das lässt sich vom Grundprinzip recht schnell auf alle anderen möglichen Mottos anpassen. Bildchen findet man ja von fast allem im Internet, somit ist die Deko schnell gemacht. Nur beim Kuchen ist dann etwas Kreativität gefragt. Aber Rührkuchen lassen sich ja in alle möglichen Formen schneiden und mit einer Puderzucker-Zitronensaft-Mischung lässt sich sehr viel verbinden. Typische Spiele wie Schatzsuche, Sackhüpfen oder Eierlaufen kann man auch immer problemlos auf das jeweilige Motto beziehen.

KINDERFEIERN OHNE PLASTIK

Ein ähnliches Problem der schwierigen Vereinbarkeit zwischen Kinderwünschen und Plastikverzicht stellte sich ein, als Halloween näher rückte. Insbesondere die Jungs sind absolute Halloween-Fans und ziehen gerne um die Häuser, klingeln an den Türen und rufen »Süßes oder Saures«. Und natürlich stehen dann auch bei uns die Nachbarskinder abends vor der Tür mit Tüten und großen Erwartungen. Als wir mit den Jungs darüber diskutieren wollten, dass das Einsammeln von vielen einzeln verpackten Süßigkeiten ja nicht mit unserem Plastikfrei-Projekt vereinbar sei, war die Aufregung groß. Yannis erklärte sofort, dass er das ganze Projekt dann gar nicht mehr gut findet und nicht mehr mitmacht, wenn sie an Halloween keine Süßigkeiten-Tour machen könnten. Mattis erklärte sich sofort solidarisch. Streik! Verschränkte Arme – da gab es keine Verhandlungsbereitschaft. Eine echte Grenze war erreicht. Die Gesichter zeigten: Sie meinten das ernst.

Wieder einmal standen wir vor einer kniffligen Situation, für die es unbedingt eine Lösung brauchte. Kompromisse waren gefragt. Also haben wir Halloween, genau wie Karneval, zur Ausnahme erklärt. Unsere Kinder dürfen seitdem mit ihren Stofftüten losziehen, aber dann nur die Sachen annehmen oder aufsammeln, die sie auch wirklich essen. Aber das war ja nur die Hälfte der Miete: Denn wir wollten uns auch nicht mit Bergen von in Plastik verpackten Süßigkeiten eindecken müssen, um die Nachfrage an der Haustür zu erfüllen. Nicole hatte die Idee, stattdessen Halloween-Kekse zu backen, Grusel-Kekse. Bisher hatten wir zwar immer nur an Weihnachten Plätzchen gebacken, aber warum eigentlich? Kekse werden ja nicht nur im Winter gegessen. Und weil es sowieso ein trüber Sonntagvormittag war, kein schönes Wetter zum Rausgehen, musste ohnehin irgendeine Beschäftigung gefunden werden.

Da kam Nicoles Vorschlag genau recht, die Kinder waren von der Idee sofort begeistert. Also wurde prompt losgelegt und ein einfacher Plätzchenteig aus folgenden Zutaten gemacht: 2 Eier, 250 g Butter, 150 g Zucker, 500 g Mehl, 1 TL Backpulver, 1 Päckchen Vanillezucker. Alle drei Kinder haben eifrig mitgeholfen. Nicole fiel die Aufgabe zu, dafür zu sorgen, dass das Ganze nicht komplett im Chaos endete, kein Teig auf dem Boden landete, der Rührer im Teig blieb und jeder mal rühren durfte. Die Plätzchen haben wir dann mit einer Puderzucker-Mischung verziert. Die geht ganz einfach: Eine Schüssel voll mit Puderzucker, etwas Zitronensaft drauf, fest umrühren, fertig ist der weiße Zuckerguss. Die Masse wurde dann mit oranger Lebensmittelfarbe verrührt und fertig war der Zuckerguss für alle Kürbisse und orangen Gruselgesichter. Von Yannis' Pokémon-Party hatten wir noch eine schwarze Zuckerguss-Tube, mit der wurden die Grusel- und Gespenster-Gesichter fertiggestellt. Wir waren lange beschäftigt, der Vormittag war gut ausgefüllt.

Da wir Backpapier, das man danach direkt wegwirft und das mit Silikon, also Kunststoff, beschichtet ist, nicht mehr benutzen, haben wir die Backbleche stattdessen mit Öl eingefettet, so entstand kein unnötiger Müll. Auch das machte den drei Spaß, und zum Glück brauchten wir eh drei Backbleche und hatten auch drei Pinsel. Förmchen hatten wir keine, da haben wir nur die Weihnachtsvariante. Und auch wenn Maya meinte, ein Gruselstern sei ja auch schön, konnte sie die Jungs damit nicht überzeugen. Statt Förmchen wurden also Messer als Werkzeuge genutzt. Wir haben Gespenster ausgeschnitten, Kürbisse und einfache runde Kreise, die später ein Gruselgesicht bekommen sollten. Hat mal mehr und mal weniger gut funktioniert, entsprechend dem Alter der drei fleißigen Helfer. Einige von Mayas Plätzchen hat Nicole dann schnell auf dem Blech nachbearbeitet, andere wurden so gelassen, wie sie waren, echte Originale eben.

Die Kinder waren sehr stolz auf ihre Kekse. Natürlich wurde fleißig probiert. Und die Freunde, die nachmittags zu Besuch kamen, wurden auch eifrig bedient. Bis Halloween war die Schüssel dann allerdings nur noch halb gefüllt. Die Kinder, die schließlich an Halloween klingelten, fanden die Kekse toll, mal was anderes. Die kleineren Kinder durften sich noch aus einer Kiste von ausrangierten Spielzeugautos bedienen, für die Mattis und Yannis mittlerweile zu groß waren und für die sich Maya nicht mehr interessierte. Das kam super gut an, und unser Kinderzimmer war um eine Kiste leichter.

Mikroplastik – die unsichtbare Gefahr

Neben den vielen Plastikverpackungen gibt es leider noch das unsichtbare Plastik, Mikroplastik. Laut Weltnaturschutzunion (IUCN) gelangen jedes Jahr 3,2 Millionen Tonnen davon in die Umwelt. Andere Quellen nennen sogar noch höhere Werte.

PLASTIK, VIEL ZU VIEL PLASTIK

Was ist eigentlich Mikroplastik? Mikroplastik ist eine Bezeichnung für allerkleinste (also kleiner als 5 mm) feste und unlösliche synthetische Polymere, sprich Kunststoffe. Dieses Mikroplastik entsteht meist in einem jahrzehntelangen Zersetzungsprozess von Plastikabfall, durch UV-Einstrahlung und Abrieb im Meer. Bis sich ein Plastikprodukt vollständig zersetzt, kann es Jahrzehnte dauern, und bis dahin hat es viele Mikropartikel in die Umwelt abgegeben. Über achtlos weggeworfene Verpackungen oder Einwegbecher gelangen diese dann auf unsere Wiesen und Felder, in die Flüsse und Meere sowieso. Dies geschieht übrigens auch über den Abrieb von Autoreifen auf unseren Straßen, der dann durch Regen und Wind in die Flüsse und Meere gespült wird. Auch in der Kosmetikindustrie wird Mikroplastik verwendet, als Bindemittel, Füllmittel, Filmbildner in Duschgels, Shampoos und Zahnpasta. Auch Peelings und Cremes enthalten sehr häufig Mikroplastik. Selbst in Kleidung, insbesondere solcher aus Polyester oder in Fleecen, befindet sich Mikroplastik. Diese winzigen Plastikteilchen können über unsere Haut leicht in unsere Körper gelangen und gleichzeitig, wenn wir uns oder unsere Kleidung waschen, über das Waschbecken oder die Waschmaschine durch das Abwasser in die Kläranlagen. Da die Partikel winzig klein sind, können die Reinigungsanlagen sie aber nicht aus dem Abwasser filtern. Also geht es weiter in unsere Flüsse, Seen und Meere.

MIKROPLASTIK – DIE UNSICHTBARE GEFAHR

> Dort ziehen sie weitere Chemikalien, Pestizide und Öle an, werden von Fischen, Muscheln und anderen Tieren gefressen und landen dann am Ende auf unseren Tellern und über unseren Magen und Darm in unserem Körper. Bereits jetzt isst ein Mensch im Durchschnitt etwa 5 Gramm Mikroplastik pro Woche, also in etwa die Menge einer Kreditkarte, wie eine Studie des *WWF* gezeigt hat.

Es gibt noch keine Studien darüber, was Mikroplastik im Menschen genau anrichtet, aber die Vorstellung, einen immer größeren Anteil an Plastik mit der Nahrung in sich aufzunehmen, ist alles andere als angenehm. Außerdem wird vermutet, dass Mikroplastik einer der Auslöser für Fruchtbarkeits- und Hormonstörungen, Schilddrüsenerkrankungen, Allergien und Ähnliches ist.

Und selbst über die Luft atmen wir schädliche Stoffe ein. Zum Beispiel durch sich in der Sonne erhitzende Autoarmaturen, Plastik-Fußböden, wie Laminat und PVC, aber auch durch Ausdünstungen von Pressspan-Möbeln, wie sie in den meisten Wohnungen gang und gäbe sind, außerdem über Kunstfaserteppiche, Polyesterdecken, Kleidung oder Plastikspielzeug.

Was kann man tun? Ein erster wichtiger Schritt ist es, sich über Mikroplastik zu informieren und Produkte immer wieder in Bezug auf ihren Mikroplastik-Gehalt hin zu überprüfen. Dann sollte man in Ruhe überlegen, ob es zu Produkten, die diese Stoffe enthalten, nicht auch Alternativen gibt. Ganz praktisch und empfehlenswert ist die App *CodeCheck*, mit der sich schnell erkennen lässt, ob in einem Produkt Mikroplastik steckt.

CodeCheck ist eine App, die anzeigt, welche problematischen Stoffe in einem Produkt enthalten sind. Die Nutzung ist sehr einfach: Die App runterladen, den Produkt-Code einscannen, und schon zeigt die App an, ob in einem Produkt problematische Inhaltsstoffe stecken und, wenn ja, welche. Yannis hat sich die App gleich auf seinem Smartphone installiert und hilft uns seitdem immer zu prüfen, ob das Produkt in unserem Einkaufswagen landet oder doch besser nicht. Wir selbst haben die App auch oft im Einsatz und gerade bei Drogerieartikeln gute Erfahrung damit gemacht. Obwohl Maik einmal auch von einem Supermarktleiter forsch darauf hingewiesen wurde, dass er hier keine Artikel fotografieren dürfe und schon gar nicht die Regale. Nach einer freundlichen Antwort und einer kurzen Erklärung war er dann aber doch einverstanden und zeigte sich sehr interessiert an der App.

Weniger ist mehr, das ist für uns generell ein sinnvoller Ansatz, gerade auf den eigenen Konsum bezogen. Wer sich fragt, ob er all diese Produkte wirklich braucht, kommt manchmal schon zu einem klaren Nein. Und manchmal tut man seiner Gesundheit, vor allem aber auch der Umwelt, einen Gefallen, wenn man auf bestimmte Produkte verzichtet. Peelings zum Beispiel. Denn die kleinen rauen Teilchen darin sind aus Plastik. Es ist auch fraglich, ob man wirklich eine so gigantische Auswahl an Pflegeprodukten braucht, wie sie uns in den Supermärkten und Drogerien angeboten wird. Wahrscheinlich nicht, aber das ist eben das Prinzip von Angebot und Nachfrage. Unsere eigene Nachfrage ist begrenzt, und sie wurde es im Laufe der Zeit immer mehr. Am Ende tut es auch eine gute Seife anstatt Duschgel, eine Haarseife und eine einfache Naturkosmetik-Tagescreme.

Auf was wir gar nicht verzichten können und was wir mit drei Kindern im Sommer in recht großen Mengen brauchen, ist Sonnencreme. Das ist ehrlicherweise ein ganz schwieriges Thema für uns. Die meisten Sonnencremes enthalten sowohl Mikroplastik und weitere giftige Chemikalien als auch die chemischen UV-Filter Octinoxat und Oxybenzon, die nicht nur krebserregend sind, sondern auch die Korallen schädigen. Diese chemischen Filter werden, etwa im Meer, von der Haut gewaschen und führen dazu, dass Korallen ausbleichen und absterben, genau wie die Algen, die auf den Korallen leben. Auf Hawaii ist Sonnencreme mit diesen beiden Stoffen daher verboten worden und im mexikanischen Yucatán ist nur noch biologisch abbaubare Sonnencreme erlaubt. Überall sonst ist sie jedoch derzeit weiterhin im Einsatz, mit schädigender Wirkung sowohl für die Meere als auch für uns selbst.

Als Yannis das mitbekommen hat, war er ganz besorgt, denn sein Traum war es immer, in ein paar Jahren mal irgendwo tauchen zu lernen und dann Korallen und diverse Fische bestaunen zu können. Jetzt aber fürchtet er, dass er in ein paar Jahren schon nichts mehr zu sehen bekommen wird, weil die Korallen dann abgestorben sein könnten. Aber auch hier können wir alle mithelfen, die Schäden zu begrenzen. Es gibt nämlich auch Sonnencremes ohne all diese schädlichen Inhaltsstoffe, und zwar solche mit einem mineralischen Filter, etwa von *Lavera*, *Weleda* oder *Eco Cosmetic*. Mineralische Sonnencremes enthalten winzige Partikel Titaniumoxid und Zinkoxid. Sie sind zwar schwerer aufzutragen, bilden länger eine weiße Schicht, sind deutlich teurer und auch nicht überall erhältlich. Doch sie sind eine lohnende Investition in die Umwelt und auch in die eigene Gesundheit, denn bedenkliche Stoffe, wie die oben angeführten, großflächig auf die Haut zu schmieren, ist keine besonders gute Idee.

Eine gute Alternative sind auch UV-Shirts. Für die Kinder finden wir das sowieso viel sicherer. Jedes von ihnen hat mindestens ein UV-Shirt, das sie am Strand auch fast immer anziehen. Damit fällt schon mal das Einschmieren vom Oberkörper weg, und sie sind optimal und auch noch ökologisch sinnvoll geschützt. Ein nachhaltiger Anbieter von UV-Shirts ist beispielsweise *iQ UV*. Ein *iQ-UV-Shirt* wird aus fünf PET-Flaschen und mit nur einem einzigen Liter Wasser produziert.

Zertifizierte Naturkosmetik kommt in der Regel ohne Mikroplastik aus, und mittlerweile gibt es immer mehr Produkte, die bewusst auf Mikroplastik verzichten und dies auch auf der Verpackung angeben. All das geschieht, weil immer mehr Verbraucher ein Bewusstsein für die Mikroplastik-Problematik entwickelt haben. Ja, bei uns ist das Sache der Verbraucher. Andere Länder gehen da beherzter voraus und verbieten den Einsatz von Mikroplastik in Kosmetika gesetzlich. In Neuseeland ist das zum Beispiel bereits seit 2018 der Fall.

Auch mit Kleidung aus Kunstfasern sollte man sparsam sein. Kleidung ist aber generell ein sehr schwieriges Thema, wenn es um Nachhaltigkeit geht. Denn auch wenn T-Shirts oder Pullis aus reiner Baumwolle zwar keine Plastikpartikel an den Körper und beim Waschen dann an die Umwelt abgeben, fällt bei der Baumwolle die Öko-Bilanz problematisch aus. Denn der Baumwollanbau verschlingt hohe Mengen an Wasser. Mehr dazu in Kapitel 6.

Reinigungsmittel von Plastik bereinigt

Mit dem Beginn unseres Plastikprojekts, oder besser gesagt: Weniger-Plastik-Projekts, haben wir auch festgestellt, was wir alles an Haushaltsreinigern in Plastikverpackungen zu Hause rumstehen hatten. Und es war sehr schnell klar: Das ist auf jeden Fall zu viel. Auch ein Blick in die endlos langen Regale mit Reinigungsprodukten in Drogerien und Supermärkten wirft die Frage auf: Brauchen wir all das? Die Antwort ist ganz klar: Nein. Auch die Inhaltsstoffe hatten wir uns nicht immer wirklich genau angesehen. Jetzt stellten wir fest, dass in sehr vielen Reinigern einige umweltschädliche Stoffe drinsteckten. Nachdem wir uns viel mit dem Thema beschäftigt haben, war dann recht schnell klar, dass man auf viele dieser schönen, bunten Produkte verzichten kann. Und die wenigen, die man braucht, am besten weniger knallig bunt und als Bio-Putzmittel kaufen sollte. Oder sie selber herstellen, ohne großen Aufwand.

Aber beginnen wir mal damit, worauf man verzichten kann: Das ist in der langen Reihe der Putzmittelregale eigentlich fast alles, außer Geschirrspülmittel, Allzweckreiniger, ein Glasreiniger und ein Toilettenreiniger, und die kann man entweder selbst machen oder in der Bio-Version kaufen. Entgegen oft dargelegter Einwände, reinigen Bio-Putzmittel sehr gut. Sie enthalten keine bedenklichen synthetischen Inhaltsstoffe und setzen auch bei der Verpackung häufig auf Rezyklat (also recycelte Stoffe) oder Karton. Wir haben aber auch den Versuch gemacht, einige Putzmittel selbst herzustellen, und es ist viel einfacher, als wir das anfangs dachten. Essigreiniger für die Toilette haben wir als Erstes selbst gemacht. Natürlich gut riechend – das tun die im Supermarkt gekauften Reiniger in den Plastikflaschen ja auch. Also haben wir uns an einen Orangenreiniger gewagt. Die Jungs waren gleich fleißig bei der Sache.

Orangen-Allesreiniger
Erst eine Orange schälen und dann, ganz wichtig: essen. Schon mal ein guter Anfang. Denn dem Reiniger reicht es, die Schalen zu bekommen. Die Schale in kleine Stücke schneiden und in ein gut verschließbares Glas füllen. Essig drauf bis zum Anschlag, Deckel zu, fertig. Das dauert keine fünf Minuten. Dann muss der Sud allerdings etwas ziehen. Zum schnellen und sofortigen Putzen taugt das also nicht. Wie so oft ist auch hier vorausschauende Planung wichtig, denn bis der Reiniger fertig ist, braucht es

zwei Wochen. Das Warten aber lohnt sich. Als bei uns der erste selbst gemachte Orangenreiniger fertig war, roch er nur noch ganz leicht nach Essig, dafür aber sehr stark nach Orange. Abgeseiht haben ihn noch die Jungs. Ausprobieren durfte ihn dann Maik aber ganz allein.

Alternativ oder bei starker Verunreinigung kann man auch 3 EL Zitronensäurepulver und 1 EL Natron in der Toilette verteilen. Einwirken lassen und fünf Minuten später leicht mit der Klobürste schrubben, spülen und schon ist alles sauber.

Und auch viele andere Reiniger, vom einfachen Haushaltsreiniger bis hin zu Spezialreinigern für Backofen, Fenster, WC oder Holzböden lassen sich sehr einfach selbst herstellen. Dafür werden im Prinzip nur fünf Haushaltsmittel benötigt, die man mit nur wenig Verpackungen in der Drogerie oder im Supermarkt bekommen kann: Natron, Essig, Soda, Zitronensäure und Kernseife.

Hier ein paar erste Rezepte, die wir bereits selbst ausprobiert haben und weiterempfehlen können:

Spülmittel

Dafür braucht man 500 ml Wasser, Kernseife, 1 TL Natron, 1 leere gebrauchte Spülmittel-Flasche und optional 1–2 Tropfen ätherisches Öl. Etwa eine kleine Handvoll geriebene Kernseife in heißem

Wasser auflösen, Natron und evtl. ätherisches Öl dazugeben, in die Spülmittelflasche geben, fertig.

Backofen-Reiniger
1 Päckchen Backpulver mit 3 EL Wasser vermischen, im Backofen auftragen, ca. 30 Minuten einwirken lassen, abwischen, fertig.

Essig-Universalreiniger
Einfach 500 ml Wasser mit 250 ml Tafelessig vermengen und optional für einen angenehmen Geruch 1–2 Tropfen ätherisches Öl hinzugeben.

Alternative für den Geschirrspüler
Spülmaschinentabs sind oft nicht nur einmal in Plastik oder Karton verpackt, sondern bei den meisten Anbietern ist jeder kleine Tab sogar noch ein zweites Mal in Folie verpackt. Das muss nicht sein. Erst sind wir umgestiegen auf Tabs von *Frosch*, die haben eine Umhüllung, die plastikfrei ist und sich beim Spülvorgang von selbst auflöst. Ökologisch sind sie sehr viel besser als die anderen Tabs, aber auch teurer, und ein Pappkarton wandert am Ende dann trotzdem ins Altpapier. Deshalb haben wir versucht, Spülmaschinenpulver selber zu machen, und sind wirklich begeistert: Es funktioniert super, das Geschirr ist sauber, selbst die Gläser sind streifenfrei. Und das Beste: Die Herstellung ist genial einfach und geht blitzschnell. Alles mit nur drei

Zutaten, die in jeder Drogerie oder im Supermarkt erhältlich sind und die wir für diverse andere Reiniger sowieso schon zu Hause hatten: nämlich Natron und Soda als Schmutzlöser und dann noch Zitronensäure als Wasserenthärter. 3 Zutaten, 2 Minuten, 1 Superprodukt ...

Das braucht man und so geht's:
- 200 g oder alternativ 3 Esslöffel Soda
- 200 g oder alternativ 3 Esslöffel Natron
- 200 g oder alternativ 3 Esslöffel Zitronensäure-Pulver

Alles gut miteinander vermischen, in ein leeres, luftdicht verschließbares Glas geben und schon ist der selbst gemachte Spülmaschinenreiniger fertig. Der Vorteil von Pulver ist zudem, dass man es besser dosieren kann als die vorgefertigten Tabs. Ist das Geschirr nur leicht verschmutzt oder der Geschirrspüler mal nicht ganz so voll, gibt man nur einen Teelöffel in das Fach. Ansonsten 1,5 – 2 Teelöffel. Wichtig ist die Aufbewahrung: am besten in einem gut verschlossenen Glas, damit sich durch die Luftfeuchtigkeit keine Klumpen bilden. Und wenn der Geschirrspüler mal wieder nach Klarspüler verlangt, gibt es auch dafür eine ziemlich einfache und plastikfreie Alternative: Essig. Essig hilft gegen Kalkablagerungen, die wiederum für den Grauschleier verantwortlich sind. Einfach etwas Essig in das Klarspülfach geben und fertig. Alle Zutaten sind ökologisch unbedenklich, man hat keinen Verpackungsmüll, und das Argument ökologisch korrekt sei deutlich teurer, ist hier definitiv entkräftet. Im Gegenteil: Hier kann man sogar Geld sparen.

Fleckenentferner
Auch für Fleckentferner braucht man nicht die in Plastik verpackte Chemiekeule, sondern kann ihn einfach selbst herstellen.
Für Flecken auf weißer Kleidung ist Wasser im Sommer ausreichend. Einfach Wasser auf die betroffenen Stellen geben und dann in die Sonne legen. Funktioniert perfekt bei Babybrei, Flecken kleinerer Kinder, aber auch bei größeren.
Wenn das nicht reicht oder die Flecken fetthaltiger sind, hilft ein Natron-Fleckentferner: 3 EL Natron und ¼ Tasse warmes Wasser miteinander vermischen, auf den Fleck auftragen, einwirken lassen und nach ca. 20 Minuten mit Wasser ausspülen.
Bei eher dunkleren Flecken, etwa von Wein, Kaffee oder Tee, empfiehlt sich eine Mischung aus Salz und Zitronensaft: 4–5 TL Salz, ¼ Tasse Zitronensaft, ½ Tasse Wasser. Alle Zutaten miteinander vermischen, auf den oder die Flecken geben und nach 15 Minuten auswaschen.

Wer keinen Spaß am Selbermachen hat, sollte beim Kauf neuer Reinigungsmittel darauf achten, dass die Produkte möglichst ökologisch sind und kein Mikroplastik enthalten.

Spülschwämme gibt es mittlerweile auch in nachhaltigeren Versionen, und da lohnt sich ein Umstieg, denn herkömmliche Spülschwämme geben auch Mikropartikel ab. Wir nehmen häufig alte T-Shirts, die weder im Winter als Unterhemden noch als Schlaf-T-Shirts mehr zu gebrauchen sind. In Rechtecke geschnitten, bekommen sie noch ein zweites Leben als Spültuch. Dazu haben wir eine Spülbürste aus Holz.

Wir versuchen auch meist erst andere Lösungen zu finden, bevor wir mit synthetischen Stoffen hantieren. Wir hatten auch schon mal das Problem, dass es aus dem Duschabfluss etwas unangenehm roch. Früher hätten wir da bestimmt eine Chemiekeule reingehauen. Beim Lesen sind wir aber immer wieder auf Kaffeesatz als Wundermittel gegen Gerüche gestoßen. Also haben wir es ausprobiert. Einfach ein paar Löffel Kaffeesatz in den Duschabfluss gestreut. Und wirklich: Nach etwa einer Stunde war der Geruch weg und kam auch nicht mehr wieder. Das war schon sehr praktisch, denn Kaffeesatz haben wir sowieso immer reichlich da. Hilft übrigens auch, um schlechten Geruch im Kühlschrank zu vertreiben, und ist zudem ein natürlicher Pflanzendünger für Rosen, Rhododendren und andere Pflanzen.

Papierverbrauch reduzieren

Natürlich gilt der Grundsatz der Reduktion nicht nur für Plastik. Insgesamt sollten wir weniger Müll produzieren, auch weniger Papiermüll.

Deutschland nimmt im Papierverbrauch weltweit leider

eine Spitzenposition ein, laut Umweltbundesamt verbrauchen wir pro Kopf und Jahr 250 Kilogramm Papier. Damit tragen wir erheblich zum Raubbau nicht nur an unseren eigenen Wäldern bei, sondern auch zu dem an Wäldern in anderen Erdteilen, denn ca. 80 Prozent des Papiers importieren wir. Online-Versand, Verpackungen, Magazine, Zeitungen, Toilettenpapier – für all das wird Wald gerodet, und der Papierverbrauch nimmt stetig zu. Aber wir brauchen unsere Wälder, sie sind sehr wichtig und binden einen guten Teil des CO_2, das wir produzieren. Zudem wird zur Herstellung von Papier viel Wasser und auch Energie benötigt. Deswegen muss auch der Papierkonsum reduziert werden. Hier ein paar Ideen, die wir in die Tat umgesetzt haben:

Bei unseren Zeitungen sind wir, zugegebenermaßen schweren Herzens, auf digitale Varianten umgestiegen. *Spiegel*, *Zeit*, *FAZ* und Co. bekommen wir jetzt aufs Tablet – das entlastet die Papiertonne. Am Anfang mussten wir uns da etwas umgewöhnen, wir finden es schon schöner, die Zeitung oder Zeitschrift in der Hand zu halten. Auch im Sinne unserer Vorbildfunktion finden wir es viel besser, wenn die Kinder sehen, dass wir in einer echten Zeitung lesen. Denn mit Umstellung auf die digitale Variante sehen sie nur: Mama und Papa sitzen am Tablet, dem Gerät, das sie selbst nur eingeschränkt benutzen dürfen. Aber digital fällt einfach so viel weniger Müll an. Und es hat ja noch weitere Vorteile: Wir können beide gleichzeitig lesen, und ist das digitale Lesegerät einmal eingesteckt, haben wir diverse Zeitungen und Zeitschriften immer mit dabei und nicht nur die aktuellste Ausgabe. Den Kindern erklären wir, dass wir Zeitung lesen, und zeigen ihnen, wie die Zeitung auf dem Tablet aussieht.

PAPIERVERBRAUCH REDUZIEREN

Toilettenpapier kaufen wir inzwischen in der recycelten Variante, auch wenn sich Oma immer mal wieder über unser angeblich so gries-graues, hartes Öko-Toilettenpapier beschwert. Das uns jedoch gar nicht so grau und hart erscheint. Aber vermutlich ist das alles eine Frage der Gewöhnung. Und die Fakten überzeugen einfach: Ein Kilo Recycling-Toilettenpapier verbraucht ca. 70 Prozent weniger Wasser, 50 Prozent weniger Energie und 2-3 Kilogramm weniger Holz als sein Pendant aus frischer Zellulose. Alternativ kaufen wir auch Bambus-Toilettenpapier, das zugleich den Vorteil hat, dass es nicht in Plastik, sondern in Pappe verpackt wird. Und Bambus ist ein extrem schnell nachwachsender Rohstoff. Als wir mit unserer Plastikreduktion angefangen haben, konnten wir Bambuspapier allerdings noch nicht in unserem Supermarkt kaufen. Ein Freund von Maik feixte damals schon, dass er uns viel Spaß bei der Suche nach Alternativen zum Toilettenpapier wünsche, da das ja immer in Plastik eingepackt sei. Vielleicht stimmte das damals, aber die genannten Alternativen gibt es mittlerweile überall. Und klar gibt es auch hier Leute, die sehr viel weiter gehen und Toilettenpapier ganz abschaffen und mit Lappen oder einer »Popodusche« arbeiten. Das muss letztlich jeder selbst entscheiden.

Mal-, Druckpapier sowie die Schulhefte und -blöcke der Jungs kaufen wir in der recycelten Variante mit FSC-Siegel und/oder dem vom *Blauen Engel*. Anfangs fanden die Jungs das zwar gewöhnungsbedürftig, weil es nicht mehr strahlend weiße Blätter waren, auf denen sie malten und schrieben. Aber als wir ihnen erklärt haben, dass sie damit Wälder retten und letztendlich auch Tieren helfen, waren sie ziemlich schnell einverstanden mit der Umstellung. Seltsam fand Nicole, dass sie im größten Schulbedarf-Laden im Ort so lange nach Heften aus recyceltem Papier suchen musste und sie einfach nicht fand. Der Verkäufer sagte ihr dann, dass sie diese Hefte letztes Jahr in den Regalen hatten, sie aber nicht gekauft worden waren. Schließlich holte er dann von ganz tief unten noch ein paar Hefte hervor. Wieso ist hier die Nachfrage so gering? Dabei ist das einer der vielen kleinen, sehr einfachen Beiträge zu mehr Umweltschutz.

Ein weiterer einfacher Weg, Papier zu sparen, ist es, so wenig wie nur möglich auszudrucken und so viel wie möglich online zu machen. Die allermeisten Dokumente kann man heute papierlos versenden und auch unterschreiben.

Um die Papierflut noch weiter einzudämmen, haben wir auf unserem Briefkasten einen Aufkleber angebracht, dass wir keine Werbung oder Gratiszeitungen wollen. Dafür macht sich unter anderem die Non-Profit-Organisation *Letzte Werbung* stark. Hier haben wir unsere Aufkleber bestellt und auch gleich an Familie und Freunde weitergereicht.

Die Organisation *Letzte Werbung* hat sich am Beispiel Amsterdam orientiert. Dort und in einigen anderen niederländischen Städten ist der Einwurf von Briefkastenwerbung nur gestattet, wo diese Wurfsendung ausdrücklich erwünscht ist. Also genau andersherum als bei uns. In Amsterdam konnten so pro Jahr bis zu 750 Fahrten der kommunalen Müllabfuhr eingespart werden. Und in Deutschland

PAPIERVERBRAUCH REDUZIEREN

> ist das Potential noch viel größer. *Letzte Werbung* schätzt, dass in ganz Deutschland jedes Jahr 66 000 Müllabfuhren eingespart werden könnten, wenn wir auch bei uns eine ähnliche gesetzliche Regelung einführen würden, wie sie bei unseren niederländischen Nachbarn greift. Wir könnten damit wohl in etwa 14 Prozent des privaten Papiermüllaufkommens einsparen – klingt das nicht verlockend? Wir für unseren Teil unterstützen die Forderung nach einer Umkehr des bestehenden Systems auf jeden Fall. Aber vielleicht könnten wir ja auch schon mal den ersten Schritt machen, den Amsterdam damals ging: Die Bevölkerung fragen, wer sich eigentlich Briefkastenwerbung wünscht. In Amsterdam waren das gerade einmal 6 Prozent.

Unser Papierverbrauch stieg noch einmal leicht an, als Maya in eine neue Hochphase der Malproduktion eintrat. Inzwischen bekommt sie dafür hauptsächlich Blätter, die schon auf einer Seite benutzt wurden. Alte Deutsch- oder Mathe-Arbeitsblätter der Jungs bekommen so noch eine zweite Verwendung, was Maya nicht immer ganz toll findet und weshalb es immer wieder mal Diskussionen gibt. Und manchmal muss es dann doch auch mal ein neues Blatt Recycling-Papier sein. Aber das ist dann auch okay und unser Kompromiss. Ohne den geht es manchmal einfach nicht.

PLASTIK, VIEL ZU VIEL PLASTIK

Was kann man noch tun?

Sammeln Sie selbst Müll ein, den Sie in der Umwelt entdecken, etwa beim Spazierengehen. Das ist wirklich einfach, und die Kinder können dabei ganz toll integriert werden. Wenn wir unterwegs sind, sammeln wir öfter Plastikverpackungen, Einwegbecher, und wenn wir Tüte und Handschuhe dabeihaben, auch Zigarettenstummeln auf und schmeißen alles in den nächsten Mülleimer, der meist nicht weit entfernt ist, oder in unseren eigenen Müll, der ja eh nie voll wird.

Yannis ist öfter allein, mit seinem Bruder Mattis oder auch mal mit seinen Freunden unterwegs. Ausgerüstet mit Greifzangen und kleinen Müllbeuteln, sammeln sie dann auf Feldern und Wegen allen möglichen Müll auf. In nur zehn Minuten hat Yannis vor ein paar Tagen ein ganzes Glas voll Zigarettenstummeln eingesammelt. Dass so viele davon einfach achtlos weggeworfen werden, überall, ist ein großes Problem. Denn die Zigarettenstummel sind ja die Filter, die einmal entworfen wurden, um den Raucher vor einer Menge wirklich giftiger Stoffe zu schützen. Die aber sammeln sich eben im achtlos weggeworfenen Zigarettenstummel, zum Beispiel Arsen, Blei, Chrom, Kupfer, Cadmium, Formaldehyd, Benzol und natürlich Nikotin. Die Filter bestehen meist aus Kunststoff, und es dauert Jahrzehnte, bis sie sich zersetzen. So lange vergiften sie die Umwelt und unser Wasser.

Ein Zigarettenstummel kann bis zu 7000 Schadstoffe enthalten (davon 50 krebserregende Stoffe) und

WAS KANN MAN NOCH TUN?

> vergiftet laut der Umweltschutzorganisation BUND bis zu 1000 Liter Wasser, so sehr, dass kleine Wassertiere sterben – nicht nur durch das Nervengift Nikotin. Aus den Filtern ausgewaschen, kann das aber auch im Grundwasser landen oder in Flüssen und letztendlich im Meer. Aufgelöst in einem Liter Wasser, tötet eine einzige Zigarette nach vier Tagen Fische, wie Forscher der Universität San Diego gezeigt haben. Durch die Fische kommen sie wieder zurück auf unseren Teller. Deshalb, liebe Raucher, bitte schmeißen Sie Ihre Zigarettenstummel nie einfach in die Natur, sondern immer in den nächsten Mülleimer. Im Moment landen nach Schätzungen der Weltgesundheitsorganisation WHO jedes Jahr rund 4,5 Milliarden Zigarettenkippen in der Umwelt.

Inzwischen gibt es auch immer mehr organisierte Müllsammelaktionen, die beispielsweise von den Städten, aber auch von engagierten Umweltschützern organisiert werden und an denen man sich beteiligen kann. Bei uns ist das der sehr aktive Verein *Rhein Cleanup*. Die Mitglieder sind jede Woche unterwegs und sammeln rund um unsere Kleinstadt, insbesondere am Rhein, den kompletten Müll auf. Dabei wird nicht nur Plastikmüll aufgelesen. Auch ganze Waschmaschinen, Fahrräder oder Autoreifen werden aus dem Rhein oder der Böschung gezogen. Jeden Monat veröffentlicht der Verein seine traurige Bilanz. Einfach unglaublich, wie heute noch manche die Natur als Müllhalde missbrauchen. Einmal, als Maik mit den Kindern an einer Sammelaktion teilgenommen hat, hat Yannis den Umweltaktivisten die Frage gestellt: »Warum macht ihr das, wenn die Leute doch immer wieder ihr Zeug hinschmeißen?« Die Antwort war ziemlich klar: In eine saubere Umwelt schmeißen die Leute weniger Müll. Oder andersherum: Wo schon viel Müll liegt, da landet auch sehr schnell neuer Müll. Es bringt also was, auch wenn es vielleicht auf den ersten Blick nicht danach aussehen sollte.

Auch die Schule unserer Kids veranstaltet zweimal im Jahr einen »Sauberhaft-Tag«, eine Müllsammelaktion, bei der die Kinder immer mit großem Spaß dabei sind, ausgerüstet mit Greifzangen und Beuteln, um den Müll in ihrer Umgebung aufzulesen.

Müllsammelaktionen gibt es bestimmt auch an vielen anderen Schulen, und wenn die Schule Ihrer Kinder das noch nicht gemacht haben sollte, schlagen Sie es doch mal vor. In jedem Fall hilft es, bereits die Kinder zu sensibilisieren, dass Müll nicht in die Natur, sondern in die richtige Tonne gehört. Es schärft das Verantwortungsgefühl und den Blick auf die Umwelt.
Auch Unterschriften unter Petitionen gegen den Plastikverpackungswahn können sehr hilfreich sein. Zum Beispiel beim *WWF*, der seit dem März 2020 Unterschriften sammelt, um eine weltweit rechtlich bindende Konvention durchzusetzen, damit die globale Plastikkrise schnellstmöglich beendet wird.

WAS KANN MAN NOCH TUN?

Natürlich kann man solche Organisationen auch mit einer Spende bei ihrer Arbeit unterstützen. Yannis war einmal von einem Hilfeaufruf des *WWF* für Wale so geschockt, dass er kleine Flyer mit der Bitte um eine Spende gemacht und in der Schule verteilt hat. Damit hat er letztlich 100 Euro zusammenbekommen, die er dann ganz stolz gespendet hat. Neben dem *WWF* und *Greenpeace* gibt es auch andere engagierte Organisationen, die tagtäglich gegen die Plastikflut kämpfen, wie zum Beispiel *Plastic Fischer*, ein deutsches Team, das sich vor allem um die Reinigung von Flüssen kümmert, oder *Orange Ocean*, die einem gute Tipps geben, wie man »plastikneutral« werden kann. Auf der Seite dieser Organisation kann man auch einen persönlichen Plastik-Check machen. Versuchen Sie es mal!

Bio-Plastik ist übrigens keine gute Alternative, auch wenn es erst mal nach einer klingt. Denn es wird aus Mais oder Kartoffelstärke produziert, und dafür werden große Plantagen mit Monokulturen bepflanzt. Das ist nicht gut für den Boden, aber noch viel gravierender, es werden damit Felder belegt, die für die Lebensmittelproduktion verwendet werden sollten. Und anders als oft suggeriert, sind Tüten aus Bio-Plastik nur unter ganz bestimmten Bedingungen kompostierbar.

Was wir uns jetzt schon länger fragen: Warum wird Plastik eigentlich nicht endlich angemessen besteuert und damit teurer? Es ist viel zu billig, und solange das so ist, wird der

Plastikwahn so schnell nicht enden. Wie kann es zum Beispiel sein, dass rPET, also recyceltes PET, das aufbereitet wieder in den Kreislauf zurückgeführt wird, oftmals teurer ist als neu hergestelltes Plastik?

Kreislaufwirtschaft, oder »Cradle to cradle«, ist das entscheidende Stichwort und wohl auch die Lösung. Das funktioniert allerdings nur, wenn es Materialien sind, die auch wieder in einen Kreislauf zurückgeführt werden können.

Für eine funktionierende Kreislaufwirtschaft ist die Trennung von Müll sehr wichtig, denn nur so kann wenigstens ein Teil davon recycelt werden. Wir dachten eigentlich, das sei mittlerweile selbstverständlich. Aber wir haben gelesen, dass immer noch, je nach Gegend, mehr als die Hälfte des Mülls in der falschen Tonne landet, und haben selbst von einigen Leuten gehört, dass es ja egal sei, es würde ja eh alles verbrannt. Das stimmt aber nicht. Deshalb hier ein kurzer Exkurs:

Restmüll / Hausmüll / schwarze Tonne

Aller Müll aus der schwarzen Tonne wird verbrannt oder landet in Mülldeponien, und darüber gelangen Schadstoffe in die Luft. Deshalb ist es wichtig, dass in den Hausmüll nur das kommt, was nicht in eine andere Tonne kann.

Biomüll

Biomüll sollte unbedingt entweder direkt selbst kompostiert oder getrennt entsorgt und nicht in den Hausmüll geschmissen werden. So muss weniger verbrannt werden, und es gelangen weniger Schadstoffe in die Luft. Biomüll wird entweder kompostiert, in einer Biogasanlage zur Energieerzeugung eingesetzt oder aber zu Humus verarbeitet. Tüten haben im Biomüll nichts zu suchen, auch keine speziellen Biomüll-Tüten, denn diese können in der Kompostieranlage nur schwer aussortiert werden. Am besten ist es, gar keine Tüten zu verwenden, was natürlich insbesondere im Sommer problematisch wird. Wir kennen das auch nur zu gut, denn viele Lebensmittelabfälle fangen an zu stinken, und die Tonne wird sehr dreckig. Wir finden das auch nicht optimal, aber leben damit und spritzen die Tonne ab und zu mit dem Wasserstrahl sauber.

Kompost

Sehr empfehlenswert ist auch der eigene Komposter zu Hause im Garten. Oder die eigene Wurmkiste. Die kann sogar in einer Wohnung Platz finden und verwandelt dort ganz einfach alle Bioabfälle in wertvollen Dünger für alle Pflanzen. Solch eine Wurmkiste kann man sich entweder selbst bauen oder bei der österreichischen nachhaltig produzierenden Firma *wurmkiste.at* beziehen. Sie ist in einigen Versionen mit einem Bezug obendrauf versehen, sodass sie als Hocker genutzt werden kann und ein gemütliches Plätzchen bietet, während unter einem die Würmer ihre Arbeit verrichten. Bioabfälle und Würmer werden darin mit einer Hanfmatte abgedeckt, sodass keinerlei unangenehme Gerüche entweichen. Und wir können es bestätigen: Sie stinkt tatsächlich nicht.
Von Gemüse- und Obstschalen bis hin zu Eierschalen, Gartenabfällen, Kaffeesatz und sogar Zeitungspapier und Karton kann alles in die Wurmkiste (oder den Komposter im Garten) wandern. Innerhalb eines Jahres können mit der Wurmkiste 80–200 l Bioabfälle verwertet und in bis zu 15–30 l Kompost umfunktioniert werden. Dieser Kompost ist ein reiner Booster für alle Pflanzen, da er voller Nährstoffe steckt. Yannis und Mattis waren sehr

stolz, als die neuen Haustiere eingezogen sind. Ein Freund von Yannis, der an dem Tag, als wir die Kiste aufbauten und die Würmer einziehen ließen, zu Besuch war, fand das sichtlich seltsam. Und auch Oma konnte sich ein »Ihh, oh Gott!« nicht verkneifen, als die Kinder ihr erzählten, dass der schöne Hocker das Zuhause unserer Würmer ist.

Gelbe Tonne / Verpackungsmüll
Verpackungsmüll und andere Kunststoffe gehören in die gelbe Tonne oder den gelben Sack. Allerdings gibt es sehr viele verschiedene Kunststoffarten, wie PET, PP, PS, PVC, HDPE und LDPE, um nur die gängigsten zu nennen. Die Sortierung aller im gelben Sack entsorgten Kunststoffe ist sehr aufwendig. Insbesondere Verbundmaterialien, das heißt Materialien, bei denen Kunststoffe mit anderen Kunststoffen oder anderen Materialien verbunden sind, werden verbrannt. Deshalb sollte man beispielsweise bei Joghurtbechern den Alu-Deckel abziehen und getrennt wegschmeißen. Wenn es, wie bei vielen Joghurts, zudem eine abtrennbare Papierummantelung gibt, sollte diese ebenfalls abgetrennt und dann im Papiermüll entsorgt werden.

Altpapier
Papier sollte unbedingt getrennt gesammelt werden, denn es lässt sich sehr gut recyceln. Und je mehr Papier recycelt wird, desto weniger Holz wird für

> die Papierherstellung verbraucht. Deshalb ist es auch so wichtig, dass wir als Verbraucher Recyclingpapier in Form von Toilettenpapier, Kopierpapier, Schreibblöcken oder Heften kaufen. Das ist richtige Kreislaufwirtschaft, wie wir sie in viel größerem Stil auch für anderen Materialien bräuchten.

Wir haben unser selbst gestecktes Ziel, den Plastikmüll drastisch zu reduzieren, jedenfalls schon ganz gut erreicht. Statt zwei vollen Säcken Verpackungsmüll steht bei uns alle zwei Wochen nur noch ein maximal zu einem Viertel gefüllter Sack vor der Tür. Die gelbe Tonne haben wir längst abbestellt, das, was bei uns anfällt, kann man getrost im losen gelben Sack sammeln. Restmüll haben wir in der Regel auch nur noch sehr wenig, die schwarze Tonne ist meistens maximal zu einem Viertel, die meiste Zeit eher weniger gefüllt, wenn sie am Ende der Woche abgeholt wird.

Wir haben versucht, die wöchentliche Leerung auf eine zweiwöchige umzustellen, was uns immer noch problemlos reichen würde. Aber das ging leider nicht, weil unsere Stadt für eine fünfköpfige Familie nun mal die wöchentliche Leerung vorschreibt. Wären wir nur zu viert, wäre das kein Problem. Der Versuch, das mit einem Telefonat zu regeln, endete für Maik mit einer Diskussion, bei der die zuständige Sachbearbeiterin zunehmend gereizter wurde und Maik am Ende das Gefühl hatte, sie halte ihn trotz der bis zuletzt anhaltenden Freundlichkeit für einen nervigen Querulanten. Was natürlich viel ärgerlicher ist als dieses unschöne Telefonat, ist die

WAS KANN MAN NOCH TUN?

Tatsache, dass gar keine Anreize von Seiten der Stadt gesetzt werden, Müll zu vermeiden. Ob wir die Tonne bis oben hin vollmachen oder kaum befüllen, interessiert keinen. Und so wächst der Müllberg und wächst und wächst.

CHECKLISTE

Plastik hat sich mittlerweile in fast alle Bereiche des täglichen Lebens eingeschlichen. Das Gute daran: So lässt sich auch fast überall schnell und einfach damit anfangen, es zu reduzieren oder, noch besser, es so weit wie möglich zu vermeiden. Hier noch mal die wichtigsten Tipps zusammengefasst:

1. Einkaufen

~ Stoffbeutel anschaffen und zu jedem Einkauf mitnehmen, am besten im Rucksack, in der Hand- oder der Fahrradtasche immer ein bis zwei Beutel parat haben.
~ Wenn in der Nähe vorhanden, in Unverpackt-Läden einkaufen.
~ Gemüse und Obst nur noch, oder wann immer es geht, unverpackt kaufen. Das geht auch im normalen Supermarkt. Entweder in den mitgebrachten Obstbeutel packen oder einfach lose in den Einkaufswagen und später auf die Kasse legen.
~ Säfte und Milch in Mehrweggläsern und von regionalen Anbietern kaufen, damit die Gläser keine weiten Transportwege haben.
~ Joghurt im Mehrwegglas kaufen.

2. Zu Hause

~ Lebensmittel statt in Frischhalte-Plastikbeuteln in Keramikschüsseln oder alten Marmeladen- oder Gemüseaufstrich-Gläsern und Ähnlichem aufbewahren.
~ Einfrieren von Flüssigem in genau diesen Gläsern. Brot, Brötchen dafür in Tücher einwickeln.
~ Keine Alufolie oder Frischhaltefolie aus Kunststoff verwenden, sondern stattdessen Baumwoll- oder Bienenwachstücher.

CHECKLISTE

- Schneidebretter aus Holz verwenden, nicht aus Plastik. Kochlöffel, Pfannenwender und anderes Kochgeschirr ebenfalls aus Holz.
- Keine Backformen aus Silikon, das letztendlich Plastik ist, sondern besser aus Edelstahl oder Emaille. Denn wenn Silikone warm werden, können sich giftige Stoffe lösen und in unser Essen abgegeben werden.
- Backpapier meiden, da es auch oft mit Silikon beschichtet ist. Entweder Bio-Backpapier nehmen oder einfach das Backblech mit Öl einfetten.
- Statt Plastik-Strohhalme Alternativen aus Glas, Metall oder Apfelresten nutzen. Auch Makkaroni eignen sich.

3. Kosmetika und Reinigungsmittel

- Reinigungsmittel mit nur wenigen Zutaten und Handgriffen schnell selber machen oder auf ökologische Anbieter (bspw. *Frosch*) zurückgreifen, die auf Mikroplastik-Zusätze und unnötige Verpackung verzichten.
- Auf überflüssige Reinigungsmittel verzichten: Raumsprays, Duftspender oder Einmaltücher braucht niemand.
- Spülschwämme in ökologischer Variante kaufen, bei der keine Mikropartikel abgegeben werden, oder alte T-Shirts zu Spüllappen zerschneiden.
- Schmutz, wenn möglich, direkt entfernen, das spart Spül- oder andere Reinigungsmittel.
- so wenig Verpackung wie möglich: Nachfüllpacks kaufen, in Unverpackt-Läden kann man sich Reinigungsmittel sogar selbst abfüllen.
- Waschmittel besser im Karton kaufen.
- Feste Seife statt Flüssigseife, auch zum Duschen feste Seife nutzen.
- Haarseife statt Shampoo verwenden.
- Kosmetika so weit wie möglich reduzieren. Immer wieder fragen, ob eine weitere Creme, Schaum oder ein Haarprodukt wirklich notwendig ist.
- Naturkosmetik ohne Mikroplastik-Zusatz kaufen. Die App *CodeCheck* kann helfen herauszufinden, ob das jeweilige Produkt Mikroplastik enthält.

CHECKLISTE

- Mineralische Sonnencreme kaufen, Kindern am besten UV-Shirts anziehen.
- Von der Politik fordern, dass Mikroplastik in Kosmetika und Reinigungsmitteln verboten wird. In anderen Ländern wurde diese bereits gemacht.

4. Unterwegs
- Coffee-To-go-Liebhaber: Anschaffung eines wiederbefüllbaren Bechers und den immer mitnehmen oder Cafés mit *Recup*-System nutzen.
- Anschaffen einer Metall-Trinkflasche für unterwegs. Diese immer dabeihaben und mit Leitungswasser auffüllen, statt unterwegs Wasser in Plastikflaschen zu kaufen.
- Anschaffen einer Edelstahl-Brotdose für das Pausenbrot der Kinder oder für Snacks auf Ausflügen.
- Unterwegs mit Kindern: Immer eine befüllte Dose mit geschnittenem Obst oder Gemüse mitnehmen.

5. Mehr Müll, auch Papiermüll, reduzieren
- Zeitungen digital statt in der Printausgabe.
- Insgesamt so viele Dokumente wie möglich rein digital bearbeiten.
- Aufkleber auf den Briefkasten, dass Werbung und Gratiszeitungen nicht gewollt sind.
- Toilettenpapier aus Recyclingpapier kaufen.
- Druck- und Malpapier sowie Hefte und Blöcke aus Recyclingpapier wählen mit FSC-Siegel und/oder dem vom *Blauen Engel*.
- Blätter beidseitig verwenden.
- Bei Müllsammelaktionen mitmachen, selbst welche initiieren oder ganz im Kleinen bei jedem Spaziergang eine Tüte mitnehmen und herumliegenden Müll aufsammeln und dann ordentlich trennen.

CHECKLISTE

- Keinen Kaffee aus Einwegkapseln trinken, denn das verursacht sehr viel Müll.
- Müll in die richtige Tonne.
- Eigene Kompostieranlage im Garten, auf dem Balkon oder bei wenig Platz eine Wurmkiste in der Wohnung.

REPORTAGE

WARUM UNSER PLASTIKKONSUM DAS KLIMA ANHEIZT

Was hat Plastik mit dem Klima zu tun? Das wurde ich immer wieder gefragt, nachdem ich diesen Teil der Reportagereihe vorgeschlagen hatte. Ich wollte mit einem Kinderreporter recherchieren, wie groß der deutsche Müllberg ist, wie schnell er wächst und was jeder Einzelne dagegen tun kann. Bei Plastik denken die meisten natürlich erst mal an Müll, an verschmutzte Umwelt und einen Stoff, der sich über viele Jahrzehnte in unserer Umwelt hält und eigentlich nur immer kleiner wird. Was das mit dem Klimawandel zu tun hat? Das fängt schon bei der Produktion an. Die Industrie ist für gut 30 Prozent der deutschen Treibhausgase verantwortlich – darunter auch die Kunststoffproduzenten. Plastik wird aus fossilen Rohstoffen hergestellt, synthetische Fasern aus Öl und Gas. Der Ölverbrauch dieser Sparte ist besonders hoch. »Weltweit nimmt der Ölverbrauch in keinem anderen Bereich so stark zu wie bei der Herstellung petrochemischer Produkte«[11], schreiben die Experten der Heinrich-Böll-Stiftung in ihrem Plastikatlas. Die Plastikproduktion hat sich in den vergangenen 20 Jahren verdoppelt – auf mittlerweile 400 Millionen Tonnen pro Jahr. Dafür braucht es eine gut funktionierende fossile Infrastruktur. Abbau und Förderung der

Rohstoffe, Transport, Raffinierung. Dabei aber werden jede Menge Treibhausgase freigesetzt. Methan, Kohlendioxid und mehr. Unser sorgloser Umgang mit Plastik sorgt für einen gigantischen Markt mit ordentlichen Gewinnen. Würden wir weniger verbrauchen, könnte man hier jede Menge Emissionen einsparen. Und deshalb war ich im September 2021 unterwegs mit der neunjährigen Kinderreporterin Nala.

Große Kinderaugen, die noch größer werden, als wir um die Ecke biegen. Denn dann stehen Nala und ich plötzlich vor einem großen, für die Schülerin wahrscheinlich eher einem riesigen Berg Verpackungsmüll. Es stinkt, der Müllberg dampft oben leicht und vermischt sich so mit dem Nebel des Morgens hier in Ochtendung. So viel Verpackungsmüll auf einem Haufen hat die Neunjährige mit den zwei langen roten Zöpfen noch nie gesehen. »Ja, das ist schon viel, oder?«, sagt Ottmar, als er Nalas Reaktion bemerkt. Er wird uns an diesem Vormittag durch die Recyclinganlage führen und uns erklären, wie hier gearbeitet wird und mit welchen Kunststoffen wir es hier zu tun haben, was davon wiederverwendet wird und warum auch wir Verbraucher es ihm und seinen Kollegen in ganz Deutschland nicht immer einfach machen. Es sind viele Informationen für ein Kind, nicht ganz so viele wie der Verpackungsmüll, der hier verarbeitet wird, aber doch zu viele für jemanden in ihrem Alter. Ottmar meint es gut, aber ich sehe, wie schwer es Nala fällt, das alles wirklich zu begreifen. Kein Wunder, ich kann mich selbst noch gut daran erinnern, wie ich vor etwa drei Jahren das erste Mal in einer Recyclinganlage drehen durfte und wie mich die schiere Masse an Müll regelrecht erschlagen hat. Ähnlich geht es jetzt unserer Kinderreporterin, die wir mit unserem Kamerateam hierher begleiten. »Was passiert mit dem ganzen Müll?«, will Nala dann wissen, und Ottmar erklärt ihr, dass in der Halle hinter dem Müllberg eine große Sortieranlage versucht, den Müll zu trennen, um dann möglichst viel Kunststoff für Recycling zu gewinnen. »Daraus können dann sogar nagelneue Koffer gemacht werden, zeig ich dir am Schluss«, sagt Ottmar stolz. Nala lächelt freundlich, aber ich spüre, wie sie mit der Situation überfordert ist. »Woher kommt das alles?«, fragt sie mich und unseren Führer durch diese ungeheure Plastikwelt. »Von uns Verbrauchern, von Familien wie deiner. Alles, was du hier siehst, haben normale Menschen wie du und ich gekauft, benutzt und dann in den gelben Sack geschmissen. Und am Ende landet es dann hier, und wir versuchen daraus noch etwas zu machen. Recycling.«

Wir gehen rein in die Halle, in der ein großer Bagger einen noch größeren Berg an Verpackungsmüll angehäuft hat. Frischkäseschalen, Bonbonpapiere, Eisverpackungen, Fertiggerichte – alles türmt sich auf bis zu vier Meter Höhe auf. Hier wird der Gestank etwas stärker, und die Sortiermaschine mit ihren vielen Laufbändern macht ordentlich Krach. Wir blicken auf das, was Verbraucher meistens gar nicht bedenken, wenn sie im Supermarkt zu Plastikverpackungen greifen. Und das tun sie immer häufiger, zum Teil, weil sogenannte Convenience-Produkte, also Fertiggerichte, immer gefragter sind, und zum anderen, weil die Verpackungsgrößen teilweise immer kleiner werden und so für einen deutlichen Anstieg des Verpackungsmülls sorgen. Während im Jahr 2000 noch 20 kg pro Kopf und Jahr anfielen, hat Deutschland das heute fast verdoppelt. Mittlerweile kommen wir im Schnitt auf 39,5 kg pro Kopf und Jahr.

Genau diesen Haufen haben wir extra für Nala vorbereitet. Wir erklären ihr, dass sie jetzt vor dem Anteil an Kunststoffmüll steht, den sie, so wie jeder andere in Deutschland, statistisch gesehen im Jahr verursacht. »Wirklich?« Als Ottmar mit der Bemerkung nachlegt, dass sie ja sicher noch weitere Personen in der Familie hat und der Haufen dann natürlich noch größer sei, schüttelt Nala ungläubig den Kopf. »Wir trennen zu Hause unseren Müll, aber so viel ist das eigentlich nicht«, sagt sie dann. Wir gehen weiter, sozusagen ins Herz der Anlage. Wir steigen Metallstufen hoch, vorbei an ratternden Bändern, die unablässig Kunststoff befördern, und sprechen darüber, ob man nicht schon beim Einkauf darauf achten könnte, weniger Verpackung mit nach Hause zu nehmen. Zum Beispiel könnte man ja auf doppelte Verpackung verzichten. Gummibärchen, die nicht nur in einer großen Tüte, sondern dann noch mal einzeln in kleine Tütchen eingepackt sind.

Dann gehen wir durch eine Tür in einen Raum, in dem es endlich gemütlich warm ist, denn draußen und in der Halle war es Nala etwas kalt geworden. Hier stehen drei Männer in oranger Schutzkleidung an Bändern und sortieren per Hand aus. Nala darf helfen. Nachdem sie sich Handschuhe angezogen hat, geht es los. Ottmar erklärt ihr, dass sie alles herausfischen soll, was nicht nach Verpackung aussieht. Das Band ist schnell, und wenn man auf die vorbeieilenden Teile schaut, kann es einem schon schwindelig werden. »Hier wird nur zusätzlich von Hand sortiert«, sagt Ottmar, »den Hauptteil erledigen automatische Infrarotkameras, die bei noch größerer Geschwindigkeit sehr gut die verschiedenen Müllteile erkennen. Nur bei schwarzem Plastik wird es schwierig.« »Warum?«, will Nala wissen. »Weil das schwarze Plastik kein Licht reflektiert, also zurückwirft, und deshalb haben die Kameras das Gefühl, es handelt sich um das schwarze Transportband, und so werden diese Plastikteile nicht für das Recycling aussortiert, sondern werden am Ende verbrannt.«

Als wir mit dem Rundgang durch sind, zeigt Ottmar Nala noch den versprochenen Koffer aus altem Plastik, und wir verabschieden uns. Denn wir haben an diesem besonderen Tag noch einen zweiten Termin für unsere Kinderreporterin. Wir sind verabredet im Kölner Stadtpark. Auch hier geht es größtenteils um Plastik. Aufräumen ist angesagt, denn es ist »World Cleanup Day«. Wir treffen den deutschen Organisator Holger Holland. 2018 hat er die globale Aufräumaktion nach Deutschland geholt. »3,2,1« ist das Motto: Jeden dritten Samstag im Jahr zwei Stunden aufräumen für einen Planeten, unseren Planeten. Anfangs waren es etwa 20 000 Personen, die sich in ganz Deutschland beteiligten. 2021 bereits 200 000. Nala und ihre Schwester, die mittlerweile dazugestoßen ist, werden mit Westen, Handschuhen und Greifern aus Holz ausgestattet, und los geht's.

Uns fällt auf, wie viele Kronkorken und Zigarettenstummel auf Wegen und vor allem rund um Parkbänke herumliegen. Sie sind weltweit das häufigste Abfallprodukt. Wir sammeln, und ich erkläre den beiden Mädchen, warum gerade die Zigarettenstummel so ein großes Problem sind. Sie verseuchen das Grundwasser. Ein Kippenrest verseucht je nach

Boden zwischen 40 und 80 Liter. In den Filtern wurden bis zu 7000 Giftstoffe gefunden, darunter nicht nur das Nervengift Nikotin, sondern auch Arsen. Aufgelöst in Wasser, tötet ein einziger Zigarettenstummel nach vier Tagen Fische. Die Mädchen sind schockiert. »Aber warum machen die Menschen das?«, fragt Nala, und mir fällt die Antwort schwer. »Rauchen ist eine Sucht, viele Menschen können nicht damit aufhören«, sage ich. »Aber das Wegwerfen liegt daran, dass die Menschen nicht nachdenken oder dass es ihnen im schlimmsten Fall egal ist.« »Das ist gemein!«, sagt Nala und ist wirklich empört. Wir sammeln weiter und sprechen darüber, ob man nicht auch in der Schule solche Sammelaktionen machen könnte. Ich erzähle den beiden von der Schule meiner Kinder, die mindestens einmal im Jahr einen »Sauberhaft-Tag« veranstaltet, an dem alle gemeinsam rausgehen und aufräumen. Nala schaut mich interessiert an, und ich sage ihr, dass Holger und seine Organisation ihre Schule gerne dabei unterstützen, wenn sie das wollen.

Am Ende treffen wir uns alle an einer Stelle, wo mehrere Säcke voll Müll zusammengestellt sind. Die Stimmung der Cleanup-Teilnehmer ist gut, auch die der beiden Mädchen, und ich merke wieder einmal, dass es einfach ein gutes Gefühl ist, selbst anzupacken und etwas zu tun.

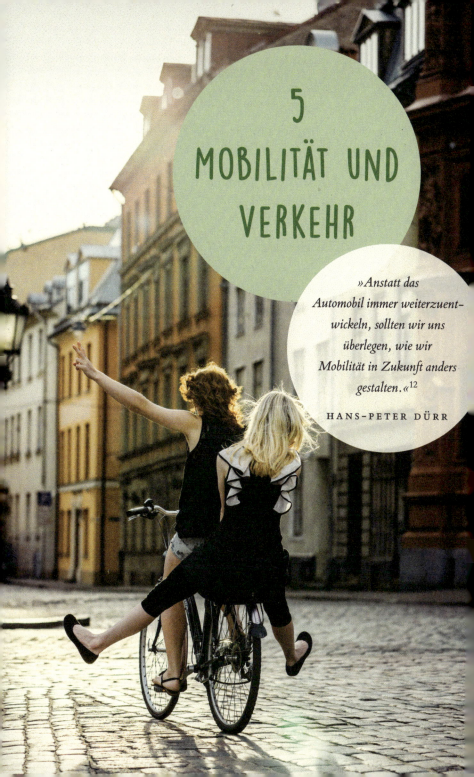

5 MOBILITÄT UND VERKEHR

»Anstatt das Automobil immer weiterzuentwickeln, sollten wir uns überlegen, wie wir Mobilität in Zukunft anders gestalten.«[12]

HANS-PETER DÜRR

Radfahren und Laufen für weniger Klimabelastung

Im Mobilitätsbereich muss dringend etwas geschehen, um die Treibhausgasemissionen zu senken. Denn hier ist in den letzten Jahre viel zu wenig passiert. Mobilität und Verkehr sind wichtige Schrauben, um auch den persönlichen CO_2-Abdruck zu reduzieren. Eines der großen Probleme sind Flüge, aber auch Individualverkehr in immer größeren Autos, gut sichtbar an der großen Beliebtheit von SUVs auch in der Stadt, wo man diese eigentlich gar nicht braucht.

Nicole ist überhaupt kein Auto-Fan und war es auch noch nie. Das Auto war für sie noch nie ein Statussymbol, sondern immer ein Mittel zur Fortbewegung. Und zwar immer dann, wenn sie mit ihrem Fahrrad nicht weiterkam. Wirklich gerne Auto gefahren ist sie noch nie. Bei Maik ist das etwas anders. Er hatte sich 1996 mühsam sein erstes Auto, einen Opel Kadett, zusammengespart und war froh, auf dem Land etwas unabhängiger sein zu können. Auto fährt er noch heute gerne, aber bewusster.

Wir beide sind überzeugte Fahrradfahrer. Als wir noch in Berlin wohnten, war das deutlich einfacher. Nicole ist dort jeden Tag zehn Kilometer von der Rummelsburger Bucht mit dem Rad nach Berlin-Mitte zur Arbeit gefahren. Und sie hat es geliebt. Natürlich gab es auch Tage, an denen sie genervt war, wenn sie mal wieder pitschnass im Büro ankam. Ein paarmal hat sie ein so plötzlicher Regenguss überrascht, dass ihr Regencape gar nichts mehr abhalten konnte. Das Wasser kam von allen Seiten, und die überholenden Autos haben sie dann noch mal so richtig schön von schräg unten nass gespritzt. Als sie im Büro ankam, war sie komplett durchnässt. Und natürlich hatte sie keine Wechselsachen dabei, und hätte sie doch welche gehabt, dann wären die in der Tasche vermutlich auch durchnässt gewesen.

Auch die Kinder wurden, als sie noch klein waren und hinten auf dem Fahrradsitz saßen, das ein oder andere Mal nass. Einige Berliner Straßen haben Schlaglöcher, die bei Regen zu richtigen Wasserlöchern werden, und wenn dann ein Auto durchfährt, ergießt sich eine komplette Fontäne über die nebenan fahrende Radfahrerin und die kleinen Mitfahrer. Nicole erinnert sich noch gut an komplett durchnässte Kinder, die trotz weiter strömenden Regens erst mal beruhigt werden mussten, bevor die Fahrt dann weitergehen konnte. Aber alles halb so wild. Der Lust aufs Radfahren hat das keinen Abbruch getan. Gleichzeitig konnte sie mit dem Rad auf dem Hinweg zur Arbeit prima die Familie hinter sich lassen und sich mental auf den Arbeitstag einstellen, und umgekehrt auf dem Rückweg denselben noch kurz Revue passieren lassen, über das ein oder andere Problem nachdenken und dann, je näher sie ihrem Zuhause kam, die Arbeit verblassen lassen und sich auf die Familie einstellen. Für sie war das so viel schöner, als im Auto im nervigen Stop-and-go zu hängen.

Damit immer mehr Menschen auf Räder umsteigen, muss allerdings noch einiges passieren: Es muss mehr und breitere

Radwege geben, die Fahrrad-Infrastruktur muss grundlegend ausgebaut werden. Ein Umdenken muss stattfinden, weg von der Priorisierung der Autofahrer in Bezug auf Platz und Vorfahrt. Es müsste ganze Bereiche in Innenstädten geben, die nur für den Radverkehr reserviert werden. Da kann sich Deutschland ein Beispiel an Ländern wie den Niederlanden oder Dänemark nehmen, in denen sehr viel mehr für die Radfahrer getan wird.

Seit 30 Jahren wird in den Niederlanden der Radverkehr gefördert, mit dem Ergebnis, dass in Großstädten wie Amsterdam oder Utrecht der Anteil des Radverkehrs bei bis zu 60 Prozent liegt. Die Stadt Houton ist sogar bereits jetzt komplett autofrei, genau wie viele andere Innenstädte. Die Ausgaben für Rad-Infrastruktur in Deutschland sind dagegen erschreckend niedrig. Sie liegen derzeit in der Regel bei nur 2,30 Euro pro Kopf, wie in München, und maximal bei 5 Euro pro Kopf, wie etwa in Stuttgart. Nur zum Vergleich: In Amsterdam sind es 11 Euro, in Kopenhagen 36 Euro und in Utrecht sogar 132 Euro. In den Niederlanden wird in einigen Städten und an Kreuzungen mit Ampeln bei Regen sogar die Wartezeit für Radfahrer verkürzt. Durch spezielle Sensoren an den Ampeln erkennen diese, wenn sich das Wetter ändert, und regulieren die Grünphasen dann entsprechend, um es für die Radfahrer angenehmer zu machen. Die Autofahrer müssen dann

> etwas länger warten, denn sie haben ja schließlich ein Dach über dem Kopf. Und generell gibt es bei unseren Nachbarn sehr viel breitere Fahrradwege als bei uns und in den Städten sehr viel mehr Möglichkeiten, die Räder zu parken, während das für Autos sehr teuer ist.

Auch für uns ist es jetzt, seitdem wir raus aus der Groß- und rein in eine Kleinstadt gezogen sind, schwieriger, konsequent Fahrrad zu fahren. In Berlin war das immer gut möglich. Aber hier, in einer Kleinstadt zwischen Köln und Düsseldorf, ist vieles mit dem Rad sehr viel mühsamer. Innerhalb von unserer Kleinstadt ist es kein Problem, alles mit dem Rad zu erledigen, und wir bewegen uns hauptsächlich auf zwei Rädern fort: in die Innenstadt, in die Bibliothek, auf Ausflügen. Aber sobald wir den Radius unserer Stadt verlassen, wird es sehr schwierig. Nach Köln oder Düsseldorf ist es mit dem Rad einfach zu weit. Das ist auch für Maik ein Problem. Er kann nicht jeden Tag mit dem Fahrrad zur Arbeit nach Köln fahren, oder er würde dafür sehr viel länger brauchen und könnte dann die Kinder fast gar nicht mehr sehen. Mit dem Auto kann er nach seiner Sendung immerhin gerade noch zum Gutenachtsagen gegen 20 Uhr zu Hause zu sein. Mit dem Rad, und selbst mit der Bahn, wäre das nicht mehr möglich. Die Regionalbahn braucht zwar nur 20 Minuten, die S-Bahn 30 Minuten. Aber sie fahren nicht so regelmäßig und 10 bis 15 Minuten Wartezeit kommt fast immer dazu, wenn Züge ausfallen, sogar mehr. Da wir ein gutes Stück vom Bahnhof entfernt wohnen, kommt zudem die berühmte letzte Meile dazu und zieht den Heimweg zeitlich in die Länge. Statt 25 Minuten wäre Maik dann fast eine Stunde lang unterwegs. Und wenn dann auch noch Züge ausfallen, was immer wieder vorkommt, wird es ganz ärgerlich.

Da ist es im Homeoffice für Nicole natürlich leichter. Seit dem Umzug von Berlin in die Kleinstadt arbeitet sie weiter für die gleiche Firma, aber eben von zu Hause aus. Und wenn sie doch mal nach Köln oder Düsseldorf fahren muss, nutzt sie die Kombination aus Fahrrad und Bahn, aber das meist ohne Zeitdruck. Yannis, der jetzt einen Schulweg von gut sieben Kilometer pro Strecke hat und anfangs erst mit dem Bus gefahren ist, ist mittlerweile auf das Rad umgestiegen. 14 Kilometer Fahrrad pro Tag tun ihm sichtlich gut, denn seitdem kommt er viel ausgeglichener nach Hause.

Generell machen wir aber auch viel zu Fuß. Mattis läuft immer zur Schule, Maya bringen wir entweder zu Fuß zur Kita oder mit dem Rad. Dass laufen nicht immer selbstverständlich ist, auch nicht für kleine Strecken, wurde Nicole auf einer Dienstreise deutlich. Ein amerikanischer Kollege war mit ihr in Paris, um mit ihr ein Projekt fertigzustellen. Nach einem langen Arbeitstag wollten sie beide zurück ins Hotel, das etwa einen Kilometer entfernt lag. Der Kollege fragte Nicole, ob sie ein Taxi rufen könnte. Aber für so eine kurze Strecke? Nicole überredete ihn kurzerhand, dass laufen doch viel besser sei und er so ja auch noch etwas von Paris sehen würde. Etwas widerwillig ließ sich der Kollege letztendlich darauf ein. Für ihn war das aber so außergewöhnlich, der Weg so lang, dass er am nächsten Tag seinen Kollegen mitteilte: »She made me walk!« Sie, die verrückte europäische Kollegin, die nur zu Fuß unterwegs ist und auch noch jeden Tag mit dem Rad zur Arbeit fährt. Für die Amerikaner sehr ungewöhnlich, hier bei uns zum Glück nicht selten, und bei unseren Nachbarn in den Niederlanden völlig normal.

Auto auf Sparflamme

Leider sind wir in Deutschland noch weit davon entfernt, das Rad als dominantes Fortbewegungsmittel zu nutzen. Hier hat eindeutig das Auto die Nase vorn und mit ihm nach wie vor der Verbrennungsmotor. Und ausgerechnet die Sprit schluckenden, dicken SUVs sind der Verkaufsschlager der Automobilkonzerne. Fast jeder vierte neu zugelassene Wagen ist einer dieser Geländewagen für die Stadt.

Laut *Germanwatch* werden »mehr als zwei Drittel der Neufahrzeuge mit über 200 PS [...] an Unternehmen und Selbständige ausgeliefert«[13]. Dienstwägen dürfen in der Regel auch privat genutzt werden. Der Arbeitgeber übernimmt nicht nur Wartung und Reparatur, sondern in der Regel auch die Tankkosten. Diese Flatrate führt dann natürlich dazu, dass nicht möglichst wenig, sondern möglichst viel gefahren wird. Zudem hat die Mehrheit der Dienstwägen einen deutlich höheren durchschnittlichen CO_2-Ausstoß als andere Pkw. Besteuert werden müssen

> alle Dienstwägen lediglich nach der »1 %-Regelung«
> (1 Prozent des Kaufpreises monatlich oder alternativ, aber aufwendiger, nach Fahrtenbuch), und es
> gibt darüber hinaus keinerlei Anreize, sparsamere,
> kleinere Autos zu wählen. Unsere Nachbarländer
> sind da weiter: In Frankreich, Belgien, Großbritannien und Irland richtet sich die Absetzbarkeit eines
> Dienstwagens nach seinem CO_2-Ausstoß, womit ein
> Anreiz gesetzt wird, möglichst ökologische Autos
> zu wählen. Dieser Ansatz wäre bei uns längst überfällig.

Auch als Dienstwägen werden genau diese klimaschädlichen, größeren Autos bevorzugt. Wir beide hatten noch nie einen Dienstwagen und wünschen uns sehr, dass diese unsinnige Subventionierung abgeschafft wird. Und ist das Auto in Städten mit gutem öffentlichem Nahverkehr wirklich die beste Option? Wenn ein Auto trotzdem notwendig ist, was wir an einigen Standorten absolut verstehen, wäre es dann nicht vielleicht ein Anfang, das Autofahren so stark zu reduzieren wie nur möglich? Zu überlegen, welche Wege auch zu Fuß zurückgelegt werden könnten, welche mit dem Rad und wo man auf öffentliche Verkehrsmittel zurückgreifen könnte? Fahrgemeinschaften zu bilden, ist auch immer eine gute Möglichkeit, Emissionen zu reduzieren. Nicht jedes Kind muss einzeln zum Sport gebracht werden, Fahrgemeinschaften sparen Zeit, verringern den CO_2-Ausstoß und machen zudem Spaß. Und schaffen Freiräume für Eltern, die dann nicht unbedingt selbst zu jedem Training oder Wettkampf fahren müssen.

Beim Fahren mit dem Auto kann man schon nachhaltiger unterwegs sein, indem man die Geschwindigkeit drosselt. Je schneller ein Auto fährt, desto höher ist sein CO_2-Ausstoß. 120 km/h auf Autobahnen reichen doch eigentlich völlig aus. Laut *Deutscher Umwelthilfe* könnten mit einem Tempolimit von 100 km/h tagsüber und 120 km/h nachts auf Autobahnen sowie von 80 km/h auf Landstraßen bis zu 8 Millionen Tonnen CO_2 eingespart werden. Keine andere Einzelmaßnahme im Verkehrsbereich birgt kurzfristig ein so großes und kostengünstiges CO_2-Einsparpotential. Ein Tempolimit wird es aber auch mit der Ampel-Koalition erst mal nicht geben. Dabei würde mit der Einführung eines Tempolimits der Anreiz zum Bau und Kauf hochmotorisierter Autos sinken. In Ländern mit einem Tempolimit hat sich gezeigt, dass der Anreiz für den Kauf stark motorisierter Fahrzeuge sinkt und neue Fahrzeuge deshalb energieeffizienter gebaut werden. Das ist gut für die Umwelt und gut für den Fahrer. Maik kann davon ein Lied singen. Er war früher gerne, sagen wir mal, zügig auf der Autobahn unterwegs. Seit wir uns mehr Gedanken über unser Verhalten machen und versuchen, nachhaltiger zu leben, hat er seine Reisegeschwindigkeit jedoch reduziert. Aber erst seitdem wir auf ein E-Auto umgestiegen sind, wird die Strecke zu unseren Eltern so gut wie nie mit mehr als 130 km/h zurückgelegt. Das lässt uns in etwa 15 Minuten später ankommen, was wirklich keinen stört.

Deutschland ist die einzige Industrienation weltweit, in der es Autobahnen ohne Geschwindigkeitsbegrenzung gibt. Das Tempolimit auf dem »Snelweg«, der niederländischen Autobahn, wurde beispielsweise im März 2020 noch einmal gesenkt und liegt jetzt tagsüber bei 100 km/h. Nur zwischen 19 und 6 Uhr morgens darf man darauf bis zu 130 km/h fahren. Wann aber bekommen auch wir ein Tempolimit? Gute Gründe dafür gibt es mehr als genug. Die Niederländer wollten vor allem den Ausstoß von Stickoxiden, aber auch die CO_2-Emissionen senken. Auch in Deutschland wächst die Zustimmung für ein generelles Tempolimit. Bei der Autofahrer-Lobby ADAC waren bei der letzten Umfrage 50 Prozent der Mitglieder für ein Tempolimit und nur noch 45 Prozent dagegen (2014 sprachen sich noch 65 Prozent dagegen aus). Das Umweltbundesamt hat 2020 in einer Studie berechnet, dass ein Tempolimit von 120 km/h in Deutschland 2,6 Millionen Tonnen CO_2 einsparen würde. Bei 130 km/h wären es immerhin noch 1,9 Millionen Tonnen weniger CO_2 pro Jahr.

Solange wir noch kein Tempolimit haben, muss jede und jeder Einzelne für sich entscheiden, ob er oder sie nicht auch zum Vorreiter werden und sich ganz entspannt mit maximal 130 km/h fortbewegen will, um, wie Maik, einfach selbst herauszufinden, ob man das am Ende als Einschränkung oder eben doch als Gewinn erlebt.

AUTO AUF SPARFLAMME

Paris hat Ende August 2021 im gesamten Stadtgebiet Tempo 30 km/h eingeführt, mit Ausnahme einiger großer Verbindungsstraßen. Das soll Lärm, CO_2 und Unfälle reduzieren. Der sozialdemokratischen Bürgermeisterin Anne Hidalgo geht es ganz klar darum, Platz, den zuvor Autos eingenommen haben, umzuverteilen und an die Schwächsten zu geben, an Radfahrer und Fußgänger, an Kinder und Senioren. Von 140 000 Parkplätzen sollen beispielsweise 60 000 verschwinden, und die Parkpreise sollen steigen. Übrigens wurde Hidalgo gewählt, obwohl oder vielleicht gerade weil sie genau diese grüne Revolution für die Stadt angekündigt hatte. Allein für den Prachtboulevard Champs-Élysées sollen 225 Millionen Euro in Begrünungsmaßnahmen gesteckt werden. Auch in Deutschland gibt es sieben Großstädte, die ein Tempolimit von 30 km/h ausprobieren wollen, dazu gehören unter anderem Aachen, Hannover und Münster.

Klimaschonender Auto fahren

- Beim Auto zählt das sonst richtige Prinzip »so lange wie möglich nutzen« nicht. Hier lohnt sich klimatechnisch die Anschaffung eines neueren, spritsparenden Wagens.
- Entspannt mit maximal 120 km/h auf der Autobahn fahren und mit 80 km/h außerorts.
- Konstante Geschwindigkeit fahren, möglichst wenig bremsen und beschleunigen und vorausschauend fahren.

- Mit niedrigen Drehzahlen fahren, so schnell wie möglich höher schalten.
- Fenster und Schiebedach geschlossen halten.
- Klimaanlage nicht oder nur sehr sparsam einsetzen.
- Autos vor Bahnschranken oder insgesamt bei Standzeit von über einer halben Minute ausmachen.
- Auf Sitzheizung verzichten.
- Mit optimalem Reifendruck fahren.
- Auto regelmäßig warten lassen.

Öffentliche Verkehrsmittel und Carsharing

Die Jungs haben es damals in Berlin geliebt, S-Bahn, U-Bahn und Bus zu fahren. Und in der Tat war das sehr praktisch, denn gerade in Städten kann man sich prima nur mit öffentlichen Verkehrsmitteln fortbewegen. Außerhalb der Städte sieht das jedoch etwas anders aus, selbst in Randgebieten. Damit mehr Leute auf öffentliche Verkehrsmittel umsteigen, müsste sich noch einiges verbessern. Die Bahn müsste regelmäßiger fahren, sodass die Fahrtzeiten nicht viel länger wären als mit dem eigenen Auto. Die Busse zu Bahnhöfen müssten zeitlich besser abgestimmt werden und sehr regelmäßig fahren. Der Fahrpreis müsste deutlich gesenkt werden. Besser noch müsste ein verlässlicher, regelmäßiger Nahverkehr gänzlich kostenlos sein, das würde sicherlich einige Leute zum Umschwenken bewe-

ÖFFENTLICHE VERKEHRSMITTEL UND CARSHARING

gen. Auch mit einer zunehmenden Neunutzung von vormaligem Parkraum und weiter steigenden Parkgebühren in den Innenstädten könnten, wie in Paris, weitere Anreize gesetzt werden. In Estlands Hauptstadt Tallinn ist der ÖPNV schon seit 2013 für alle Tallinner kostenlos, und seit 2018 können alle Estländer mit Bus und Bahn kostenlos fast durch das gesamte Land fahren. Das geht bei uns leider noch nicht.

Eine weitere sehr sinnvolle Möglichkeit, CO_2 einzusparen, ist natürlich das Carsharing. Autos nicht mehr selbst zu besitzen, sondern mit anderen zu teilen und nur für die Nutzung zu leihen, wenn man mit öffentlichen Verkehrsmitteln nicht weiterkommt – wir finden diesen Grundgedanken super.

Carsharing gibt es in Deutschland bereits seit den 1980ern, allerdings war es damals noch ein absolutes Nischenphänomen. Das änderte sich 2011, als Daimler und BMW ihre Carsharing-Systeme *DriveNow* und *car2go* in viele deutsche Großstädte brachten. Das Prinzip des Carsharings ist einfach: Man zahlt für die Nutzung des Wagens und muss sich um nichts weiter kümmern – weder um Versicherung und Steuern noch um Reparaturen, Wartung oder TÜV. Nach Nutzung wird der Wagen einfach wieder abgestellt. Bei stationären Anbietern erfolgt die Rückgabe des Wagens am gleichen Ort, an dem man ihn geholt hat, denn in diesem Modell hat jedes Fahrzeug einen festen Parkplatz oder eine feste Rückgabestation. Bei sogenannten »free floating«-Anbietern stellt man das Auto dagegen einfach am Zielort innerhalb des vom Carsharing-Anbieter genannten Nutzungsgebietes ab. Die Fahrzeuge kann man mit einer App orten und bekommt das Fahrzeug zugewiesen, das am nächsten zum aktuellen Standpunkt geparkt ist.

Das Carsharing-Geschäft wächst. 2020 stieg die Anzahl der Carsharing-Fahrzeuge um 26 Prozent an. Laut dem *Bundesverband CarSharing* gibt es derzeit 228 Carsharing-Unternehmen, -Genossenschaften und -Vereine in Deutschland. Deren Fahrzeuge sind bundesweit in 855 meist größeren Städten verfügbar (im ländlichen Bereich sind die Carsharing-Angebote dagegen noch seltener). Die deutschen Carsharing-Anbieter sind Vorreiter bei der Umstellung auf emissionsfreie Antriebe. Der Anteil an Elektroautos und Plug-in-Hybriden bei Carsharing-Anbietern lag Anfang 2021 bei fast 20 Prozent. Der größte stationsbasierte Anbieter ist derzeit *stadtmobil*, gefolgt von *cambio*, die größten »free floating«-Anbieter sind *Miles* und *Share Now*, ein Joint Venture von BMW und Daimler. Die Anbieter *Car2Go* und *Drive Now* wurden 2019 zur gemeinsamen Dachmarke *Share Now* zusammengeführt, die international tätig ist und als einer der Marktführer angesehen wird. Und doch ist der Betrieb, insbesondere die Parkplatzknappheit und aufwendige Rückführung, problematischer als anfangs gedacht. 2020 musste *Share Now* deshalb den Betrieb an

ÖFFENTLICHE VERKEHRSMITTEL UND CARSHARING

> fünf Standorten in Nordamerika sowie in London, Brüssel und Florenz einstellen. Dennoch zeigen die Entwicklung dieses Marktes und die Nachfrage nach Carsharing-Angeboten, dass hierin eine wirkliche Alternative zum Individualverkehr liegt.

Wir selbst schauen uns in unserer Wohnortnähe bisher leider vergebens nach Carsharing-Angeboten um. In Berlin war das schon vor acht Jahren anders, als wir noch dort wohnten. Dort gab es an fast jeder Ecke Carsharing-Autos zu mieten. Dazu kamen später noch elektrisch betriebene Motorroller. Hier, in unserer Kleinstadt, gibt es zwar auch ein paar Mietwagen, aber die stehen alle in der Innenstadt und sind für uns nicht so leicht zu erreichen. Zumindest ist es keine Option, wenn wir mit den Kindern losmüssen, alleine könnte man das eventuell noch organisiert bekommen.

Dabei macht Carsharing absolut Sinn. Ein Auto steht die meiste Zeit des Tages rum, fährt in der Regel maximal zwei bis vier Strecken täglich, für etwa eine Stunde am Tag, und verbringt die restlichen 23 Stunden nicht nur ungenutzt, sondern blockiert in dieser Zeit auch eine Fläche von etwa 10 m² als Parkfläche. Wie viel schöner wäre es, wenn keine Autos mehr seitlich der Straßen parken würden und dort stattdessen Bäume und Pflanzen blühen und Kinder spielen könnten? Und es gibt kaum ein Gut, das einen so immensen Wertverlust hat wie das Auto, mal abgesehen von ein paar Oldtimern, ausgesuchten Neuwagen oder Sammlerstücken. Ein neu gekauftes Auto ist in der Regel nach einem Jahr nur noch etwa 75 Prozent des Kaufpreises wert, nach drei Jahren sogar nur noch ungefähr die Hälfte. Und das, obwohl es die meiste Zeit davon nur am Straßenrand rumgestanden hat.

> Auch das eigene Auto kann verliehen werden, nicht nur an Nachbarn und Freunde. Firmen wie *getaround* und *SnappCar* bieten dafür Plattformen, über die auch private Autos gegen Gebühr an andere Nutzer verliehen werden können.

Das E-Auto – die individuelle Mobilität der Zukunft?

Autofahren ohne fossile Brennstoffe und Luftverschmutzung, das ist bei uns bereits jetzt Realität. Wir sind auf ein E-Auto umgestiegen und packen dank einer Solaranlage auf dem Dach die Sonne in den Tank. Die Anschaffung haben wir uns länger überlegt, denn uns ist bewusst, dass die Herstellung eines E-Autos recht umweltschädlich ist und man eine Weile fahren muss, damit es ökologisch sinnvoll ist. Wir haben lange darüber diskutiert. Nicole war skeptisch und wollte eher nach dem bewährten Grundgedanken weiter verfahren, das Auto, das wir eh schon hatten, erst mal möglichst lange zu nutzen, was im Prinzip ja ein guter und nachhaltiger Gedanke ist. Nur bei Autos eben nicht. Auch hat sie viel darüber gelesen, wie ressourcenintensiv Elektroautos bei der Herstellung sind, viele

DAS E-AUTO – DIE INDIVIDUELLE MOBILITÄT DER ZUKUNFT?

kontroverse Diskussionen gehört und gelesen. Einige Artikel kamen zu dem Schluss, dass es ökologisch keinen Sinn mache, ein Elektroauto zu kaufen. Maik war da anderer Ansicht, auch weil der Diesel jede Menge Feinstaub in die Luft bläst und das E-Auto die bessere Energieverwertung bietet. Es gab ein paar Diskussionen und noch mehr Bedarf zum Nachlesen, doch schließlich hat sich Maik mit folgenden Argumenten führender Experten auf dem Bereich der Mobilität durchgesetzt: Für einen korrekten Vergleich der CO_2-Emissionen müssen gleich große Autos betrachtet werden, auch die ressourcenintensive Produktion von nicht elektrischen Autos muss mitbedacht werden und der zum Fahren verbrauchte Strom spielt eine entscheidende Rolle. Das wird aber nicht in allen Artikeln berücksichtigt.

Das Ökoinstitut hat die CO_2-Emissionen eines E-Golfs mit denen eines Diesel-Golfs verglichen und kommt zu dem Ergebnis, dass die Gesamtemissionen nach 180 000 km bei der Diesel-Variante bei 37 000 kg CO_2 liegen, bei der Elektro Variante dagegen nur bei 25 000 kg CO_2. Dieser eindeutige Vorsprung in Sachen Umweltverträglichkeit sollte künftig noch größer werden, denn berechnet wurden diese Werte mit dem durchschnittlichen Strommix von 2017 und 2018, bei dem die erneuerbaren Energien noch nicht den Hauptteil ausmachten. Aber das dürfte sich in den kommenden Jahren ändern, wenn wir endlich aus der Kohleverstromung

> aussteigen. Das spielt der Elektromobilität klimatechnisch in die Karten, denn noch besser werden die Werte für das E-Auto, wenn über die komplette Nutzung hinweg Sonnenstrom getankt wird.

Wenn ein Auto benötigt wird, ist ein E-Auto klimafreundlicher als ein Verbrenner, der bei jeder Fahrt CO_2 emittiert, darin sind sich die Mehrheit der Experten auf diesem Gebiet einig. Erst recht gilt dies, wenn das Auto mit Sonnenstrom betankt wird. Da wir eine Solaranlage auf dem Dach haben, können wir das Auto fast ausschließlich über unseren selbst produzierten Sonnenstrom fahren lassen. Nur auf längeren Reisen (aber die sind eher selten) geht das nicht, dann müssen wir immer schauen, wo auf dem Weg eine Ladestation ist, von denen es leider noch nicht ausreichend viele gibt. Und dann hängen wir etwa 30 Minuten an der Ladestation (bei einer Schnellladestation). Wobei sich Nicole diese Zwangspausen schlimmer vorgestellt hat. Unsere Jungs sind mittlerweile sogar richtig heiß auf diese Ladepausen, denn sie haben entdeckt, dass das E-Auto verschiedene Spiele auf dem großen Screen bereithält, unter anderem virtuelle Autorennen für Kinder. Und die dürfen sie dann in der Pause spielen, sodass die Ansage »Wir müssen laden« nicht für Beschwerden, sondern für Jubel sorgt. Bei der Entwicklung waren garantiert Eltern von Kleinkindern involviert. Auch dass das Auto, wenn man es vorher so einstellt, bei jedem Blinken laut und deutlich pupst und die Kinder sich auf der Rückbank jedes Mal vor Lachen kringeln – darauf kommen wohl nur Ingenieure, die selber kleine Kinder haben.

DAS E-AUTO – DIE INDIVIDUELLE MOBILITÄT DER ZUKUNFT?

Das E-Auto hat für uns noch einen weiteren Vorteil: Wir produzieren mit unserer Solaranlage viel mehr Strom, als wir selbst verbrauchen, und da wir für die Einspeisung ins Stromnetz nur einen sehr geringen Betrag bekommen, versuchen wir, in den Produktionspeaks den Sonnenstrom im Auto zu speichern, das dann wie ein großer Akku funktioniert. Zudem wird die Luft nicht weiter verschmutzt, was insbesondere in den Städten ein großes Problem für unser aller Gesundheit ist. Laut *WHO* (Weltgesundheitsorganisation) ist die Luftverschmutzung ein Notfall für die öffentliche Gesundheit, denn es sterben jährlich mehr Menschen an dreckiger Luft als durch das Rauchen.

Eine interessante Weiterentwicklung verspricht das deutsche Start-up *Sono Motors*. Es hat ein Fahrzeug entwickelt, das teilweise autark funktioniert, da seine Karosserie aus fast 250 Photovoltaik-Paneelen besteht und es sich während der Fahrt oder beim Parken in der Sonne selbst aufladen kann. Damit wird der Wagen laut Hersteller pro Tag und durchschnittlicher Sonneneinstrahlung einer deutschen Stadt wie München Strom für ca. 16 – 35 km laden. Ab 2023 soll die Produktion starten. Gebaut wird es im ehemaligen Saab-Werk im schwedischen Trollhättan in Kooperation mit *National Electric Vehicle Sweden AB* (NEVS), dem schwedisch-chinesischen Saab-Nachfolger. Die Produktion soll, so versprechen es die beiden Partner, mit 100 Prozent Strom aus erneuerbaren Energien stattfinden. Den Motor wird die *Continental*-Tochter *Vitesco* liefern. Als Batterie dient ein Lithium-Eisenphosphat-Speicher mit 54 Kilowattstunden. Dadurch steigt die Reichweite auf bis zu 305 Kilometer. Und der noch viel größere Vorteil: Diese Art Batterien enthalten keine problematischen Rohstoffe wie Kobalt oder Nickel. Der *Sion*, so der Name des Autos, wird nur in einer Farbe geliefert, in mattem Schwarz, worüber zuvor die Kunden-Community abstimmen durfte. Es gibt keine Extras oder Optionen, alles ist einfach und möglichst kostengünstig gehalten worden. Gleichzeitig soll eine App mitgeliefert werden, die das Auto tauglich für den Einsatz im Carsharing macht. Über diese App können Besitzer das Auto verleihen oder auch Mitfahrer finden, die dann für die Fahrt bezahlen. Oder sie können dank der geplanten bidirektionalen Verwendung Strom an andere Elektroautos oder auch an Haushaltsgeräte weitergeben und sich dafür über die App bezahlen lassen. Insgesamt steckt im Bereich der Elektromobilität sehr viel Entwicklung, auch und gerade bei der teilweise noch problematischen Herstellung der Akkus.

Dennoch wird die Mobilität der Zukunft wohl nicht so aussehen, dass man einfach alle Verbrennungsmotoren durch E-Autos ersetzt. Weniger Autos müssen hergestellt werden. Denn jedes Auto verschlingt im Herstellungsprozess sehr viel Energie. Unmengen an Stahl und Aluminium müssen verbaut werden, die wiederum in der Produktion selbst schon sehr viel Energie benötigen.

Visionen einer anderen Mobilität

Individualverkehr, in dem jeder mit dem eigenen Auto unterwegs ist, wird auf die Dauer keine Zukunft haben. Daher gibt es für die Mobilität von morgen einige alternative Visionen. Wir hoffen stark, dass wir es noch erleben werden, wenn sie in die Tat umgesetzt werden, und wünschen uns, dass autonom, also selbstfahrende E-Autos sehr bald Wirklichkeit werden, auch in unseren Städten und nicht nur auf Testgeländen: Autos, die elektrisch betrieben sind, untereinander vernetzt dank künstlicher Intelligenz und die dem Zweck der einfachen und bequemen Fortbewegung dienen. Die man nicht mehr besitzt, sondern ähnlich wie Taxis herbeiruft und die einen dann fahrerlos zum Ziel bringen und direkt danach zum nächsten Fahrgast weiterziehen.
Diesen Mobilitätskonzepten des Nutzens statt Besitzens wird die Zukunft gehören. Statt uns davor zu fürchten und sie auszubremsen, sollten wir uns drauf freuen. Es würden keine Emissionen ausgestoßen, weder CO_2 noch Stickoxide, die Luftqualität würde sich drastisch verbessern. Mobilität würde ein Service werden. Es wäre bequem, schnell, würde direkt vor der eigenen Haustür starten, auch Orte verbinden, die nicht an die öffentliche Verkehrsinfrastruktur angebunden sind. Wir könnten während der Fahrt lesen, mit den Kindern spielen, schreiben – so viel Nützlicheres tun, als hinter dem Lenkrad zu

sitzen und auf die Straße zu achten, bemüht, eigene Fahrfehler zu vermeiden oder die anderer auszugleichen. Völlig autonomes Fahren als Service würde eine komplett neue Gestaltung der Städte ermöglichen, mit mehr Platz für Fußgänger und Radfahrer, weil die Parkflächen entfielen. So könnten fast autofreie Städte entstehen, mit viel Parks, mit Straßencafés, Spielplätzen und deutlich mehr Lebensqualität. Eine wunderbare Vorstellung, oder? Für uns könnte das gerne schon morgen starten. Wir müssten uns weniger Sorgen machen, wenn die Kinder draußen wild mit ihren Rollern oder Fahrrädern umherfahren, und müssten sie auch nicht mehr ermahnen, ja auf die Autos der Nachbarn zu achten, damit diese keinen Kratzer bekommen.

Und dann gibt es noch eine weitere spannende Vision für den Verkehr der Zukunft. Sie stammt ursprünglich von Elon Musk, der ja nicht nur der Entwicklung der Elektromobilität einen entscheidenden Schub gegeben hat. Diese Vision ist der *Hyperloop*: Sehr schnelle Fortbewegung in Röhren.

Beim *Hyperloop* »schweben« einzelne Kapseln für Passagiere oder Güter mit einer Geschwindigkeit von bis zu 1200 km/h auf Luftkissen durch fast luftleere Röhren. Man kann es sich wie einen Zug vorstellen, der in einem luftdicht verschlossenen Raum fährt. Durch das Vakuum in der Röhre gibt es kaum Luftwiderstand. Der Zug gleitet auf Magnetfeldern, sodass es auch keinen Reibungswiderstand gibt. Dadurch erreicht er sehr hohe Geschwindigkeiten bei gleichzeitig großer Energieeffizienz. Die Stromversorgung, so der Plan, soll autark sein, denn auf den überirdischen Rohren sollen Solarmodule angebracht werden. Seit Musk diese Idee ins Leben gerufen hat, beschäftigen sich gleich mehrere Organisationen mit ihrer Verwirklichung und Kommerzialisierung. So zum Beispiel *Hyperloop Transportation Technologies* unter Leitung des Berliner Unternehmers Dirk Ahlborn. Ziel von *Hyperloop Transportation Technologies* ist die technologische Entwicklung, die dann als Lizenz an interessierte Betreiber verkauft werden soll. Des Weiteren arbeitet noch das niederländische Start-up *Hardt Hyperloop* an einem Modell, das ab 2022 in Groningen mit einer 3 km langen Röhre in den Testbetrieb gehen soll. Bis 2025 sollen Güter und bis 2028 dann auch Passagiere auf insgesamt fünf innereuropäischen Strecken befördert werden. Und das mit bis zu 700 km/h Geschwindigkeit und einer innovativen Spurwechseltechnologie, über die Transportkapseln das Netz bei vollem Tempo verlassen und wieder befahren können. Das wäre dann eine gute Alternative zum Güterverkehr auf der Straße und vielleicht ja auch zur Luftfracht. Derzeit müssen die vielen Tests allerdings noch beweisen, wie zukunftstauglich das Konzept sein wird.

MOBILITÄT UND VERKEHR

Von Fliegen und Flugscham

Wir sind früher beruflich viel geflogen, auch innerhalb von Deutschland, und europaweit sowieso. Heute empfinden wir darüber tatsächlich Flugscham. Denn Fliegen ist die unökologischste Art der Fortbewegung. Der CO_2-Ausstoß eines Flugzeuges ist enorm.

> Laut Umweltbundesamt verursacht »[e]in Flug von Deutschland auf die Malediven und zurück [...] pro Person eine Klimawirkung von über fünf Tonnen CO_2. Mit einem Mittelklassewagen können Sie dafür mehr als 25 000 km fahren (bei einem Verbrauch von 7 l/100 km)«.[14] Doch nicht nur der hohe CO_2-Ausstoß ist ein Problem, auch andere Substanzen, die bei der Verbrennung des Kerosins entstehen, wie Stickoxide, aber auch Aerosole und Wasserdampf, wirken sich in der Höhe durch den nur langsamen Abbau stärker aus als am Boden. Der Weltklimarat IPCC schätzt die Klimawirkungen dieser Faktoren zwei- bis fünfmal höher ein als die durch CO_2.

Das war uns damals jedoch nicht so bewusst, oder besser gesagt haben wir uns nicht viele Gedanken darüber gemacht. Damals hat es uns nur interessiert, wie wir möglichst schnell zu unseren beruflichen Terminen kommen und dann vor allem auch möglichst schnell wieder zurück zur Familie, damit der jeweils andere zu Hause nicht zu lange alleine die Doppelbelastung von Beruf und Kindern stemmen muss. Seit wir nachhaltiger leben, ist »möglichst schnell« aber nicht mehr das Hauptkriterium, sondern »möglichst klimafreundlich«. Seitdem fährt Nicole bei notwendigen Terminen mit Kollegen oder für Kunden-Meetings fast nur noch mit dem Zug. Maik fährt auf Drehs, wann immer es geht, mit dem Zug oder auch mal zusammen mit weiteren Kollegen mit unserem Elektroauto. Wir planen dann eher mal eine Übernachtung mehr mit ein, was viel besser klappt, als wir anfangs gedacht hatten. Wir sind dann zwar meistens etwas länger unterwegs, aber dafür gewinnen wir gerade beim Reisen mit der Bahn Zeit zum Arbeiten. Während man im besten Fall bei den Bahnreisen einfach in den Zug einsteigt, den Laptop aufklappt und zu arbeiten beginnt, ist das bei Flugreisen schwieriger mit all den Sicherheitschecks und dem Warten auf den Check-in. Und im Flieger selbst ist das Arbeiten am Laptop auch nicht gerade die Erfüllung. Produktiv waren wir beide auf solchen Flugreisen äußerst selten. Ganz anders bei Bahnreisen. Maik schwärmt immer, dass er nirgends so kreativ und produktiv arbeitet wie im Zug, wenn draußen die Landschaft vorbeifliegt.

Mittlerweile muss man die eine oder andere Dienstreise aber auch gar nicht mehr unbedingt antreten, das hat uns die Corona-Krise gezeigt. Videokonferenzen können immer öfter als Ersatz dienen. Während der Pandemie ist Nicole gar nicht mehr gereist, sondern hat alle Präsentationen einfach von zu Hause aus per Videokonferenz gehalten. Das war am Ende nicht nur ökologisch ein großer Vorteil, sondern auch ein immenser Zeitgewinn. Musste sie vorher für eine Präsentation, die sie vormittags halten sollte, meist schon am Vorabend anreisen und war erst am späten Nachmittag oder gar Abend zurück, ist sie jetzt nur die effektiven zwei bis drei Stunden der Präsentation eingebunden. Das ist sehr viel besser mit dem Familienleben in Einklang zu bringen. Klar ist es angenehmer, die Kunden live zu sehen, abends noch mal gemeinsam essen zu gehen und sich besser kennenzulernen. Aber reicht das als Rechtfertigung für die deutlich klimaschädlichere Variante der Anreise bei gleichzeitig größerem Zeitaufwand? Selbst strategische Workshops konnte Nicole virtuell abhalten, inklusive Gruppenarbeiten. Anfangs war es schon eine Herausforderung, ein Online-Konzept zu entwickeln, bei dem alle Teilnehmer eingebunden waren. Aber auch das hat am Ende funktioniert. Sie will jedenfalls auch weiterhin versuchen, so viele Meetings wie nur möglich virtuell stattfinden zu lassen. Und wir sind beide fest davon überzeugt, dass das bei vielen Firmen jetzt auch weiterhin so gehandhabt wird. Dienstreisen werden sich bestimmt reduzieren, denn alle haben gesehen, was für ein Gewinn, auch an Zeit, damit verbunden ist. In Zukunft wird wohl eine sinnvolle Mischung aus beidem die Lösung sein: digitale Meeting, wenn es primär um Zahlen, Daten und Fakten geht, und ausgewählte, tatsächliche Treffen, wenn der persönliche Kontakt im Vordergrund steht.

Allerdings kostet auch das Streamen per Video Energie und verursacht dadurch natürlich auch CO_2-Emissionen. Zwar fallen diese geringer aus als die, die bei einer Reise ausgestoßen werden, aber bei zu exzessivem Gebrauch summiert es sich eben auch. In Nicoles Firma wird mittlerweile fast gar nicht mehr telefoniert, alles läuft über Anrufe über den Computer, und das fast immer mit Videofunktion. Ähnlich sieht es bei Maik im Sender aus.

US-Forscher haben in einer Modellstudie genauer berechnet, wie hoch der CO_2-Ausstoß von Videokonferenzen ist: Fünfzehn einstündige Meetings mit Videofunktion verursachen etwa 9,4 Kilogramm CO_2. Schaltet man das Bild aus, sind es nur noch 340 Gramm. Uns war nicht bewusst, dass die Videofunktion direkt so viel höhere CO_2-Emissionen verursacht. Aber jetzt, da wir es wissen, haben wir beide beschlossen, unsere Kollegen darüber zu informieren und zu besprechen, ob man die Videofunktion nicht auch öfter mal ausschalten kann.

Sollte eine Dienstreise gar nicht ersetzt werden können und sollte es, wie zuletzt bei Maiks Reportagereise nach Rumänien, nicht möglich sein, die Bahn zu nehmen, dann haben wir uns vorgenommen, die verursachten Klimaschäden, auch auf eigene Kosten, wenigstens einigermaßen wettzumachen. Für Maik war es im Juli 2021 schon ein ungewohntes Gefühl, als er am Flughafen Düsseldorf auf seinen Flieger nach Bukarest über Wien warten musste. Einerseits war da die Vorfreude auf die Reportage und auch auf die Reise, endlich mal wieder am Flughafen zu sein, nach 16 Monaten Corona-Pandemie. Aber andererseits war es auch ein ungewohnt schlechtes Gefühl, mit dem Wissen im Hinterkopf, dass dieser Flug, auch noch mit Zwischenlandung, einiges an CO_2 freisetzen würde. Da kam ihm aber die Seite *atmosfair* zugute, über die man den CO_2-Austoß von Flugreisen berechnen und mit einer Spende für klimafreundliche Zwecke zumindest kompensieren kann.

Atmosfair ist ein Berliner Non-Profit-Unternehmen, das Flüge klimakompensiert. Das Geld wird dann in ärmeren Ländern für Projekte eingesetzt, die helfen, vor Ort CO_2 einzusparen. Es gibt etwa 20 Projekte, in die *atmosfair* investiert, unter anderem in Solaranlagen auf Gewächshäusern in Madagaskar (einem der sonnenreichsten Länder der Welt). Oder in effiziente Öfen zum Kochen in Lesotho, Ruanda und Indien. Diese Öfen sparen 80 Prozent des benötigten Brennholzes ein und vermeiden damit direkt weitere Abholzung. *Atmosfair* erklärt, dass beispielsweise in Nigeria etwa 75 Prozent der Familien mit Holz auf offenem Feuer kochen, im Norden des Landes sogar bis zu 99 Prozent. Dabei verbraucht eine siebenköpfige Familie etwa fünf Tonnen Holz pro Jahr. Dieser enorme Verbrauch an Feuerholz hat vor allem im armen Norden des Landes bereits zur beinahe völligen Abholzung der Wälder und zur fortschreitenden Ausbreitung der Wüsten geführt. Feuerholz ist in Nordnigeria knapp und muss auf Lastwagen und Zügen aus den noch bestehenden Wäldern im Süden des Landes herantransportiert werden.

Atmosfair betont aber auch, dass es sich nur um eine Kompensation für unvermeidliche Flüge handelt. Ihr Angebot ist keineswegs ein Ablasshandel, der es einem ermöglicht, einfach immer weiter zu fliegen, bei einem nur vergleichsweise kleinen Ausgleichsbeitrag. Es kann helfen, Unvermeidliches an anderer Stelle zu kompensieren, aber das CO_2, das durch die Flugreise ausgestoßen wird, ist damit ja nicht rückgängig gemacht. Deshalb ist es trotz allem noch das Beste, auf Fliegen so weit wie möglich zu verzichten, beruflich und privat, und jedes Mal kritisch zu fragen, ob Fliegen unbedingt notwendig ist. Deshalb dürften Flüge auch nicht so unverschämt billig sein. Noch sind sie es, weil es keine Kerosinsteuer gibt, anders als bei Benzin und Diesel, die sehr wohl besteuert werden. Dies stellt auch eine enorme Wettbewerbsverzerrung zulasten der öffentlichen Verkehrsmittel dar und führt dazu, dass Fliegen oft günstiger ist als Bahnfahren, dass Flugtickets mitunter weniger kosten als der Weg zum Flughafen. Kerosin müsste endlich angemessen besteuert und Subventionen für kleine Regionalflughäfen abgeschafft werden. Aber immerhin tut sich etwas, wenn auch nur langsam und noch bei Weitem nicht genug. So wurde zum Beispiel in London die Erweiterung des Heathrow Flughafens gerichtlich untersagt, da sie unvereinbar gewesen wäre mit den Pariser Klimaverträgen. Und das »Klimaschutzprogramm 2030« der Bundesregierung erhöht die Luftverkehrsteuer und senkt die Mehrwertsteuer der Bahn. Trotzdem ist das Fliegen immer noch viel zu billig, gerade auf Kurzstrecken zu Zielen, die innerhalb von zwei bis fünf Stunden auch mit der Bahn erreichbar wären. Hier dürfte das Flugticket nicht billiger sein als das Bahnticket.

Derzeit wird viel dazu geforscht, wie das Fliegen nachhaltiger gestaltet werden könnte. Eine Elektrifizierung, wie beim Auto, wird erst mal nicht funktionieren, da große und zu schwere Batterien benötigt würden. Eine Lösung könnte hingegen die Nutzung von regenerativen statt fossilen Kraftstoffen sein, insbesondere von strombasiertem Kraftstoff, der im sogenannten »Power to Liquid«-Verfahren (PtL) hergestellt wird. Dabei wird Kohlendioxid der Atmosphäre entzogen, mit Wasserstoff verbunden und dann zu Rohöl weiterverarbeitet. Dieses Verfahren ist jedoch sehr kostspielig und energieintensiv. Zudem, so kritisieren Umweltorganisationen, wird es schlicht nicht möglich sein, so viel zu produzieren, wie von der Luftfahrt benötigt würde. Derzeit gibt es erste Produktionsstätten. So hat beispielsweise *atmosfair* 2021 eine derartige Anlage eingeweiht, und *Shell* hat eine Bio-PtL-Anlage in Wesseling errichtet. Eine weitere Lösung könnte die Wasserstoff-Brennstoffzellen-Technologie sein. *Airbus* hat angekündigt, bis 2035 ein Passagierflugzeug zu entwickeln, das mit Wasserstoffantrieb fliegt. Auch an alternativen, klimaoptimierten Flugrouten wird geforscht. Kurzfristig wird all dies aber die hohe Klimabelastung beim Fliegen nicht substantiell lösen können.

Achillesferse Reisen

Reisen ist so etwas wie unsere Klima-Achillesferse. Wir lieben es, fremde Länder und Kulturen zu entdecken, andere Sprachen zu sprechen, den Horizont zu erweitern. Wir empfinden das als große Bereicherung unseres Lebens, und all unsere bisherigen Reiseerinnerungen sind ein echter Schatz. Schon als Studenten haben wir versucht, so viel Zeit im Ausland zu verbringen wie möglich. Nicole während ihres Studiums in der spanischen Stadt Granada, Maik im französischen Straßburg. Nicole war zum Promovieren in Montréal und Paris und für Praktika in Straßburg, Limoges und Mexico City. Maik hat während seiner Redakteursausbildung in Brüssel und Singapur gearbeitet.

Als Studierende waren wir beide leidenschaftliche Backpacker. Nicole reiste nach einem Praktikum in Mexico City mit dem Rucksack einmal quer durch das Land. Vor Ort ging es für sie dann aber nicht mit dem Flieger weiter, wie für viele andere, sondern immer mit Bussen. Übernachtet hat sie in kleinen Privatunterkünften statt in großen Hotels. Und doch bleibt die große ökologische Belastung des Fernflugs. 2006 sind wir beide durch Vietnam gereist, einmal von Hanoi bis runter nach Saigon. Auch hier waren wir immer nur mit öffentlichen Bussen unterwegs. Aber nach Vietnam und von dort zurück brauchte es natürlich einen Fernflug. 2001, als Maik in den Semesterferien noch Hausarbeiten schreiben musste, hatte Nicole das Fernweh so sehr gepackt, dass sie kurzerhand allein nach Thailand flog und dort quer durch das Land reiste. Sie hat dabei so viel erlebt, so viele wunderschöne, bereichernde

Momente, aber auch Grenzerfahrungen. Es war die erste Reise in ein Land, dessen Sprache sie nicht sprach und dessen Kultur sie nicht kannte. Maik durfte im März 2019 für seinen Sender eine Woche lang in New York arbeiten. Seine Reportagen aus Brooklyn, der Bronx und Manhattan, die Treffen mit einer emigrierten Holocaust-Überlebenden, mit einer deutschen Hebamme und mit dem deutschen Botschafter bei den Vereinten Nationen gehören zu den Highlights seiner beruflichen Erfahrungen. Die sehr frühen morgendlichen Joggingrunden im Central Park, als der Jetlag noch nicht überwunden war, die spannenden Gespräche mit Kollegen, Künstlern und Wissenschaftlern nach Dienstschluss – an all das denkt Maik heute noch mit großer Freude zurück.

Aber auch wenn wir bei vielen unserer Reisen schon versucht haben, den Flug beziehungsweise dessen Klimaschäden zu kompensieren, bleibt ein sehr ungutes Gefühl zurück. Aus Klimaschutzgründen wäre es natürlich besser gewesen, wir hätten all diese Reisen nicht gemacht oder versucht, Alternativen in Deutschland zu finden. Aber es wäre auch nicht annähernd das Gleiche gewesen. Und all diese Momente und Erfahrungen haben uns sehr geprägt. Im Nachhinein empfinden wir zwar Reue für diese Flüge und insbesondere Fernflüge. Aber gleichzeitig wollen wir all diese Erfahrungen auch nicht missen. Ein wirklich schwieriges Thema für uns.

Auch als Familie zieht es uns mehr ins Ausland als nach Deutschland. Urlaub, das heißt für uns auch immer: Fremdsprachen sprechen. Den Kindern zeigen, wie wichtig es ist, andere Sprachen zu erlernen, und wie viel Spaß das macht. Früher sind wir gerne geflogen. Und auch noch mit drei Kindern nach Griechenland oder Sizilien, ohne uns Gedanken über das Klima zu machen. Wir hätten im März 2018 auch mit dem Auto in die Toskana fahren können, aber die 14 Stunden Autofahrt zu unserem Agroturismo haben uns damals noch abgeschreckt, und so sind wir nach Rom geflogen und von dort mit einem Mietwagen die letzten viereinhalb Stunden gefahren. Das würden wir heute sicher nicht mehr machen. Im Laufe unseres Projektes wurde klimafreundlicher Urlaub immer wichtiger. Wir sind als Familie das letzte Mal 2019 geflogen, nach Südfrankreich, ins wunderbare Languedoc. Wir sprechen beide Französisch, und es ist einfach ein wunderbares Gefühl, sich mit den Menschen morgens beim Bäcker oder abends beim Aperitif zu unterhalten.

Das Jahr darauf wollten wir wieder nach Frankreich, haben es aber anders gemacht. Wir wollten nicht mehr fliegen wie in den vergangenen Sommern. Und zack saßen wir da und diskutierten: Noch besser wäre es natürlich, Urlaub in der Nähe zu machen oder mit dem Zug zu reisen. Doch das ist mit drei noch kleinen Kindern und unserer Art von Entdeckerurlaub noch schwierig: mit mehr als einer Destination und Gepäck für fünf Leute, von denen nur zwei dauerhaft und zuverlässig mithelfen beim Tragen. Der CO_2-Ausstoß unserer Familie wäre natürlich deutlich geringer, wenn wir mit dem Zug oder Rad fahren würden. Oder am Ende ganz zu Hause blieben; das wäre das Beste für das Klima. Aber das fällt uns immens schwer, einmal im Jahr zieht es uns einfach raus, da wollen wir andere Kulturen erleben.

Achillesferse Reisen ... Wir sind beide wahnsinnig neugierig, interessieren uns für andere Kulturen, andere Lebensweisen. Der Perspektivwechsel ist uns einfach wichtig, und das wollen wir auch unseren Kindern unbedingt mitgeben. Aber so geraten wir tatsächlich in einen Konflikt: Klima schützen und trotzdem Urlaub in der Ferne machen. Schwierig. Da die Flüge klimatechnisch am stärksten ins Gewicht fallen, haben wir für unsere letzte Frankreich-Reise entschieden, mit dem Auto zu fahren. Wir haben jeweils zwei Tage für Hin- und Rückweg eingeplant und sind mit dem Auto nach Reims, dann nach Bordeaux und schließlich nach Le Porge in der Nähe von Lacanau gefahren, mit jeweils einem schönen Zwischenstopp mitten in Frankreich. Der Weg war schon Teil des Ziels und voller Erlebnisse. Es ist immerhin ein kleiner Trost, wenn man sich den CO_2-Ausstoß pro Kopf ausrechnet und feststellt: Wären wir nach Bordeaux geflogen, läge der fünfmal höher als mit einem vollgepackten Auto, das gemütlich mit 130 km/h durch Frankreich fährt. Bei einer Autofahrt von Köln nach Bordeaux kommt man so auf einen Pro-Kopf-Ausstoß von 98,3 Kilogramm CO_2. Wären wir geflogen, hätte jeder von uns einen CO_2-Ausstoß von 481,8 Kilogramm verursacht.[15] Das ist schon ein gewaltiger Unterschied. Die Variante Deutschland oder Holland hätte am Ende aber nur etwa 13 Kilogramm CO_2 pro Kopf gekostet.

Einen Entschluss haben wir jedoch direkt gefasst: Auch wenn Yannis und Maik 2020 in Lacanau und Le Porge ihre Liebe fürs Wellenreiten entdeckt haben, sind wir im Herbst nicht nach Fuerteventura geflogen, um dort auf dem Brett durch die Gischt zu gleiten. Diese Entscheidung wäre vor ein paar Jahren sehr wahrscheinlich noch anders ausgefallen. Aber, so schwer es auch fällt, auch im Bereich Reisen mussten wir uns eingestehen, dass es an der Zeit war umzudenken. Und deshalb haben wir uns 2021 ein näher gelegenes Ziel gesucht und sind in die Niederlande ins nur drei Stunden von uns entfernte Zeeland gefahren, nach Cadzand. Dort hatten wir dann allerdings prompt die ganze Zeit schlechtes Wetter. Sommerferien, die sich angefühlt haben wie Herbstferien. Wohlgemerkt nicht mit dem tollen, goldenen Herbstwetter, sondern mit Regengüssen und Temperaturen unter 20 °C. Die Zeit, die wir am Strand verbrachten, fühlte sich deutlich anders an als der Sommer zuvor in Le Porge. Immerhin verbrachten wir unsere Zeit in Cadzand mit einem guten, nachhaltigen Gewissen. Es war zwar nett, aber für uns persönlich dann doch kein Vergleich mit unseren vorherigen Frankreich-Reisen.

Und so wird es uns sehr wahrscheinlich irgendwann wieder Richtung Frankreich, Spanien oder Italien ziehen – allein der Kultur und Sprache wegen. Wir lieben es einfach zu sehr. Aber wer weiß, vielleicht werden ja die gesamten Bahnanbindungen bald sehr viel besser, inklusive Nachtzug-Optionen? Und vielleicht könnten wir dann ja in mehreren Etappen einfach und bequem mit der Bahn reisen, denn die Kinder werden ja größer, und so können mehr Leute beim Tragen helfen. Zur Klimakonferenz nach Schottland ist Maik mit seinen Kollegen auch per Zug gereist, von Köln über Brüssel und London nach Glasgow. Es hat mit knapp neun Stunden natürlich etwas länger gedauert als der Flug, aber es war machbar. Und sobald Maya etwas größer ist, werden wir auch Urlaube per Rad planen und gemeinsam schöne Ecken in Deutschland erkunden.

Insgesamt ist klar, dass der Tourismus der Zukunft anders laufen muss. Auch hier muss die Devise lauten: Weniger ist mehr. Und wenn reisen, dann möglichst nachhaltig, mit möglichst geringem ökologischem Fußabdruck, mit Respekt für die Natur und die Menschen vor Ort. Dass es so auch gehen kann, macht beispielsweise Costa Rica vor. Dort wird bewusst auf ökologischen Individualtourismus gesetzt und nicht auf Massentourismus. Es gibt mehr Öko-Lodges als große Hotelburgen.

Wir beide haben als Studenten 2002 dort ein Praktikum bei der Entwicklungshilfe-Organisation *Andar* gemacht. Das Praktikum hatte Nicole über ihre Studentengruppe an der Uni organisiert. Unsere Aufgabe war es, verschiedene Etappen einer möglichen Öko-Tourismus-Route zu testen, die den Bauern und indigenen Familien alternative Einkommensquellen ermöglichen sollte. *Andar* hatte sich ein erstes Konzept ausgedacht, und wir sollten die angedachte Strecke als Erste bereisen und überlegen, wie lange Touristen an den jeweiligen Orten verbringen könnten und welche Aktivitäten angeboten werden könnten, und den Bauern und Ureinwohnern erste Englischstunden geben. Das war das beste Praktikum, das wir je machen durften! Es war einfach nur wunderbar, denn wir sind in so abgelegene Orte gekommen, wie wir es alleine nie geschafft hätten. Wir hatten sehr intensiven Kontakt zu verschiedenen Menschen, mit Aufenthalten mitten im Regenwald, ohne Straßen, an Orten mit Zugang nur mittels der Kanus der Ureinwohner. Wir sind in Welten eingetaucht, in denen sich die Abläufe nicht nach der Uhr richten, sondern nach Sonnenauf- und -untergang und dem Nachmittagsregen.

Aber es gab auch Momente, in denen wir an unsere Grenzen gekommen sind, etwa, als Maik mit Dengue-Verdacht und sehr geschwächt ins Krankenhaus musste, wir aber weit entfernt von Krankenhäusern waren und mit dem Jeep über schlecht ausgebaute Straßen ruckeln mussten. Oder als wir irgendwo mitten auf dem Land saßen, von den Ureinwohnern mit dem Kanu an eine bestimmte Stelle gebracht, von wo aus wir mit dem Bus weiterfahren sollten. Wo aber der Bus nicht kam, weil die ohnehin schlecht ausgebaute Straße komplett weggeschwemmt worden war. Wir saßen einen halben Tag wartend da, ohne zu wissen, wie wir weiterkommen oder ob wir für die Nacht einen Schlafplatz haben würden. Handys hatten wir damals noch nicht.

Initiativen für den Öko-Tourismus gibt es in Costa Rica viele. 2019 erhielt das Land dafür von den Vereinten Nationen sogar die Auszeichnung »Champion of the Earth«. Costa Rica ist das erste Land, das versucht, seinen Strom zu 100 Prozent aus erneuerbarer Energie zu beziehen. Denn die Regierung von Costa Rica hat erkannt, dass der Reichtum des Landes in seiner einzigartigen Natur liegt, und hat folglich bereits 14 Prozent der Landesfläche zum Nationalpark ernannt. Hinzu kommen Reservate oder andere Schutzgebiete in noch einmal demselben Ausmaß, was ein Weltrekord ist. Insgesamt steht damit mehr als ein Viertel des Landes unter Naturschutz. Und Costa Rica will bereits bis 2023 klimaneutral werden – als eines der ersten Länder weltweit.

Diese Art von Tourismus ist nachhaltig und vertretbar. Sie kann, wie auch Hannes Jaenicke, selbst passionierter Reisender, in seinem Buch *Aufschrei der Meere*[16] schreibt, eine Win-win-Situation für Gastgeber und Gäste sein. Tourismus ja, aber nur wenn der lokalen Umwelt und Bevölkerung dadurch kein Schaden entsteht. Individueller Tourismus, Respekt für die Menschen und die Natur, als eine Chance für Begegnungen verschiedener Kulturen, kann für alle Seiten bereichernd sein. Riesige Hotelkomplexe hingegen, die für viel Müll und Verschwendung verantwortlich sind, ohne dass ihre Einnahmen bei der Bevölkerung vor Ort ankommen, sondern bei den großen Tourismuskonzernen landen, bereichern hingegen nur einige wenige. Es kommt also auf die Art des Reisens an. Jedoch entsteht ein Großteil der Klimabelastung bei der An- und Abreise, deshalb müssen Fernflüge unbedingt so weit reduziert werden wie nur möglich. Und das gilt auch für innereuropäische Flüge. Zumindest solange der Flugverkehr einen so immens hohen CO_2-Ausstoß hat wie derzeit, denn leider ist der Flugverkehr ein Bereich, in dem keine kurzfristige Lösung in Sicht ist.

Möglichst nachhaltig reisen
~ Respektvoller Umgang mit allen Ressourcen, Menschen und Tieren vor Ort.
~ Dazu gehört:
  • Sich vorher über Land und Leute informieren.
  • So wenig Müll und Verschwendung wie möglich verursachen.

- Eher kleinere Unterkünfte statt riesige Hotelkomplexe wählen.
- Im Vorfeld prüfen, wie nachhaltig die Unterkunft ist. Das *TourCert*-Siegel beispielsweise kann hier hilfreich sein.
- Aber es gibt zahlreiche weitere Möglichkeiten, verantwortungsbewusst zu reisen: Häusertausch (man tauscht sein Haus über eine vorher vereinbarte Zeit mit einer anderen Person oder Familie), *airbnb* (hier darauf achten, dass die Wohnung oder das Haus sonst normal bewohnt ist und nicht nur dem Zweck der Ferienvermietung dient, da das Spannungen auf dem Wohnungsmarkt verursacht).

~ Öffentliche Verkehrsmittel nutzen statt eines Mietwagens.
~ Vor Ort in kleinen Restaurants essen und auf Märkten einkaufen.
~ An keinen Aktivitäten teilnehmen, die auf Kosten von Tieren gehen (wie Delfinarien oder Whale-Watching-Touren – lieber gute Dokumentarfilme schauen und die Tiere in der Natur in Ruhe lassen).
~ Wenn vorhanden, Klimaanlage nur nutzen, wenn es absolut notwendig ist.
~ Edelstahlflasche mitnehmen und, wo immer das möglich ist, Leitungswasser einfüllen und für unterwegs mitnehmen, um so Plastikmüll zu vermeiden.

CHECKLISTE

Wer nicht nur zu Hause rumsitzen, sondern reisen oder unterwegs sein will, verbraucht nun mal einiges an Energieressourcen. Wir haben allerdings die Erfahrung gemacht, dass es mit einem Umdenken auch anders geht und man jede Menge CO_2-Emissionen einsparen kann, wenn man sich seiner ökologischen Verantwortung bewusst ist. Hier noch mal die wichtigsten Tipps zusammengefasst:

~ Das Auto so wenig wie möglich nutzen, stattdessen wann immer möglich laufen, Rad fahren oder öffentlichen Nahverkehr nutzen.
~ Wenn Individualverkehr notwendig ist, Möglichkeiten des Carsharings prüfen oder auf ein E-Auto umsteigen, das nach Möglichkeit mit eigenem Sonnenstrom betankt wird.
~ Langsamer fahren, 130 km/h auf der Autobahn reicht auch.
~ Fahrgemeinschaften bilden.
~ So wenig wie möglich fliegen. Innerdeutsche Flüge nach Möglichkeit ganz meiden und auf die Bahn umsteigen.
~ Kurzflüge generell meiden.
~ Auch Fernflüge sind eine große Klimabelastung und sollten vermieden werden, Ziele in näherer Umgebung suchen.
~ Dienstreisen so weit wie möglich reduzieren, Videokonferenzen sind eine sehr gute Alternative.
~ Urlaube möglichst nachhaltig und mit Respekt für die Umwelt und die Menschen planen. Die selbst zusammengestellte, individuelle Reise ist nachhaltiger als die Flugpauschalreise in riesige Hotelkomplexe.
~ Näher gelegene Tourismusziele suchen, auch Deutschland oder unsere europäischen Nachbarländer haben sehr viel zu bieten.
~ Unvermeidliche Flüge über *atmosfair*, *myclimate* oder andere Anbieter kompensieren.

6 KONSUM – WENIGER IST MEHR

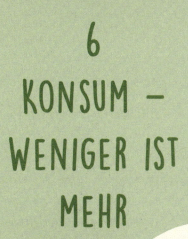

»Immer mehr hilft nicht immer mehr. Immer mehr befriedigt nicht nur etwas in uns, es befeuert auch eine Sorge.«[17]

MAJA GÖPEL

Kleidung macht Klima

Konsum ist in den allermeisten Fällen klimaschädlich. Zumindest kommerzieller Konsum von Neuwaren. Denn alle Produkte, die wir kaufen, müssen erst unter großem Energieaufwand produziert, gelagert und transportiert werden. Nicoles Vater, ein Unternehmer, der einen kleinen Betrieb erfolgreich gegründet und durch das letzte Jahrzehnt gebracht hat, war immer der Meinung, es muss immer mehr konsumiert werden, damit die Wirtschaft weiter und immer weiter wachsen kann. In der letzten Zeit ist er auch etwas ins Grübeln gekommen, ob immer mehr Wachstum wirklich der einzige Weg ist. Ihm stößt es beispielsweise auf, dass im Limburger Raum immer mehr Großgeschäfte und Baumärkte gebaut werden, obwohl von beiden doch bereits mehr als ausreichend vorhanden sind.

Wir haben dazu eine klare Meinung. Wir brauchen nicht immer mehr, wir brauchen eine Wirtschaft, die nicht auf immer weiteres Wachstum aus ist, auf maximale Gewinnsteigerung ihrer Aktionäre, und das in vielen Fällen zulasten der Umwelt. Ökonomie zulasten von Ökologie ist kein Modell, mit dem wir langfristig glücklich werden können.

Nicht nur Kleidung macht Klima. Aber fangen wir mal damit an: Wir Deutschen haben einen sehr hohen Verbrauch an Kleidung. Laut Umweltbundesamt kauft jeder Deutsche pro Jahr und im Schnitt 12–15 Kilogramm Textilien zum Anziehen. Weltweit liegt der jährliche Durchschnitt bei nur acht Kilogramm wir konsumieren also fast doppelt so viel. Und das ist am Ende schlecht fürs Klima, denn die Produktion eins T-Shirts aus reiner Baumwolle verursacht etwa elf Kilogramm CO_2 und verbraucht immens viel Wasser. Kleidung aus Polyester benötigt zwar bei der Herstellung deutlich weniger Wasser, jedoch entsteht laut *Greenpeace* sogar dreimal so viel CO_2, wenn man den fossilen Energieträger zur Polymerproduktion mit einrechnet.

> Für Polyester wird schon bei der Produktion Erdöl benötigt. Die Produktion synthetischer Kleidung hat in den letzten Jahren sehr stark zugenommen. Polyester und andere Kunstfasern, wie Fleece oder Acryl, sind letztendlich Plastik, und bei jedem Waschen gelangen Mikroplastikpartikel in das Abwasser und damit in die Umwelt. Wenn ein Kleidungsstück aus Acryl gewaschen wird, werden bis zu 700 000 Fasern ausgewaschen. Und auch an unsere Haut wird Mikroplastik abgegeben.

Wir haben Polyester, Acryl und Fleece so gut es geht, aus unserem Kleiderschrank verbannt, bis auf ein paar alte Fußballtrikots der Jungs und ein paar Sportshirts. Denn das »Problem« ist, dass diese Kleidung schnell trocknet und einfach sehr praktisch ist, gerade für den Sport. Trotzdem versuchen wir, möglichst nur noch Kleidung aus Bio-Baumwolle oder zumindest Baumwolle zu kaufen. Aber auch Baumwolle hat eine sehr problematische Klimabilanz. Für ihren Anbau werden Pestizide und Dünger eingesetzt, viel Wasser verbraucht und Gewässer verschmutzt. Also gilt auch hier, den Einkauf neuer Kleidung, ob aus Polyester oder Baumwolle, möglichst stark zu reduzieren.

Auch wir besitzen, wie fast jeder Deutsche, zu viel Kleidung. Die Kleiderschränke sind voll. Der Trend zum Minimalismus, auch »Capsule Wardrobe« genannt, mit insgesamt nur 40 Kleidungsstücken (inklusive Socken und Unterwäsche) auszukommen, ist bewundernswert, funktioniert für uns aber leider nicht. Allein die verschiedenen Anlässe lassen es bei keinem von uns zu, mit den immer gleichen Teilen neu kombiniert auszukommen: Wir beide brauchen Kleidung für Büroalltag, für Präsentationen, für Sport und Freizeit. Und wir wollen auch nicht jeden Tag die Waschmaschine laufen lassen. Wir haben einerseits also definitiv mehr Kleidungsstücke im Schrank, als wir unbedingt bräuchten. Andererseits aber liegen wir beide beim Kleidungskauf auch deutlich unter dem Durchschnitt in Deutschland. Das sind nämlich 60 neue Kleidungsstücke pro Jahr, was fünf pro Monat bedeutet, also jede Woche mindestens ein neues Teil.

Uns macht Shoppen, ehrlich gesagt, ohnehin nur bedingt Spaß. Ab und zu schöne neue Kleidung zu haben, finden wir schon gut, aber die soll dann am liebsten ohne viel Aufwand und Zeiteinsatz zu uns kommen. Shoppen als Zeitvertreib ist nicht so unser Ding, wenn man sich in der gleichen Zeit auf dem Tennisplatz austoben kann, spannende Bücher oder Artikel lesen oder mit den Kindern oder Freunden Zeit verbringen kann. Trotzdem sind unsere Kleiderschränke relativ voll, zu voll für unseren Geschmack. Wie kommt das? Kaufen wir doch mehr, als wir denken? Was wir eine Zeit lang gemacht haben, war online shoppen. Das war bequem, abends vom Sofa aus, kurz auf ein paar Webseiten klicken und ein paar Teile bestellen. Aber das ist natürlich überhaupt nicht nachhaltig, mit all den dafür notwendigen Verpackungen und den Fahrstrecken für Lieferung und Retouren. Nur damals war uns das nicht so bewusst, oder, besser gesagt, wir haben es irgendwo im Hinterkopf schon gewusst, aber erfolgreich verdrängt. Das haben wir aber geändert und uns auch mit dem Thema Kleidung und Nachhaltigkeit länger beschäftigt. Und auch hier ist ganz klar: Weniger ist mehr, es muss nicht gleich Askese sein, aber ein bewussterer Umgang mit der Menge, die man wirklich braucht, hilft schon.

Weg von Fast Fashion

Während es früher eine Sommer- und eine Winterkollektion gab, gibt es mittlerweile ein Dutzend Kollektionen pro Jahr. *Greenpeace* spricht sogar von 24 Kollektionen pro Jahr. Dass die Herstellung dieser Kleidung oft unter widrigen Bedingungen stattfindet und auch dass der Umwelt damit Schaden zugefügt wird, ist eigentlich schon seit Längerem bekannt. Besonders schockiert waren wir, als Anfang November 2021 Bilder aus der Atacama-Wüste im Norden Chiles in den Medien die Runde machten, auf denen ganze Berge von Kleidung zu sehen waren. Eine wilde Mülldeponie aus ungetragener Kleidung oder, wie der *Business Insider* schrieb: »Eine Art Friedhof ausrangierter Fast-Fashion-Linien«[18]. 39 000 Tonnen unbenutzter Kleidung, die in den USA und Europa nicht verkauft werden können, landen jedes Jahr in Chile. Und eigentlich ist mittlerweile auch klar, dass wir mit der so produzierten Kleidung auch uns selbst nichts Gutes tun. Denn vor allem die möglichst günstig produzierte Kleidung enthält oft giftige Schadstoffe, die beim Tragen auf uns übergehen können.

Laut *Greenpeace* wird Kleidung, auch bedingt durch den Fast-Fashion-Trend, im Schnitt nur ein Jahr lang getragen. Eine Verdoppelung der Tragezeit auf zwei Jahre würde die durch Kleidung bedingten CO_2-Emissionen schon um 24 Prozent reduzieren. Zwei Jahre Tragezeit, das sollte doch zu schaffen sein, mindestens. Wie viel mehr ließe sich einsparen, wenn wir sie verdrei- oder vervierfachten?

Uns erscheint auch das nicht so schwer. In unseren Kleiderschränken schlummern noch Schätze, die deutlich älter sind. Wir trennen uns nur ungern von Sachen und nutzen Kleidung, solange sie noch in gutem Zustand ist, gerne recht lange. Modetrends waren selten unser Ding. Uns gefallen meistens eher zeitlose Sachen – einfache, eher schlichte Baumwollkleider bei Nicole, unifarbene Pullover bei Maik. Für die Freizeit einfache Jeans und Shirts, für die Arbeit oder Präsentationen braucht Nicole auch mal einen Blazer. Aber auch wir haben schon T-Shirts gekauft, die dann nach einem Jahr unansehnlich wurden, und haben uns darüber sehr geärgert. Wir versuchen daher seit einiger Zeit, den

Neukauf von Kleidung so weit wie möglich zu reduzieren, nicht nur mal eine Challenge von ein paar Monaten oder einem Jahr zu machen, sondern langfristig so wenig und so bewusst wie möglich zu kaufen und die Kleidungsstücke so lange wie möglich zu nutzen.

Den Fast-Fashion-Trend nicht mitzumachen, ist wichtig, denn je mehr Leute das ablehnen, desto besser. Diese offenbar so günstigen Shirts sind oft nur kurze Zeit tragbar. Wenn man ihren Preis runterrechnet auf die Tragezeit, sind sie am Ende meistens gar nicht günstiger als hochwertigere Shirts. Ganz zu schweigen von den versteckten Kosten für die Umwelt. Je mehr Menschen diese vermeintlich billigen Produkte liegen lassen, desto schneller bekommen wir wieder bessere, ökologisch korrekt hergestellte Kleidung, die sehr viel öfter getragen und sogar noch weitergegeben werden kann.

Konsum ist klimaschädlich, deshalb sollten wir alle unseren eigenen Konsum kritisch überdenken. Weniger kann oft mehr sein. Und auch kritischer zu konsumieren, ist wichtig. Wir sind die Konsumenten, für die all die Güter hergestellt werden; was wir verstärkt nachfragen, wird auch verstärkt produziert.

Wir brauchen deshalb Modemarken, die Wert auf Qualität und Langlebigkeit legen und Kleidung entwerfen, die vollständig kreislauffähig ist. Im Moment landet viel Fast-Fashion-Kleidung im Müll, und das meist viel zu schnell. Manchmal auch über den Umweg des Altkleidercontainers.

> Die Märkte für Second-Hand-Kleidung sind – auch durch Fast Fashion – mehr als gesättigt. Es gibt auch schon Länder, die einen Importstopp von Altkleidung verhängt haben, um die lokale Kleidungsproduktion zu schützen. Und auch Recycling findet bei Textilien nur sehr begrenzt statt. In der Regel werden eben keine neuen Kleidungsstücke aus unserer alten Kleidung produziert, sondern sie wird geschreddert und zu minderwertigen Textilien wie Putzlappen verarbeitet.

Seit ein paar Jahren hat sich einiges getan auf dem Kleidermarkt, und die Auswahl an ökologischen Anbietern ist größer geworden. *Hessnatur*, *Armed Angels*, *tentree*, *Loveco* und *Grüne Erde* sind nur ein paar von ihnen. Sie versprechen fair produzierte und nachhaltige Kleidung. Die meisten Stücke sind um ein Vielfaches teurer als in konventionellen Läden, das müssen sie auch sein, weil sie in viel kleinerer Stückzahl produziert werden und nicht mit den günstigsten Materialien, sondern deren ökologischeren Alternativen. So nutzen sie fast ausschließlich Bio-Baumwolle und Naturfasern. Auch auf eine faire Bezahlung für die Näherinnen wird geachtet. Aber nachhaltige Kleidung – gibt es die überhaupt? Letztendlich wird auch für diese T-Shirts CO_2 emittiert und viel Wasser verbraucht. Dennoch ist der CO_2-Ausstoß, etwa bei Bio-Baumwolle, deutlich geringer, es werden keine Pestizide eingesetzt und kein genmanipuliertes Saatgut. Während konventionelle Baumwolle mit ebendiesem angebaut wird und Bäuerinnen gezwungen sind, es immer wieder neu zu kaufen und sich dafür zum Teil verschulden müssen, können sie die Samen der Bio-Baumwolle selbst gewinnen. Allerdings ist es schier unmöglich, die riesigen Kleiderberge, die jedes Jahr produziert werden, alle aus Bio-Baumwolle zu fertigen. Einfach nur die Anbieter zu wechseln, hin zu ökologischen Alternativen, und dann fröhlich in hoher Schlagzahl weiterzushoppen, das ist kein Ausweg. Der Neukauf sollte eigentlich nur dann die Lösung sein, wenn unbedingt ein neues Kleidungsstück benötigt wird, es gebraucht zu kaufen aber keine Option ist. Dabei können ökologische Anbieter helfen, den Schaden für die Umwelt, so gut es geht, zu begrenzen.

Gerade für besondere Anlässe kann es auch eine Alternative sein, sich Kleidung zu leihen, entweder bei Freunden oder über Anbieter wie *Dresscoded*, *Kleiderei*, *Moyonbelle* oder *Modami*. In den letzten Jahren ist das Angebot hier gewachsen. Es gibt verschiedene Leihmodelle, bei denen man entweder eine monatliche Flatrate bezahlt und sich dann eine bestimmte Anzahl von Kleidungsstücken für eine bestimmte Zeit zuschicken lassen kann oder für die Nutzung pro Kleidungsstück bezahlt.

Eine andere sehr ökologische Variante ist es, Kleidung gebraucht zu kaufen. Diese Stücke sind ja bereits produziert, für sie wird also durch den Weiterverkauf kein neues CO_2 emittiert, es werden keine neuen Rohstoffe verbraucht und kein weiteres Wasser verschwendet.

Immer wieder überlegen: Brauche ich dieses Teil jetzt wirklich? Habe ich nicht schon ähnliches bereits im Schrank? Wie oft werde ich es tragen? Kann ich es mir auch leihen oder gebraucht kaufen? Wie ist das Kleidungsstück hergestellt worden? Wie lange wird es tragbar sein?

Gebraucht kaufen als Teil der Lösung

Gebraucht kaufen, das macht Nicole schon länger, vor allem für die Kinder. Entweder auf Kinderflohmärkten oder auch mal über Kleinanzeigen. Die Stimmung auf Kinderbasaren ist immer sehr nett, häufig gibt es noch Kaffee und Kuchen, und ein Besuch bietet sich mitunter als gemeinsamer Familien-Radausflug an einem Samstag an. Zum Glück hat bis jetzt keines der Kinder große Ansprüche an Marken gestellt, und alle finden es völlig in Ordnung, dass die Kleidung gebraucht gekauft wird, auch weil wir natürlich darauf achten, dass die Sachen noch sehr gut erhalten sind.

Alle drei Kinder gehen auch gerne mit auf Kinderbasare oder Flohmärkte, da sie dann meistens noch ein interessantes Buch finden, während sie ungern mit in Kleidungsgeschäfte kommen. Die Einzige, die mit dem Gebrauchtkaufen anfangs ein Problem hatte, ist Nicoles Mutter. Sie fand, dass wir doch genug arbeiten und verdienen, um den Kindern neue Kleidung kaufen zu können. Dass unsere Motivation rein ökologisch ist und wir bewusst weniger neu kaufen wollen, kam

GEBRAUCHT KAUFEN ALS TEIL DER LÖSUNG

erst mal nicht an. Auch nicht der Gedanke, dass Kinderkleidung, die häufig gewaschen wurde, weniger Schadstoffe in sich trägt als neu gekaufte, seien es Schädlingsbekämpfungsmittel aus der Baumwollproduktion oder Mittel zum Bleichen oder Aufhellen.

Mattis hat zum Glück auch gar kein Problem damit, die noch gut erhaltene Kleidung von Yannis anzuziehen, im Gegenteil, er findet es meistens sogar cool, die Sachen von seinem geliebten großen Bruder zu bekommen. Nur bei Hosen klappt das Weitergeben meistens nicht, denn oft sind die nach einiger Zeit an den Knien durchgescheuert. Löchrige Hosen ziehen wir ihnen nicht mehr an. Aber Nicole hat manchmal auch die Hosen kurz oberhalb der Löcher einfach abgeschnitten, und schon waren sie perfekt für den Sommer. Mattis war begeistert, dass er so seine Lieblingshosen doch noch länger tragen konnte, wenn auch in gekürzter Version.

Die Kleider, aus denen die Kinder rauswachsen und die noch gut erhalten sind, verschenken wir an Freunde, so müssen die wiederum keine neue Kleidung kaufen. Mit einer Familie, die ein größeres Mädchen und einen kleineren Jungen hat, haben wir jetzt einfach getauscht: Die noch guten Sachen der Jungs haben wir ihnen für den kleineren Jungen geschenkt und dafür die Kleidung des Mädchens für Maya bekommen. Ein perfekter Tausch: Für den Jungen müssen sie kaum noch was Neues dazukaufen, und wir sind für Maya gut ausgestattet. Ein letzter Tipp, der die Neuanschaffung spart: Etwas ausgeleierte Shirts werden bei uns erst zu Schlafanzugsshirts und wenn sie dann komplett durch sind, zu Putzlappen umfunktioniert.

Bei Maik und Nicole selbst funktioniert das gebraucht Kaufen nicht ganz so gut. Einen Teil unserer Kleidung haben wir zwar gebraucht erstanden, aber das meiste doch eher neu. Als wir noch in Berlin gewohnt haben, schlenderte Nicole sehr gerne über den Flohmarkt am Mauerpark und hat dort auch für sich oft sehr schöne Sachen gefunden. Auch, weil dort viele junge Leute sehr moderne Sachen verkaufen. Bei den Flohmärkten hier in unserer Kleinstadt sieht das leider etwas anders aus, da machen nicht allzu viele jüngere Menschen mit. Und gefallen muss es schon, der reinen CO_2-Bilanz zuliebe wie ein Sack rumzulaufen, wäre an dieser Stelle dann doch zu viel Kompromiss. Maik ist auf Flohmärkte meistens nur mitgegangen, Nicole oder der Kinder wegen. Ein großer Fan war er davon nie. Aber seitdem er sich mit der Produktionsproblematik und den Konsequenzen für Klima und Umwelt auseinandergesetzt hat, will auch er versuchen, mehr gebraucht zu kaufen, und hat *momox* für sich entdeckt. Zwei Jacken und ein T-Shirt, die wie neu aussahen, hat er so erstanden, zu einem deutlich günstigeren Preis und mit einem guten Gewissen.

Für Kinderkleidung schauen Sie sich nach Kinderbasaren in Ihrer Umgebung um. Online wird man beispielsweise fündig bei:
- *ebay-Kleinanzeigen*
- *Mamikreisel*
- *momox*
- *Kleiderkreisel*

~ *Rebelle*

~ *remix*

~ *Second Life Fashion* und vielen mehr

Aber nicht nur Kleidung kaufen wir gebraucht, auch andere Sachen, wie beispielsweise Möbel oder auch Elektrogeräte. Nicole und Yannis haben ein gebrauchtes sogenanntes *refurbished* Handy, und auch Yannis' Laptop haben wir so gebraucht gekauft. Denn es gibt im Internet mehrere Anbieter, die Geräte komplett überholen und dann sogar ein bis zwei Jahre Garantie übernehmen. Selbst ein paar schöne Schränke haben wir gebraucht erstanden.

Langlebiges und kurzlebiges Kinderspielzeug

Besitzen oder Kaufen von neuen Sachen, das ist ein großes Thema zwischen uns und den Kindern. Denn ihnen gefällt es natürlich, wie es für Kinder typisch ist, wenn sie neue Spielsachen geschenkt bekommen. Und sie stellen sich meistens eben nicht die Frage, ob sie das eigentlich brauchen. Konsum ist der Bereich unseres Familienprojektes, in dem wir die meisten Diskussionen mit ihnen hatten und haben. Zum Beispiel darüber, dass wir keine Überraschungseier mehr kaufen wollen, in denen sich billiges Plastikspielzeug befindet, das, wenn überhaupt, drei Tage Beachtung findet und dann irgendwann im Müll landet, genau wie die gelbe Eiverpackung drum herum. Dass wir keine Wundertüten mit unnötigem, billig produziertem Plastikspielzeug mehr wollen. Und auch nicht eines der vielen Kinderheftchen, von denen mittlerweile die meisten in eine Plastikfolie eingeschweißt sind, damit das Plastikspielzeug vorne nicht verloren geht, das aber ebenfalls eine sehr kurze Einsatzdauer hat. Der Comic ist ja nicht das Problem, das Plastik, mit dem um die Aufmerksamkeit der Kinder geworben wird, dagegen schon. Wann hat dieser Quatsch eigentlich begonnen? Wir haben beide als Kinder auch Comics gelesen. Und die funktionierten auch ohne die ganzen Plastikzugaben. Maik hat eine große Sammlung von *Lustigen Taschenbüchern*, die er mehr als drei Jahrzehnte später noch an seine begeisterten Söhne weitergeben konnte.

Natürlich sind wir nicht so weit gegangen, dass wir unseren Kindern nur noch Holzspielzeug erlauben würden. Das kann vielleicht noch bei Kleinkindern ganz gut funktionieren, und da hatten wir auch viel aus Holz. Aber es funktioniert nicht mehr bei Kindern im Alter zwischen fünf und elf. Denn damit hätten wir eine Grenze bei den Kindern überschritten, oder wie Mattis gleich zu Beginn klarstellte: »Wenn ich mein *Lego* nicht mehr haben darf, mache ich bei dem Ganzen nicht mehr mit.«

Das war, ähnlich wie mit den Süßigkeiten, ein kritischer Moment für unser Projekt. Uns war klar, dass wir hier die Kinder sehr schnell verlieren konnten. Wir haben deshalb länger über das Thema Konsum der Kinder und Plastik nachgedacht und beschlossen, zwischen langlebigen und kurzlebigen Spielsachen zu unterscheiden. Langlebiges Spielzeug ist für

LANGLEBIGES UND KURZLEBIGES KINDERSPIELZEUG

uns all das, was in der Regel einige Jahre hält, wie etwa *Duplo*, *Lego*, *Playmobil*, Brettspiele oder Puppen. Kurzlebige Sachen gehen meist nach ein paar Wochen kaputt und landen dann im Müll. Die langlebigen wiederum können nach Gebrauch in der Regel noch weiterverschenkt werden. Damit war das *Lego* der Kinder gerettet, Mayas Puppen auch und die Gemüter waren erst mal beruhigt.

Wir haben hier in unserer Kleinstadt sogar einen *Lego*-Laden, der gebrauchtes *Lego* verkauft – der war eine Zeit lang der absolute Lieblingsshop unserer Jungs. Sie selbst können das *Lego* nur noch schwer weiterverkaufen, da die beiden zwar anfangs nach Anleitung bauen, irgendwann aber lieber eigenen, kreativen Ideen folgen und ganz neue Dinge entwerfen und so alles schön durcheinandermischen. Wer aber ganz viel Zeit und Muße mitbringt, dem sei gesagt, dass *Lego* auf seiner Internetseite die Anleitungen für alle Sets gratis zum Download zur Verfügung stellt und man sie sich so aus der großen »*Lego*-Schatztruhe« im Kinderzimmer auch wieder zusammensuchen kann – zumindest theoretisch.

Ganz war das Problem mit dem Spielzeug aus Plastik noch nicht gelöst. Denn klar, manchmal ist für die Kinder auch eine kurzlebige Kleinigkeit interessant. Da stemmen wir uns dagegen und diskutieren mit ihnen. Wir zeigen, dass wir verstehen, dass ihnen das jetzt gefällt, wir den Sachen aber leider schon jetzt ansehen können, dass sie in ein paar Wochen im Müll landen. Und dass es das doch dann am Ende nicht sein kann, weil dann die Müllberge immer weiter wachsen. Manchmal braucht es etwas Zeit, manchmal gibt es auch aufgebrachte Reaktionen und Gemüter, die sich erst mal wieder beruhigen müssen. Kurz kann auch mal Frust auf das nachhaltige Projekt entstehen. Aber meistens sehen sie es dann doch ein. Und mit jedem Streit um diese Kleinigkeiten wird es weniger schwierig, sie zu überzeugen. Wir versuchen jedes Mal, gemeinsam eine Alternative zu finden, mit der alle leben können. Aber auch wenn wir uns wirklich sehr bemühen, sind wir natürlich nicht perfekt, und auch in unseren Kinderzimmern finden sich noch zu viele Sachen, die wir am liebsten nicht dort sehen würden. Oft, weil es nicht von uns gekauft wurde, sondern die Kinder es geschenkt bekommen haben, aber das ist am Ende nur ein kleiner Trost.

Erlebnisse schenken

Beschenkt zu werden, das ist so eine Sache für sich. Bei den Kindern wegen diversem Plastik-Schnickschnack, aber auch bei uns, wegen der Dinge, die wir nicht wirklich brauchen. Schenken macht Spaß, es zeigt, dass man jemanden schätzt, wenn nicht sogar liebt. Wer schenkt, macht sich deshalb in der Regel Gedanken, versucht originell zu sein, zu überraschen. Nicht jede Überraschung gelingt, das kennt vermutlich jeder. Und für den Beschenkten kann das schon mal unangenehm sein, weil man nicht undankbar erscheinen und die Gefühle des Schenkenden nicht verletzen will. Das ist uns schon oft passiert. Und wenn man eher das Gefühl verspürt, zu viele als zu wenige Sachen zu besitzen, dann kann das schon problematisch werden. Zum Beispiel, wenn viele der wirklich gut gemeinten Geschenke dann am Ende doch nur in einer Schub-

ERLEBNISSE SCHENKEN

lade landen oder als Staubfallen irgendwo mehr oder weniger unnütz herumstehen.

Nicole hat mit ihrer besten Freundin, mit der sie schon seit Grundschulzeiten befreundet ist, deshalb schon vor zehn Jahren beschlossen, dass sie sich nichts mehr schenken, zumindest nichts Materielles. Sie wissen, dass sie eng miteinander verbunden sind, und brauchen deshalb keine Geschenke als Beweis. Wenn sie Zeit zusammen verbringen können – beide leben in verschiedenen Städten, gut 200 Kilometer voneinander entfernt –, ist das das größte Geschenk. Auch zu Maik sagt Nicole immer wieder, dass sie keine Geschenke brauche. Stattdessen versuchen wir uns mit der Unterstützung von Omas und Opas ab und zu mal kinderfreie Wochenenden zu organisieren oder gemeinsam essen zu gehen. Solche Erlebnisse sind am Ende doch viel wertvoller.

Wir versuchen mittlerweile insgesamt, mehr Erlebnisse zu verschenken, Selbstgemachtes oder Sachen, bei denen wir sehr sicher sind, dass es etwas ist, womit der Beschenkte auch wirklich etwas anfangen kann, auch wenn es dann nicht so originell oder die größte Überraschung ist. Das haben wir früher, als wir uns weniger Gedanken über Nachhaltigkeit gemacht haben, nicht so gehandhabt. Da haben wir meist gekauft, was wir für die Person passend fanden, und manchmal leider auch daneben gelegen. Seit wir uns mehr Gedanken übers Schenken machen, versuchen wir, nichts zu kaufen, was nachher irgendwo in der Ecke liegt.

Leihen und teilen

Sachen, die man kurzzeitig braucht, müssen vielleicht auch nicht immer gleich gekauft werden. Leihen kann manchmal eine sehr gute und klimafreundliche Option sein – im Rahmen der Kleidung haben wir das ja schon beschrieben. Wir sind zum Beispiel aber auch Dauergast in unserer Bibliothek. Da gibt es eine super Auswahl an verschiedenen Büchern für Jung und Alt, sogar CDs und Spiele. Die Kinder lieben unsere Besuche dort. Kaum sind wir da, stürmen sie ins Untergeschoss zu den Kinderbüchern, Maya auch gerne mit dem »Einkaufskorb«, und wenig später ist jeder eifrig dabei, auszusuchen, was diesmal unbedingt mitsoll. Wir müssen dann nur aufpassen, dass wir den Berg an Büchern und CDs auch noch mit nach Hause bekommen, denn in der Regel sind wir nicht mit dem Auto dort, sondern mit dem Fahrrad. Da kann es dann schon mal eng werden.

Da sowohl die Kinder als auch wir viel und gerne lesen, müssten wir wohl anbauen, wenn wir die Bücher alle kaufen und behalten wollten. Denn Bücher sind von der reinen Anzahl her unser größter Besitz. Das war bei uns schon als Studenten so: Allein die Bücher sorgten bei Wohnungswechseln immer für einige zusätzliche Umzugskartons und Stöhnen bei allen fleißigen Helfern. Als wir vor vielen Jahren in Berlin unsere erste gemeinsame Wohnung bezogen haben, mussten wir erst mal schauen, wo wir unseren gemeinsamen Bücherschatz unterbrachten. Aber zum Glück finden wir es beide sehr schön, auch im Wohnzimmer komplette Bücherwände zu haben. Freundinnen von Nicole sehen das ganz anders und

LEIHEN UND TEILEN

würden in ihr Wohnzimmer nie Bücher stellen. Wir haben in Büro und Wohnzimmer eine komplette Bücherwand und finden das schön, viel schöner als eine weiße Wand. Allerdings kommen wir trotzdem an unsere Grenzen, rein platztechnisch.

In Bezug auf den Bücherkauf gibt es deshalb manchmal auch Diskussionen zwischen Maik und Nicole. Maik kann in einer Buchhandlung oft nicht widerstehen, findet ständig interessante Lektüre und schleppt immer wieder neue Bücher mit nach Hause, auch wenn er es nicht immer gleich schafft, sie zu lesen. Irgendwann aber bestimmt, davon ist er überzeugt, woran Nicole allerdings zweifelt. Sie findet manchmal, er hätte auch schauen können, ob er das Buch nicht erst mal in der Bibliothek ausleihen hätte können. Manchmal geht es Nicole aber doch auch ähnlich. Denn auch sie liebt es, Bücher im Schrank stehen zu haben, um sie noch ein zweites Mal lesen oder an Freunde verleihen zu können. Dennoch haben wir die meisten Bücher, die wir im letzten Jahr gelesen haben, in der Bibliothek ausgeliehen. Bei den Kindern waren es eigentlich fast alle. So lesen wir und sind froh, dass nach uns noch andere in den Genuss des Buches kommen. Auch Büchertauschecken oder -schränke sind wunderbar und haben wir schon genutzt. Bei Oma und Opa gibt es einen solchen Tauschschrank ganz in der Nähe, man stellt Bücher, die nicht mehr gebraucht werden, hinein und kann sich im Gegenzug andere Bücher mitnehmen.

Und dann gibt es ja noch die Möglichkeit der E-Books. Während Nicole Bücher fast nur in Papierform und nur sehr zögerlich auch mal ein E-Book liest, weil sie es einfach mag, ein Buch in der Hand zu halten und nicht einen Reader, hat Maik in den letzten Jahren auch immer öfter Bücher in digitaler Form gekauft und gelesen. Die gekauften digitalen Bücher haben den Vorteil, dass man auf Reisen immer ein ganzes Bücherregal dabeihaben und so auch schnell mal nachschlagen kann, wenn man es braucht. Maik findet, das geht digital schneller und einfacher, weil man in den Büchern gezielt nach Stichworten suchen kann. Nicole aber hantiert gerne mit Klebezetteln: Ein kleiner Klebezettel, und schon weiß sie, dass das eine wichtige Stelle war, die sie sich später noch mal anschauen will. Das geht digital nicht so einfach.

> Leih-Abos gibt es interessanterweise auch für *Lego*, bei *badoo*. Ein Freund von Yannis, den vor allem der Aufbau nach Anleitung interessierte, hatte dieses Abo eine Weile. Gegen eine monatliche Gebühr bekommen die Kinder dann jeden Monat ein neues *Lego*-Päckchen zugeschickt, das sie aufbauen und dann später wieder zurückschicken können. Auch das ist eine tolle Idee. Für unsere Kinder war es allerdings nicht ganz so geeignet, weil der Aufbau nach Anleitung bei ihnen nur einen kleinen, geringeren Teil am Spielspaß ausmacht und sie lieber ihre eigenen Ideen verwirklichen. Aber man kann ja auch einfach mit Nachbarn oder Freunden eine Leihgemeinschaft bilden. So braucht beispielsweise nicht jeder seine eigene Heckenschere, Rasenmäher oder Bierbänke für Feiern. All das kann man wunderbar teilen.

CHECKLISTE

Konsum macht Spaß, das kennt jede und jeder von uns. Auch bei uns selbst war das lange Zeit nicht anders. Aber wahr ist auch, dass hier eine der größten Stellschrauben liegt, mit der man das eigene Leben nachhaltiger gestalten kann. Hier die wichtigsten Tipps im Überblick:

~ Fast Fashion eine Absage erteilen.
~ Möglichst wenig Kleidung kaufen und diese, so lange es geht, nutzen.
~ Upcycling: Aus löchrigen langen Jeans einfach kurze machen, ältere T-Shirts zu Schlafshirts oder irgendwann zu Putzlappen umfunktionieren und aus alten Jeans Taschen machen. Im Internet finden sich viele weitere Upcycling-Ideen.
~ Kleidung möglichst gebraucht kaufen. Für Kinder funktioniert das wunderbar auf Kinderbasaren oder Flohmärkten. In vielen Städten gibt es auch für Erwachsene sehr schöne Märkte für gebrauchte Kleidung. Ansonsten sind auch *ebay*-Kleinanzeigen, *momox* oder *Kleiderkreisel* eine gute Alternative.
~ Wenn es unbedingt neu sein muss, bei einem nachhaltigen Anbieter schauen, ob das Gesuchte dabei ist. Der höhere Kaufpreis rechnet sich in der Regel durch die längere Tragezeit.
~ Oder auch ein Leihmodell ausprobieren, das gibt es für Kleider mittlerweile von diversen Anbietern, aber zudem auch für viele Spielsachen, wie beispielsweise *Lego*.
~ Andere Sachen, wie Werkzeuge, einfach gemeinsam mit den Nachbarn nutzen und sich gegenseitig ausleihen.
~ Insgesamt Konsum und materielle Güter so weit beschränken wie möglich. Nicht nach dem alten Motto »immer mehr«, sondern dem neuen Motto »immer weniger«. Immer wieder fragen: »Brauche ich das wirklich?«; »Wie lange habe ich daran Freude?«; »Wie ist es hergestellt worden?«.

CHECKLISTE

- Kinderspielzeug: Bei kurzlebigen Sachen, die schnell kaputtgehen und dann im Mülleimer landen, verzichten, eher bei Langlebigem zugreifen. Mit den Kindern sprechen, ihnen immer wieder erklären, warum die kurzlebigen Sachen keine gute Idee sind.
- Mehr Erlebnisse oder gemeinsame Zeit schenken als materielle Güter.
- Wenn Materielles, dann genau prüfen, ob der Beschenkte es auch wirklich braucht – vielleicht ist eine Spende für den *WWF* oder ähnliche Organisationen ja auch eine gute Alternative?
- Bibliotheken nutzen.

REPORTAGE

BALD SIND SIE WEG, FÜR IMMER – DIE GLETSCHERSCHMELZE ALS SINNBILD FÜR DIE KLIMAKRISE

»Gibt es denn noch irgendeine Chance, die Gletscher zu retten?«, fragt Tobias den Gletscher-Experten Wilfried Hagg, als wir auf den schneebedeckten Resten des Zugspitzgletschers stehen. »Nein. Es ist so wie bei einem sterbenden Patienten. Alle Maßnahmen, die wir ergreifen könnten, Planen drüber spannen oder die letzten Gletscherzungen im Sommer künstlich beschneien, würden den Tod des Gletschers nur hinauszögern. Wir doktern an den Symptomen herum, nicht an der Krankheit.« »Was ist die Krankheit?«, frage ich spontan, dabei kenne ich die Antwort: Fieber, der Patient Erde hat hohes Fieber. Klimakrise. Tobias, elf Jahre alt und Kinderreporter an meiner Seite für diese Reportage, ist irritiert von der Offenheit unseres Experten – vor allem aber von seinen deutlichen Worten. Hier oben auf 2900 Metern Höhe wird einem schnell klar, was das besonders Schlimme am Klimawandel ist: Viele Entwicklungen sind unumkehrbar. Wenn die Gletscher einmal weg sind, kommen sie nicht mehr zurück. Man kann den vom Menschen ausgelösten Wandel hier nicht wieder rückgängig machen. Eine deprimierende Wahrheit.

REPORTAGE

Dabei fängt der Dreh so schön an. Die Sonne scheint, das Bergpanorama ist wie gemalt, die Touristen auf der Bergterrasse lassen es sich gut gehen. Es riecht nach süßem Gebäck und Kaffee. Die Luft ist klar, der Himmel blau, kurz: Es ist wahnsinnig schön. Das goldene Kreuz auf der Zugspitze strahlt in der Sonne, und trotzdem kann ich mich nur teilweise freuen. Ich stehe neben Tobias und schaue hinunter auf den Gletscher, auf die Reste, die sich dort unten noch ausbreiten. Und das noch für vielleicht zehn, fünfzehn Jahre. »Dann ist Schluss«, sagt der Gletscher-Experte. »2006 hatte das Eis des Gletschers an der tiefsten Stelle noch etwa 50 Meter. Heute sind es gerade mal 30 Meter. Und die Geschwindigkeit, mit der das Eis geschmolzen ist, hat in den letzten Jahren zugenommen.« Die Gletscher gibt's hier seit 100 000 Jahren. Gemeinsam mit Wilfried Hagg wollen Tobias und ich uns das Ganze mal aus der Nähe ansehen. Der Experte hat einen Eisbohrer im Gepäck, später darf Tobias selbst Hand anlegen. Wilfried Hagg wird ihm zeigen, wie man die Eisschmelze im Laufe eines Tages misst. Vorher wandern wir über Steingeröll und große Felsen den Berg rauf, um oben eine passende Stelle zu finden. Dabei erzählt uns Hagg von seinem Vater, der 1942, mitten im Zweiten Weltkrieg, als 16-Jähriger hier oben war und ein Foto vom Gletscher gemacht hat. Es ist auf einer Metalltafel zu sehen, neben dem Foto von Hagg selbst, das er 2006 gemacht hat. Der Unterschied zwischen den beiden Bildern ist erschreckend.

Hagg beschäftigt sich seit gut 20 Jahren mit den Gletschern und ihrem Verschwinden. »Hat das Verschwinden der Gletscher eigentlich Auswirkungen auf die Menschen, die hier leben?«, will Tobias wissen, und Hagg erklärt, dass es tatsächlich ein Problem ist, wenn die großen Eismassen schnell schmelzen, im Sommer als Schmelzwasser ins Tal stürzen und so zu Hochwasser führen. »Das zweite Problem kommt etwas später, wenn die Gletscher nicht mehr so groß sind. Dann ist kein Hochwasser mehr zu befürchten, aber dann kann es zu Wasserknappheit kommen. Außerdem kann es durch den Rückgang des Eises dazu kommen, dass Felsbrocken aus den Bergen herunterstürzen oder es zu sogenannten Murenabgängen kommt, die Schlamm und Geröll mit sich ins Tal reißen.« Tobias ist die meiste Zeit recht still, aber voll und ganz bei der Sache. Man spürt, wie es in ihm arbeitet.

Als wir an einer kleinen Kapelle vorbeikommen, erklärt uns Hagg, dass es sich um die höchste Kapelle Deutschlands handelt. Fünf Minuten später stehen wir vor einem großen Schneehaufen, der mit einer Plane abgedeckt ist. Hier werden im Herbst Schneehäuser gebaut, als Touristenattraktion. Hagg erklärt Tobias, warum die Folie es tatsächlich schafft, den Schnee vorm Schmelzen zu schützen. Die Sonnenstrahlen werden von der Oberfläche reflektiert, es dringt keine Wärme durch, und so kann der Schnee den Sommer über hier liegen bleiben. Als ich mir eine Handvoll greife, merke ich, dass sich dieser Schnee anders anfühlt, irgendwie körnig. Es ist dieser Schnee, der lange liegt und dann irgendwann zu Gletschereis wird. »Kann man so denn nicht den Gletscher retten?«, will Tobias wissen. Er will das alles hier noch nicht aufgeben. Der Gletscher-Experte schüttelt nur verständnisvoll den Kopf. Zu teuer, zu großer Aufwand.

Mittlerweile laufen wir über den schneebedeckten Gletscher und versuchen, nicht auszurutschen, aber auch eine gute Stelle für den mitgebrachten Bohrer zu finden. Irgendwann wirft Hagg seinen Rucksack hin und baut aus drei Metallstangen und einer scharfen Spitze einen Bohrer, den man mit der Hand und Muskelkraft bedienen kann und der sich Zentimeter für Zentimeter ins Eis frisst. Tobias darf drehen und merkt schnell, wie schwer das ist. Als das Loch tief genug ist, zieht Hagg eine Holzstange aus dem Rucksack und erklärt Tobias, wie man die Gletscherschmelze misst. »Normalerweise bohren wir deutlich tiefer. Mehr als einen Meter. Dann kommt die Holzstange hier rein, und wir messen den Abstand zum Boden.« Das übernimmt Tobias, der eifrig bei der Sache ist. Er lässt sich auf die Knie fallen und setzt das Maßband an. »45 Zentimeter.« Danach bleibt die Holzstange, je nach Messung, für Stunden oder Tage drinnen – die Differenz bei der zweiten Messung gibt so Auskunft über die Schmelze. »Und wie schnell kann das Eis schmelzen?«, will Tobias wissen. »Im Sommer können das unten an den Gletscherzungen schon mal acht Meter an einem heißen Tag sein«, sagt Hagg. »Fünf von dir übereinandergestapelt«, sage ich zu Tobias, und der macht große Augen. »Aber so viele heiße Tage gibt es ja nicht. Also meistens«, versucht Hagg Tobias zu beruhigen.

Später stehe ich wieder neben Tobias, und wir schauen in die Weite, Richtung Italien, auf die majestätischen Berge. Wie klein wir sind. Und welchen großen Einfluss wir Menschen genommen haben. Vor Jahrzehnten musste man hier mit sehr viel Muskelkraft hochklettern. Wir sind in wenigen Minuten mit einer großen Gondel hochgeschwebt. Ich frage mich, ob das nicht auch ein Zeichen dafür ist, dass wir den

Respekt für die Kraft der Natur verloren haben. Während ich darüber nachdenke, merke ich, dass es auch in Tobias arbeitet. »Was nimmst du von diesem Tag mit?«, will ich von ihm wissen. »Es ist schade zu sehen, dass wir die Gletscher vielleicht nicht mehr lange haben und man dagegen gar nichts machen kann. Das ist wie mit vielen Tierarten. Die Gletscher werden aussterben.« »Macht dir das Sorgen?« »Ja! Viele Menschen haben das noch nicht verstanden, vor allem viele Erwachsene nicht«, sagt Tobias und schaut dann auf die schneebedeckten Reste der letzten Gletscher auf dem höchsten Berg Deutschlands.

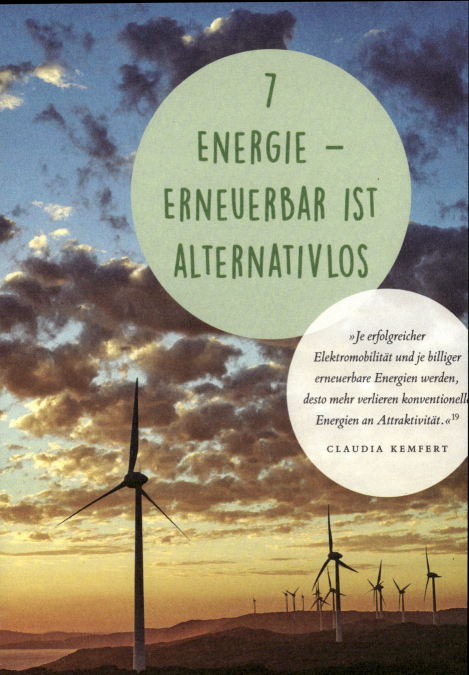

7
ENERGIE – ERNEUERBAR IST ALTERNATIVLOS

»Je erfolgreicher Elektromobilität und je billiger erneuerbare Energien werden, desto mehr verlieren konventionelle Energien an Attraktivität.«[19]

CLAUDIA KEMFERT

Die Wende einleiten

»Aber warum lassen wir dreckige Kohlekraftwerke denn überhaupt noch weiterlaufen, warum nutzen nicht alle Photovoltaik, so wie wir?«, war die Frage unseres Großen, als wir mal wieder über den Klimawandel und die nötige Energiewende sprachen. Für Kinder ist das alles komplett unverständlich. Und vielleicht werden unsere Enkel und Urenkel uns eines Tages fragen, wie es nur sein konnte, dass wir damals so viel Verschmutzung zur Energieerzeugung in Kauf genommen haben.

Klar ist: Die Abkehr von fossiler Energie ist alternativlos, wir müssen so schnell wie möglich raus aus ihr und komplett rein in erneuerbare Energien. Aber kann Deutschland wirklich zu 100 Prozent auf erneuerbare Energie umschwenken? »Ja, es ist technisch möglich, ökonomisch effizient, und es ist auch in kürzester Zeit machbar«[20], sagt Claudia Kemfert, Professorin am Deutschen Institut für Wirtschaftsforschung und eine der führenden Expertinnen auf dem Gebiet der erneuerbaren Energien. Der Ausbau von Wind- und Solaranlagen und der von Speicherkapazitäten muss nur sehr viel schneller passieren, als das bisher der Fall ist. Die nächsten vier bis fünf Jahre werden entscheidend sein. Einer der größten Hebel im Kampf gegen die Klimakrise ist die notwendige Energiewende. Aber warum geht es da eigentlich so

DIE WENDE EINLEITEN

langsam voran? Das liegt zu einem guten Teil an der Förderung der alten Strukturen. Laut Naomi Klein (*Warum nur ein Green New Deal unseren Planeten retten kann*[21] – ein lesenswertes Buch) belaufen sich die direkten Subventionen für die Fossilindustrie weltweit auf 775 Milliarden Dollar jährlich. Eine immense Summe. Und die Europäische Union hat seit 2013 fast 5 Milliarden Euro Steuergelder alleine für Gasprojekte ausgegeben. Wie kann es sein, dass wir immer noch eine Industrie subventionieren, die unsere Zukunft bedroht? Wieso werden diese Subventionen nicht in erneuerbare Energien umgeleitet? Wieso halten wir weltweit an fossilen Energiequellen fest, trotz aller Lasten für die Umwelt, das Klima und für kommende Generationen?

Weil es die günstigsten Energieformen sind, wird häufig argumentiert, oder weil nur sie unseren Strombedarf decken können. Beides stimmt so nicht. Die Folgekosten, die bei der Stromproduktion über Kohle und Gas entstehen, wenn sich ihre CO_2-Emissionen verschärfend auf die Erderwärmung auswirken, werden nicht bewertet oder oft nur viel zu gering. Eine weitere offene Frage ist die ungeklärte Endlagerung von Atommüll im Fall der Kernenergie – auch deren Lasten und Kosten fallen größtenteils in der Zukunft an und spielen beim Strompreis dieser Energieträger heute eine viel zu geringe Rolle. Würden diese zukünftigen Risiken und auch Kosten mit eingerechnet, wäre Strom aus Photovoltaik schon heute die billigste Stromquelle. »Der wesentliche Nutzen der erneuerbaren Energien liegt in den vermiedenen Nebenkosten«[22], schreibt die Energieexpertin Claudia Kemfert. Auf diese Vorteile der erneuerbaren Energien werde aber bei den Diskussionen um die Energiewende zu selten geschaut, stattdessen würden oft die Kosten für den Umbau in den Vordergrund gehoben.

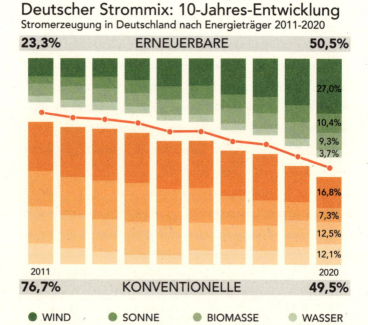

Im Moment reicht die Verfügbarkeit erneuerbarer Energien noch nicht aus, um unseren Strombedarf in Deutschland zuverlässig zu decken, auch wenn der Anteil erneuerbarer Energien in unserem Strommix stetig zunimmt und sie 2020 erstmals mehr Strom produziert haben als fossile oder atomare Kraftwerke: Der Anteil der erneuerbaren Energien am deutschen Strommix lag 2020 bei 50,5 Prozent, 2011 waren es noch 23,3 Prozent. Und auch wenn dies eine große Steigerung ist, reicht sie nicht aus, vor allem da unser Strombedarf mit steigender Elektrifizierung weiterwachsen wird

Führende Wissenschaftler haben aber gezeigt, dass wir durchaus das Potential haben, diesen Anteil signifikant zu steigern und unseren Strombedarf ausschließlich aus erneuerbaren Energien zu beziehen, wenn nur endlich beim Ausbau von Photovoltaik, Windenergie und anderen Quellen sowie bei den Stromnetzen und -speichern die Geschwindigkeit vervielfacht wird. So schreibt auch der renommierte Klimaforscher Mojib Latif: »Ein früherer Kohleausstieg würde die Energiesicherheit in Deutschland in keiner Weise gefährden, wenn er mit einem Zubau an erneuerbarer Energie einhergeht.«[23]

Dieser komplette Ausbau, die Energiewende wird Geld kosten, aber das sind Investitionen in die Zukunft und besser angelegtes Geld als die Subventionen alter, fossiler Technologien. Und wenn wir die Erderwärmung nicht auf unter 2 °C begrenzen können, dann wird uns das noch sehr viel mehr Geld kosten. Denn dann, so prognostiziert der Weltklimarat, müssten wir mit wirtschaftlichen Schäden von rund 69 Billionen Dollar (umgerechnet etwa 61,5 Milliarden Euro) rechnen. Und unsere Welt wird eine andere sein. Wir haben keine Zeit zu verlieren, die Gesundheit des Planeten ist direkt verknüpft mit unserer Lebensqualität, erneuerbare Energien sind unsere Zukunft. Dass man es anpacken kann, zeigt Österreich. Im Sommer 2021 hat sich das Parlament in Wien mit der erforderlichen Zweidrittelmehrheit darauf geeinigt, schon 2030 zu 100 Prozent auf erneuerbare Energien zu setzen. Dafür nimmt das Land Fördergelder von rund einer Milliarde Euro in die Hand.

Neben der Förderung erneuerbarer Energien und dem Zurückfahren der Subventionen für fossile Energieträger gibt es auch eine weitere Möglichkeit, um die Weichen in eine andere, grünere Zukunft zu stellen: über den Markt. Das Prinzip: Der Ausstoß wird teurer, also lohnt es sich für Unternehmen, in klimafreundliche Technik zu investieren. So wird der CO_2-Ausstoß angemessener berücksichtigt, entweder in Form einer CO_2-Steuer oder eines wirklich funktionierenden Emissionshandels. 2005 hat die EU damit begonnen, jedoch anfangs nicht so wirksam, wie man sich das aus Klimaschutzperspektive gewünscht hätte.

Wie funktioniert der Emissionshandel?

Die EU setzte eine Obergrenze für den Ausstoß klimaschädlicher Treibhausgase fest. Dann verteilte sie Zertifikate, die in der Summe diese Obergrenze ergaben, an Betreiber von Kraftwerken und Industrieanlagen, weil diese gemeinsam für rund 45 Prozent der europäischen Treibhausgase verantwortlich waren. Im Laufe der Zeit sollte diese Obergrenze allerdings immer kleiner werden. Der Anfangsfehler war es, dass die CO_2-Verursacher auch Zertifikate aus dem Ausland verwenden durften. Dadurch gab es viel zu viele Zertifikate, der Preis sank drastisch, und die Verursacher mussten ihre Emissionen nicht wirklich reduzieren. Das wurde in den vergangenen

> Jahren korrigiert. Seit 2019 hat sich einiges, jedoch bei Weitem noch nicht genug getan. Der CO_2-Preis wurde 2021 auf 25 Euro pro Tonne festgelegt und soll schrittweise auf bis zu 55 Euro im Jahr 2025 ansteigen. Das ist viel zu wenig, kritisieren zahlreiche Umweltschützer. Dass noch deutlich mehr geht, zeigt ein Blick nach Schweden. Dort gibt es seit 1991 eine sozial kompensierte CO_2-Steuer. Sie liegt bereits bei 115 Euro pro Tonne. Bei Einführung der Steuer kam es auch nicht zu Ausschreitungen oder einer kritischen Spaltung der Bevölkerung, auch weil gleichzeitig die Lohnsteuer gesenkt wurde.

In diesem Jahr, 2022, wird Deutschland die letzten Atomkraftwerke stilllegen. Wegen des schleppenden Ausbaus von Sonne- und Windenergie sind wir deshalb zunächst weiter angewiesen auf Gas- und Kohlekraftwerke. Auch wenn 2020 Wind- und Solaranlagen in Deutschland erstmals mehr Energie als die konventionellen Energien Braun- und Steinkohle, Gas und Öl produzierten, haben wir noch einen weiten Weg vor uns, vor allem, da alle Experten damit rechnen, dass der Strombedarf deutlich steigen wird.

Ausbau von Photovoltaik

Die Sonne in Deutschland schenkt uns im Jahr gut 80-mal so viel Energie, wie wir verbrauchen – das können wir doch nicht einfach so ablehnen. Die geniale Erfindung der Solarmodule gibt es ja bereits, und sie ist in den vergangenen Jahren immer günstiger geworden, wir sollten sie also noch konsequenter nutzen. 2020 lieferten fast 2 Millionen Solaranlagen rund 10 Prozent des in Deutschland produzierten Stroms. Das Erneuerbare-Energien-Gesetz (EEG), das Deutschland 2000 beschlossen hat, machte es erstmals möglich, dass jeder zum Stromproduzenten werden und so ein Teil der Stromversorgung dezentralisiert werden konnte. Jeder, der eine Solaranlage auf dem Dach hat und nicht selbst verbrauchten Strom in das Netz einspeist, bekommt diesen Strom vergütet. Dieses Prinzip haben nach uns zahlreiche Länder übernommen. Damit hat Deutschland eine Vorreiterrolle eingenommen und gezeigt, dass, wenn wir vorangehen und gute Lösungen finden, andere mitziehen.

Deutschland hatte bis 2012 auch eine führende Rolle bei der Produktion der Solarmodule. Leider haben wir die an China abgegeben.

In China wurde die Solarindustrie durch den chinesischen Staat massiv gefördert, während bei uns zu wenig passierte. In Deutschland hatte Photovoltaik in den Jahren 2010 – 2012 ihren Höhepunkt. Vorangetrieben durch das Erneuerbare-Energien-Gesetz

> (EEG) gab es Zuwachsraten von jährlich über 7000 Megawatt. Bis 2010 sind in Deutschland ca. 107 800 Arbeitsplätze in der Photovoltaik-Branche geschaffen worden. Seit 2012 erlebt diese Branche jedoch einen strukturellen Wandel. Preisverfall, Wettbewerbsdruck und hohe Subventionseinschnitte haben zu vielen Pleiten geführt. Infolge des Förderrückgangs von über 64 Prozent brach die Nachfrage drastisch ein. Nach den Anpassungen des EEG-Rahmens 2013 folgte ein massiver Rückgang der Zuwachsraten von über 80 Prozent innerhalb von nur drei Jahren. 2016 ist der Photovoltaik-Zubau mit 1520 Megawatt neu installierter Leistung weit unter das Niveau des Jahres 2008 gefallen. *Solarworld*, der deutsche Hersteller, der in den Anfangsjahren von Rekordjahr zu Rekordjahr eilte, 2008 sogar zum wachstumsstärksten deutschen Unternehmen gewählt worden war, ging 2017 erstmals in die Insolvenz und war dann ein Jahr später endgültig pleite. Davon war 2009 in der Produktionsanlage der Firma in Freiberg überhaupt nichts zu spüren, als Maik vor Ort war, um *Solarworld* für die *Deutsche Welle* zu porträtieren, im Gegenteil.

Deutschland war einmal beim Ausbau der Solarenergie auf einem guten Weg und trat dann auf die Bremse. Heute ist es für Privatpersonen wie uns deutlich weniger rentabel, in Vorleistung zu gehen und eine PV-Anlage aufs Dach bauen zu lassen, die mehr produziert, als man verbraucht. Hätten wir unsere Anlage vor 20 Jahren installiert, hätten wir für 20 Jahre festgeschrieben 50 Cent pro Kilowattstunde bekommen, die wir ins Stromnetz einspeisen, statt – wie jetzt – weniger als 8 Cent. Da lohnt sich die Anschaffung nur, wenn man die Energie hauptsächlich selbst verbraucht und dann nicht den deutlich teureren Strom hinzukaufen muss. Was unseren Sohn Mattis, den Zahlenliebhaber, dazu bringt, öfter mal aufs Tablet zu schauen und uns zu sagen, dass wir jetzt das Auto laden sollten, weil unser Speicher an der Wand doch schon voll sei und wir gerade wieder Strom ins Netz abgeben, für den wir doch zu wenig Geld bekommen. Für uns, wie für viele andere, ist der eigene Eigenverbrauch daher heute entscheidender.

Wir könnten mit der Energiewende hier in Deutschland schon viel weiter sein. Aber der Blick nach hinten hilft nicht, wir müssen nach vorne schauen. Und immerhin: Seit 2018 steigt der jährliche PV-Ausbau wieder. Auch die neue Regierung von SPD, Grünen und FDP hat in ihrem Koalitionsvertrag den Photovoltaik-Ausbau als einen zentralen Baustein für ihre Klimapolitik festgeschrieben. Es soll sogar eine Solarpflicht kommen, verpflichtend für gewerbliche Neubauten, für private Neubauten soll es immerhin die Regel werden, eine Photovoltaik-Anlage zu installieren. Es hat sich ja viel getan, auch bei den Kosten. Die sind mittlerweile so weit gesunken, dass sie zumindest bei Großanlagen unter denen für konventionelle Kraftwerke liegen. Es gibt bereits gute Konzepte, sie müssen jetzt schnell und flächendeckend zum Einsatz kommen. Das *Fraunhofer-Institut* experimentiert auch schon mit Lkw, die mit Photovoltaik bestückt werden können und so Treibstoff sparen und Emissionen reduzieren. Dabei handelt es sich um besonders leichte und effiziente PV-Module. Photovoltaik beschränkt sich nämlich keineswegs nur auf die bekannten Dachmodule, wie man sie glücklicherweise auf immer mehr Hausdächern sieht. Diese Module, die auf die Dachziegel montiert werden, sind nur noch eine Möglichkeit unter vielen. Es gibt mittlerweile auch Systeme, bei denen das komplette Dach aus PV besteht (genannt BIPV) oder einzelne Dachziegel PV-Folien haben. In Deutschland sind diese Systeme weitgehend unbekannt und machen derzeit weniger als 5 Prozent der Dachphotovoltaik aus. In den Niederlanden kommen sie hingegen häufiger zum Einsatz.

Die BIPV-Anlagen sind ästhetisch sehr viel ansprechender, machen jedoch nur bei einem Neubau oder einer Komplettrenovierung des Daches Sinn. Und neue Firmen drängen in den Markt. *Tesla* hat als neues Geschäftsmodell ein Solardach im Angebot. Das komplette Dach des *Tesla solar roof* besteht aus Solarzellen. In Deutschland ist es 2021 eingeführt worden. Nicole hatte darüber Diskussionen mit ihrem Chef, als sie eine Marktstudie zur Photovoltaik machte. Denn er ist fest davon überzeugt, dass es *Tesla* nicht gelingen wird, im Dachbereich erfolgreich zu werden, da sie dort keinerlei Erfahrung haben. Elon Musk sei einfach ein Dreamseller, ein Verkäufer von Träumen, so die Überzeugung des Chefs. Nicole ist sich da nicht so sicher. Das Gleiche wurde von vielen gesagt, als Musk ankündigte, ein Auto zu bauen. Anfangs belächelt, ist der *Tesla* mittlerweile eines der beliebtesten E-Autos – nicht nur in Deutschland. So oder so, in jedem Fall dürfte ein Engagement von Elon Musk auf diesem Gebiet helfen, komplette Solardächer bekannter zu machen.

Darüber hinaus gibt es mittlerweile auch PV-Systeme für die Fassade, die komplett integriert werden, sogar farblich angepasst. Selbst Glasfronten aus PV gibt es. Da ist viel Bewegung im Spiel und das ist auch gut so. Zudem kann man Sonnenenergie ja nicht nur auf und an Häusern einfangen, sondern auch auf landwirtschaftlich genutzten Flächen. Ein spannendes Konzept dafür ist die Agri-Photovoltaik, bei der über landwirtschaftlich genutzten Flächen PV-Trassen gebaut werden. Das sind hoch aufgeständerte Module, die gleichzeitig Schatten für darunter liegende Pflanzen oder weidende Tiere bieten. Zudem gibt es bodennah montierte Module, zwischen deren Reihen landwirtschaftlicher Anbau möglich ist oder Tiere wie Hühner und Ziegen Schutz finden können.

Eine weitere gute Möglichkeit wären PV-Module als Schattenspender etwa für Autos. Allein die zahlreichen größeren Parkplätze in Deutschland würden bei einer Überdachung mit PV-Modulen eine ordentlich Stromleistung bringen. Auch an Verkehrswegen könnte man PV-Anlagen bauen, zum Beispiel an Lärmschutzwänden und sogar beim Fahrbahnbelag wäre das laut *Fraunhofer-Institut* möglich. Und vom Land zum Wasser – denn es gibt auch schwimmende PV-Anlagen, die etwa auf gefluteten Flächen untergebracht werden könnten. Teile der Abbaufläche des Braunkohletagebaus sind bereits geflutet. Was für eine tolle Vorstellung, gerade hier Solarstrom zu produzieren. Das ist keine realitätsferne Idee, weltweit sind nach Angaben des *Fraunhofer Instituts* bereits so viele schwimmen-

AUSBAU VON PHOTOVOLTAIK

den PV-Anlagen installiert, dass schon heute mehr als 1 Gigawatt von ihnen produziert wird – und das Potential liegt um ein Vielfaches höher.

Wir haben letztes Jahr in eine PV-Anlage für unser Dach investiert. In die altbekannten Module, die auf die Dachziegel angebracht werden. Die anderen ins Dach integrierten Systeme kannten wir damals noch gar nicht, aber sie machen derzeit auch nur Sinn, wenn man ein neues Dach baut oder das Dach sowieso renovieren muss. Unsere Module haben eine Leistung von knapp 10 Kilowatt. Wir haben auch einen Speicher, um überschüssige Energie für uns selbst zu speichern und auch dann auf Solarenergie zugreifen zu können, wenn die Sonne gerade nicht scheint. Es ist ein tolles Gefühl, diesen eigenen Beitrag zur Energiewende zu leisten. Seitdem sind wir fast Selbstversorger, und das fühlt sich richtig gut an. Das Auto tanken wir fast ausschließlich mit unserem eigenen Solarstrom. Durch die zu unserer Anlage zugehörige App können wir immer sehen, wie viel Energie gerade erzeugt wird, und richten etwa das Einschalten der Waschmaschine auch danach aus. Natürlich hat nicht jeder ein eigenes Dach zur Verfügung, und es ist auch eine gute Summe, die man erst mal in eine PV-Anlage samt Speicher investieren muss. Aber es gibt auch kleine Systeme, mit denen jeder mit geringerem Kapital seinen Beitrag zur Energiewende leisten und selbst Sonnenstrom ernten kann. Nämlich durch Plug-in-Systeme, auch Balkonmodule oder Stecker-Solargeräte genannt.

Plug-in-Systeme haben eine Nennleistung von bis zu 600 Watt und sind rein zur Eigenversorgung bestimmt. Sie bestehen meist aus ein oder zwei Standard-Solarmodulen und einem Wechselrichter. Das Solarmodul erzeugt aus dem Sonnenlicht elektrischen Strom. Der wird dann vom Wechselrichter in »Haushaltsstrom« umgewandelt und mit einem in der Wohnung vorhandenen Stromkreis verbunden. Man kann das Solarmodul auf dem Balkon, auf einer Terrasse oder einer zur Sonne ausgerichteten Außenwandfläche anbringen und bei Wohnungs- oder Hauswechsel einfach wieder lösen und mitnehmen. Diese Geräte produzieren in der Regel genug Strom, um einen wesentlichen Teil der Grundlast und der Mittagsspitze eines Haushaltes zu decken. Laut Verbraucherzentrale liefert ein Standardsolarmodul mit 300 Watt Leistung, bis zu 200 Kilowattstunden Strom pro Jahr. Bei einem durchschnittlichen Strompreis von 27 Cent bringt das laut Verbraucherzentrale eine jährliche Ersparnis von rund 54 Euro. Solch ein Stecker-Solargerät mit Standardmodul kostet zwischen 350 und 500 Euro und hat sich demnach nach sechs bis neun Jahren amortisiert, während die Module mindestens 20 Jahre lang Strom produzieren können. Und es spart in 20 Jahren rund 2,5 Tonnen CO_2.

Frischer Wind für die Windenergie

Für unsere Kinder gehören Windräder mittlerweile ganz selbstverständlich in die Landschaft. Als Yannis noch klein war und wir vor knapp zehn Jahren von Berlin durch Brandenburg und Sachsen-Anhalt Richtung Heimat fuhren, waren die großen Windräder in der Landschaft noch eine echte Entdeckung. Für Maya und Mattis ist es schon ganz normal, Windräder zu sehen, sie gehören für sie einfach dazu. Das Argument, sie verschandeln die Natur, würden sie wohl gar nicht verstehen. Doch das sehen nicht alle so, an dieser Art der Energieerzeugung scheiden sich die Geister. Während die einen sie vehement als wichtigen Beitrag zur Energiewende befürworten, lehnen sie andere komplett ab, sei es aus ästhetischen Gründen oder aufgrund der Betriebsgeräusche der Rotoren oder auch aus Artenschutzgründen.

Raten Sie mal, welches Land 2020 Vorreiter sowohl bei der Photovoltaik als auch bei der Errichtung von Windenergieanlagen war? Deutschland leider nicht, sondern China. Durch Anlagen mit einem Output von 45 Gigawatt realisierte China alleine 2020 fast die Hälfte der weltweiten Windkraft-Neubauten, und auch in der Photovoltaik ist China führend. In Deutschland geht es dagegen derzeit eher schleppend voran, auch wenn Windkraft 2020 mit 27 Prozent und 132 Terawattstunden die wichtigste Energiequelle im deutschen Strommix war. Und auch im ersten Halbjahr 2021 hat sich der Ausbau beschleunigt, und zwar um 60 Prozent mehr als im Vorjahr. Auch wenn das erst mal positiv klingt: Es ist dennoch viel zu wenig. Das derzeitige Tempo beim Windkraftausbau wird nicht ausreichen, um die Energiewende zu schaffen. Das Problem sind zum einen viele Klageverfahren, entweder aufgrund von Lärmbelästigung oder aber von Bedrohung verschiedener Vogelarten, und zum anderen hindern die Rahmenbedingungen, die einen schnellen Ausbau erschweren. Hier hat die neue Ampel-Regierung Abhilfe versprochen und schnellere Genehmigungsverfahren in Aussicht gestellt. Erneuerbare Energien, wie Wind und Sonne, sollen bis 2030 bereits 80 Prozent des Strombedarfs decken.

Seit 2017 müssen neue Windkraftanlagen bundesweit ausgeschrieben werden. Dadurch wurden viele kleinere Anbieter von den großen verdrängt. Denn in der Folge lieferten sich die Anbieter einen Preiskampf, bei dem viele kleinere Unternehmen aus dem Markt gedrängt wurden. Zudem verhindern die umstrittenen Abstandsregeln einen schnellen Ausbau. So gibt es beispielsweise im größten Bundesland Bayern seit 2014 die sogenannte 10H-Regel. Diese schreibt vor, dass Windkraftanlagen einen Mindestabstand des Zehnfachen ihrer Höhe zur nächsten Wohnsiedlung haben müssen. Da die Windräder in Bayern meistens um die 200 Meter hoch sind, müssen sie nach dieser Regelung zwei Kilometer von den nächsten Wohnhäusern entfernt stehen. Der Ausbau der Windkraft in Bayern ist seitdem fast zum Erliegen gekommen. Bundesweit stand 2020 eine Regelung mit einem Abstand von

FRISCHER WIND FÜR DIE WINDENERGIE

> einem Kilometer für neue Windräder zu Wohngebieten zur Abstimmung. Diese wurde zwar abgewendet, aber jedes Bundesland darf seitdem seine eigenen Regeln treffen. In Nordrhein-Westfalen wurden 2020 die meisten neuen Windräder gebaut. 2021 stimmte NRW dann aber für die pauschale 1000-Meter-Abstandsregelung. Jetzt befürchten Windkraftbefürworter, dass es mit dieser neuen Regelung in NRW sehr viel langsamer vorangehen wird.

Dabei ist gerade die Windkraft von entscheidender Bedeutung, um zusammen mit der Photovoltaik die Energiewende zu realisieren. Zudem sind Windräder eine sehr günstige Energiequelle. Laut *BUND* ist Windenergie an Land zudem die preiswerteste Form von Strom aus erneuerbaren Energien. Die Anlagen holen die für ihre Herstellung nötige Energie in etwa fünf Monaten wieder herein. Eine Windenergieanlage erzeugt während ihrer 20-jährigen Laufzeit bis zu 70-mal so viel Energie, wie für ihre Herstellung, Nutzung und Entsorgung benötigt wird. Zudem können sie kooperativ von Genossenschaften, Stadtwerken oder Eigentümergemeinschaften betrieben werden. Daher stehen heute hinter einem Großteil der Windräder Tausende von Eigentümerinnen und Eigentümern – und nicht die Großkonzerne.

Das Wirtschaftsportal *Bloomberg* schreibt im Sommer 2021: Es ist mittlerweile fast in der Hälfte aller Länder der Welt billiger, neue, große Windanlagen oder Solarfelder zu bauen, als bereits existierende Kohle- oder Gas-Kraftwerke weiter zu betreiben. Was also hält uns auf?

Mattis, Maya und Yannis sind sich in ihrem Urteil einig: Sie finden die Windräder sehr schön und finden es genial, dass sie aus Wind Strom machen. Dass Vögel ihnen zum Opfer fallen können, finden sie natürlich schlimm. Allerdings haben wir uns mal genauer angeschaut, wie gefährlich die Windräder für Vögel sind, auch im Vergleich zu anderen Gefahrenquellen. Es wird geschätzt, dass etwa 100 000 Vögel pro Jahr durch Windräder getötet werden. Laut NABU sterben in Deutschland tausendmal mehr Vögel an Glasfronten von Gebäuden und nochmal fast ebenso viele durch Kollisionen im Straßen- oder Bahnverkehr.[24] Dass wir keine Häuser mit großen Fensterfronten mehr bauen oder nicht mehr mit Zug oder Auto fahren dürfen, fordert aber keiner. Und noch mehr Vögel fallen Katzen zum Opfer, von denen es immer mehr gibt. In den letzten 20 Jahren hat sich ihre Zahl in Deutschland von knapp 7 Millionen mehr als verdoppelt – auf heute fast 16 Millionen. In den USA gehen Studien von weit über einer Milliarde durch Katzen getötete Vögel aus. Klimaschutz und Artenschutz, natürlich ist beides wichtig und muss in Einklang miteinander gebracht werden. In diesem Spannungsfeld bewegen sich auch deutsche Umweltschutzorganisationen. Und trotzdem fordern *BUND*, *Deutsche Umwelthilfe*, *Germanwatch*, *Greenpeace*, *WWF* und *NABU* schon seit Anfang 2020 gemeinsam die Beschleunigung eines naturverträglichen Ausbaus der Windenergie.

Handlungsspielraum für jeden von uns

Was können wir tun? Vor allem natürlich die notwendige Energiewende einfordern, uns bei allen Wahlen gut überlegen, wo das Kreuzchen gemacht wird und wie die Partei ganz konkret die Energiewende schaffen will.

==Die Energiewende ist ein ganz zentraler Punkt im Kampf für den Klimaschutz, ohne Energiewende wird es uns nicht gelingen, die Erderwärmung zu stoppen. Wir haben zahlreiche Lösungen, die erneuerbaren Energien müssen nur sehr viel schneller ausgebaut werden.==

> Robert Habeck, Vizekanzler und einer der beiden Parteivorsitzenden der Grünen, verkündete Ende November 2021 stolz, dass die Ampel mit ihrem Koalitionsvertrag das 1,5-°C-Ziel erreichen werde. FDP-Chef und Bundesfinanzminister Christian Lindner fand sogar noch gewichtigere Worte: »Keine Industrienation wird größere Anstrengungen unternehmen beim Schutz des Klimas. [...] Was politisch und ökonomisch erreichbar ist, ist in diesem Vertrag vertreten.«
> Das klang gut und dürfte vielen Menschen in Deutschland aus dem Herzen gesprochen haben. Nicht nur Vertretern der drei regierenden Parteien. Die wichtigsten Punkte des Vertrags: Ausstieg aus

der Kohleverstromung bis 2030, 80 Prozent erneuerbare Energie, 2 Prozent der Landesfläche sollen für den Ausbau von Windenergie an Land genutzt werden, Offshore-Windenergie soll um 30 Gigawatt wachsen, die bereits angesprochene Solarpflicht soll kommen, Ziel sind 200 Gigawatt Solarstrom bis 2030.

Zwar kamen in den Tagen nach der Vorstellung des Koalitionsvertrags die ersten zweifelnden Stimmen auf. Es gab aber auch Lob. Etwa vom *WWF*, der den Koalitionsvertrag als »solides Fundament« bezeichnete und »gute Schritte in die richtige Richtung« lobte. Die Reaktion der Organisation *Germanwatch* klang ähnlich, vor allem die angestrebte Verdopplung des Anteils erneuerbarer Energien am Strommix wurde hier hervorgehoben und der Kohleausstieg, der durch eine CO_2-Preisstrategie ebenfalls bis 2030 gelingen soll. Kai Niebert, Präsident des *Deutschen Naturschutzrings*, des Dachverbands der deutschen Umweltschutzorganisationen, blickte ebenfalls prinzipiell positiv auf die Klimapläne der neuen Regierung, mahnte aber Tempo an. Zudem bezweifelte er, wie auch andere Experten, dass die Maßnahmen ausreichen, um das 1,5-°C-Ziel wirklich zu erreichen. *NABU*-Präsident Jörg-Andreas Krüger erklärte, ein ökologischer Aufbruch sei so möglich, aber nicht garantiert. Oft fehle es noch an den Instrumenten. Die Klimaaktivisten von *Fridays for Future* gingen noch einen Schritt weiter und warfen

HANDLUNGSSPIELRAUM FÜR JEDEN VON UNS

> den Ampel-Koalitionären vor, sich so bewusst für eine »weitere Eskalation der Klimakrise« entschieden zu haben. Und eine Studie der Berliner Hochschule für Technik und Wirtschaft kommt zu dem ernüchternden Schluss: Die Pläne der neuen Regierung reichen bei Weitem nicht aus, um die Ziele des Pariser Klimaschutzabkommens zu erreichen. Studienleiter Professor Volker Quaschning erklärte, dass Deutschland bereits 2030 eine installierte Photovoltaik-Leistung von 400 Gigawatt erreichen müsse, bis 2035 mindestens 590 Gigawatt. Nur so könne eine CO_2-neutrale Energieversorgung Deutschlands sichergestellt werden. Außerdem bezweifeln einige Klimaexperten, dass es für das 1,5-°C-Ziel ausreicht, die Emissionen bis 2030 im Vergleich zum Jahr 1990 um 65 Prozent zu reduzieren. Es müssten eher 70 Prozent sein, erklärt etwa Niklas Höhne vom *NewClimate Institute*.

Ein weiterer, ganz einfacher Weg für jeden von uns ist der Wechsel zu einem ökologischen Stromanbieter. Laut *Greenpeace* kann ein durchschnittlicher Drei- bis Vier-Personen-Haushalt dadurch im Jahr bis zu 1,9 Tonnen CO_2 einsparen. Das ist ordentlich und mit kaum Aufwand verbunden. Letztendlich ein sehr einfacher Weg, um die notwendige Energiewende auch persönlich voranzutreiben. Ökostrom-Anbieter liefern Strom aus erneuerbaren Energien und helfen damit, die Abkehr von Kohle- und Nuklearkraftwerken zu beschleunigen.

Im Moment wird ja auch immer wieder diskutiert, ob die Atomkraft nicht das Klima retten kann, weil sie angeblich kein CO_2 freisetzt. Doch das stimmt so nicht, denn was ist mit dem Abbau von Uran? Was mit der Produktion der Kraftwerke und dem Rückbau? Dabei werden enorme Mengen an Treibhausgasen freigesetzt. Mehr als bei Sonnenkraft oder Windanlagen. Trotzdem setzt etwa Bill Gates, der sich viele Gedanken darüber gemacht hat, wie man die Klimakrise bewältigen könnte, teilweise auf neue Kernkraftwerke, sogenannte *small nuclear reactors*. Er meint mit seiner Firma *TerraPowers* ein Modell entwickelt zu haben, mit dem sich alle Probleme der Kernkraft lösen ließen und sie sich selbst mit Atommüll betreiben lasse. Doch diese Anlagen haben noch keine Serienreife erlangt, und sie sind vergleichsweise teuer, wenn man die Bau- und Investitionskosten auf die Stromproduktion runterrechnet. Und so sehen es viele Wissenschaftler anders als Gates. Es könnte also sein, dass diese neuen, kleinen Reaktoren erst dann so weit sind, wenn wir die Energiewende längst geschafft haben sollten. Auch daher ist es sinnvoller, lieber gleich auf eine Energieform zu bauen, die nicht »nur klimafreundlich«, sondern auch noch günstig, sicher und umweltschonend ist und möglichst schnell verfügbar sein kann. Dann aber ist die Atomkraft raus. Denn sicher und günstig ist sie nicht. Fukushima hat uns 2011 gezeigt, welches Risiko wir mit ihr eingehen. Energieexpertin

HANDLUNGSSPIELRAUM FÜR JEDEN VON UNS

> Claudia Kemfert gibt die nötigen Investitionen für ein neues Atomkraftwerk mit 1000 Megawatt Leistung mit rund 5 Milliarden Euro an. Und dann ist da ja auch noch die teure Suche nach sicheren Endlagern, in denen der Atommüll für Zehntausende Jahre gelagert werden muss – heute Strom zu erzeugen, dessen Folgen noch etwa 30 000 Generationen nach uns beschäftigen wird, das ist nicht wirklich rational. Vor allem nicht, wenn uns mit Solar- und Windstrom günstige, sichere, klima- und umweltfreundliche Technologien zur Verfügung stehen.
> Und wenn wir die Atomenergie als Brückentechnologie einsetzen würden, wie oft gefordert wird, dann würde das den Ausbau der erneuerbaren nur unnötig verlangsamen. Ganz zu schweigen von der Tatsache, dass es sich zeitlich einfach nicht ausgeht, denn ein Bau neuer Anlagen dauert gerne mal zehn Jahre, wir werden aber neue Energieformen bereits in den nächsten drei Jahren dringend brauchen.

Beim Wechsel zu Ökostrom ist es wichtig, genau hinzuschauen. Denn es gibt auch einige »Ökostrom-Anbieter« die eigentlich zu den großen Atomkonzernen gehören. Und auch wenn diese Sparten Strom aus regenerativen Energiequellen beziehen, gehören sie letztendlich doch zu Anbietern, deren Haupteinnahmequellen anderswo liegen und die die Energiewende zumindest verlangsamen. Deshalb sollte die Wahl besser auf reine Ökostrom-Anbieter fallen, die erneuerbare

Energien aktiv ausbauen. Dazu gehören beispielsweise die *Bürgerwerke*, *Greenpeace Energy*, *EWS Schönau*, *Naturstrom*, *Lichtblick* und einige mehr. Portale wie *Utopia* können bei der Auswahl behilflich sein, weil sie zeigen, welche Ökostromanbieter besonders gut sind.

Wir sind vor zwei Jahren zu den *Bürgerwerken* gewechselt, und es war wirklich sehr einfach: ein paar Klicks, ein bis zwei Anrufe, fertig. Ein Zeitaufwand von nur zehn Minuten.

Dann gibt es noch weitere einfache Maßnahmen, die wir umgesetzt haben und die weder Verzicht noch viel Arbeit mit sich bringen und dazu beitragen, viel CO_2 und Wasser einzusparen. Hier ein paar zentrale Energiespartipps:

Zu einem Ökostrom-Anbieter wechseln
Kostet wie beschrieben nur wenige Minuten, hat einen großen Nutzen als Investition in die Energiewende.

Abschaltbare Steckdosen – kein Standby
Um unseren Stromverbrauch zu reduzieren, haben wir per WLAN gesteuerte Steckdosen installiert, die man auf bestimmte Uhrzeiten programmieren kann, aber auch bequem von unterwegs ausschalten kann, wenn man das mal vergessen haben sollte. Das kann man natürlich auch mit klassischen Zeitschaltuhren machen. Wichtig ist es, den Standby-Modus zu verhindern – denn der kleine rote Punkt am Fernseher bedeutet ja: Hier wird immer noch

Strom verbraucht, obwohl gar keiner guckt. Und auch Handy-Ladegeräte sind durstig nach Elektrizität, selbst wenn kein Handy dranhängt. Bei uns heißt »fertig mit der Arbeit« jetzt immer auch »Steckdose aus«. Man kann natürlich auch einfach die Stecker ziehen, abschaltbare Steckdosenleisten nur bei Bedarf einschalten oder Handyladekabel nicht in der Steckdose lassen, sondern nur anstecken, wenn Smartphone, Tablet und Co. tatsächlich geladen werden sollen. Computer nicht im Stand-by-Modus lassen, sondern abends herunterfahren.

LED statt Glühbirnen

LED-Leuchtmittel brauchen bis zu 90 Prozent weniger Energie als herkömmliche Glühbirnen. Der Austausch geht superschnell, die LEDs sind mittlerweile nicht mehr teuer und das Einsparpotential immens. Gut für den Geldbeutel und gut für die Umwelt. Und es gibt LEDs mittlerweile auch in warmen Tönen. Je niedriger die Kelvinzahl, die die Farbtemperatur angibt, desto wärmer ist das Licht.

Wäsche nicht zu heiß waschen und zum Trocknen aufhängen, statt in den Trockner

Nur Handtücher, Unter- und Bettwäsche und stark verschmutzte Kleidung waschen wir bei 60 °C. Das ist meist nur eine Maschine pro Woche für uns als fünfköpfige Familie. Wir warten immer, bis die Maschine voll ist. T-Shirts, Socken, Pullis und Hosen waschen wir bei leichter Verschmutzung nur bei 30 °C. Und wenn die Jungs ihren Pulli oder ihre Hose nach einmaligem Tragen in den Wäschebeutel stecken, was häufiger der Fall ist, wandert der auch erst mal ohne Wäsche zurück in den Schrank – natürlich nur, wenn er noch sauber ist (was aber recht oft der Fall ist, sie haben häufig das Gefühl, dass ihre komplette Wäsche in die Waschmaschine muss). Und zum Trocknen wird die Wäsche entweder im Garten oder im Bad aufgehängt, denn Wäschetrockner sind wahrhaftige Stromfresser. Laut *Greenpeace* spart das 330 Kilogramm CO_2 pro Person und Jahr.

Die Kühlschranktemperatur erhöhen
Bei den meisten Kühlschränken ist 5 °C voreingestellt. Dabei reicht auch eine Kühlung von 7 °C und hilft zudem, CO_2 einzusparen. Den Kühlschrank möglichst selten und möglichst kurz aufmachen. Deshalb nach einem Einkauf oder nach einem Essen immer erst mal alle Sachen sammeln, die in den Kühlschrank geräumt werden müssen, und dann Kühlschranktür auf, schnell einräumen und Tür wieder zu.

Raumtemperatur herunterfahren
Umgekehrt ist es bei der Heizung im Winter. Statt die Raumtemperatur auf Frühlingswerte hochzufahren, haben wir es uns angewöhnt, im Winter einen

dicken Pulli anzuziehen und die Heizung um ein Grad herunterzufahren. Im Schlafzimmer kann man es noch kühler einstellen.

Stoßlüften statt gekippte Fenster
Alle zwei bis drei Stunden einmal kräftig lüften statt permanent gekippter Fenster. In sehr gut gedämmten Häusern kann die Investition in eine Lüftungsanlage sinnvoll sein.

Energieeffiziente Geräte kaufen
Beim Neukauf von Geräten auf deren Energieverbrauch zu achten, spart Geld und Energie. Es empfiehlt sich, möglichst kleine Geräte zu wählen, die einen niedrigen Energieverbrauch haben. Mit Hilfe energieeffizienter Geräte lässt sich viel erreichen. Dabei ist das Energielabel der EU hilfreich. Beim Kauf neuer Geräte hilft zudem ein Blick auf die Seite *ecotopten.de* des Öko-Instituts. Sie ist komplett herstellerunabhängig, werbefrei und empfiehlt für viele Produktgruppen wie Fernseher, IT-Geräte, große und kleine Haushaltsgeräte oder Heizenergiegeräte besonders stromsparende Produkte, die zudem noch geringere Gesamtkosten haben als weniger effiziente Geräte.

Passende Kochtopfgröße und Deckel drauf
Auch durch die Wahl eines passenden Kochtopfes zum Kochen, also weder zu groß noch zu klein, und

den passenden Deckel darauf lässt sich CO_2 einsparen.

Wasser im Wasserkocher erhitzen

Früher haben wir Wasser immer im Topf erhitzt und hatten gar keinen Wasserkocher, weil wir die Anzahl an Geräten, die in der Küche herumstanden, minimieren wollten. Allerdings haben wir uns da geirrt, denn das ist nicht besonders nachhaltig. Also haben wir uns einen Wasserkocher aus Edelstahl gekauft. Damit sparen wir jetzt einige weitere Kilogramm CO_2 pro Jahr.

Energieberatung in Anspruch nehmen

Viele weitere individuelle Tipps kann eine Energieberatung bringen. Die gibt es von der Verbraucherzentrale und sie kann entweder telefonisch oder, was noch sinnvoller ist, direkt vor Ort stattfinden. Auf einen Termin muss man manchmal lange warten und einige Momente in der Telefonwarteschleife tolerieren, aber es lohnt sich. Dort kann man sich auch beraten lassen, ob das Haus ausreichend gedämmt ist und, falls nicht, welche Maßnahmen zur energetischen Sanierung sinnvoll wären. Auch kann man sich dazu beraten lassen, ob und welche neue Heizung sinnvoll wäre. Denn das flächendeckende Heizen mit Gas oder Öl muss aufhören, besser früher als später.

Und dann hoffen wir auf neue Technologien. Vielleicht werden eines Tages unsere Straßen mit PV ausgestattet, und die Autos laden sich beim Fahren selbst auf. Es ist so vieles möglich, und es wird noch viel mehr möglich werden – wenn immer mehr Menschen auf die notwendige Energiewende pochen.

Virtueller Wasserverbrauch

Auch Wasser wird mit dem eintretenden Klimawandel knapper. Einige Experten gehen sogar davon aus, dass Wasserknappheit in Zukunft als kritischer Parameter die CO_2-Konzentration ergänzen, für die Wirtschaft eventuell sogar *der* kritische Parameter werden wird. Besonders von Wasserknappheit betroffen sind Entwicklungsländer, insbesondere in Nordafrika oder Indien. Der Klimawandel verstärkt diese Ungleichverteilung noch, tendenziell haben südlichere Länder immer mehr mit Trockenheit zu kämpfen, nördliche Länder in der Regel weniger. Aber auch hier gab es in manchen sehr heißen Sommerwochen bereits Wasserknappheit, und dies wird weiter zunehmen. Deshalb ist auch ein sparsamer Umgang mit Wasser notwendig.

Beim Wasserverbrauch denken die meisten vermutlich erstmal spontan an das von uns direkt verbrauchte Wasser, das wir zum Waschen, Trinken oder Kochen verwenden. Aber auch bei der Herstellung verschiedener Produkte wird Wasser verbraucht, diesen Wasserverbrauch bezeichnet man als virtuelles Wasser. Und er ist deutlich höher als der direkte Wasserverbrauch. Jeder Deutsche verbraucht im Durchschnitt 123 l Wasser täglich, rechnet man den virtuellen Wasserverbrauch mit ein, sind es über 4000 l. Die Ungleichverteilung wird durch diesen virtuellen Wasserverbrauch noch zusätzlich verstärkt, denn viele Produkte werden in Ländern produziert, die ohnehin schon mit Wasserknappheit zu kämpfen haben.

> Der größte Teil unseres täglichen, direkten, also nicht virtuellen Wasserverbrauchs entfällt auf das Duschen und Waschen, danach auf die Toilettenspülung, das Händewaschen, Putzen und den Garten, Geschirrspülen und erst an letzter Stelle auf das Trinken und Kochen. Beim virtuellen Wasser, auch Wasser-Fußabdruck genannt, wird zwischen »grünem« und »blauem« Wasser unterschieden. Als »grün« gilt Boden- und Regenwasser. Als »blau« wird Wasser bezeichnet, das zur Herstellung von Produkten wie Lebensmitteln oder Textilien aus Grund- und Oberflächengewässern entnommen wird. Zum blauen Wasser zählt auch Wasser, mit dem Landwirte Felder und Plantagen bewässern.

Deshalb gilt auch hier, den Konsum von Gütern mit einem sehr hohen virtuellen Wasserverbrauch so gut wie möglich einzuschränken. Hier ein paar Tipps:

Einsparungen bei virtuellem Wasserverbrauch

Generell gilt für das Einsparen von Wasser, ähnlich wie bei CO_2-Einsparungen, am besten so wenig und so bewusst wie möglich zu konsumieren und neu zu kaufen. So oft wie möglich bereits gebrauchte Güter erwerben oder eigene Produkte so lange wie möglich nutzen.

Ein PC hat beispielsweise einen virtuellen Wasserverbrauch von 20 000 l. Das ist immens. Viele Rohstoffe können nur unter großem Wasseraufwand gewonnen werden, und der Abbau ist mit hohen ökologischen Schäden verbunden. Hier gibt es keine Alternative dazu, PCs, aber auch Laptops und Handys gebraucht zu kaufen. Es gibt einige Hersteller im Internet, die sich darauf spezialisiert haben, alte Geräte wieder so aufzubereiten, dass sie problemlos weitergenutzt werden können.

1 kg Rindfleisch verbraucht 15 400 l virtuelles Wasser. Ein weiterer Grund, möglichst wenig Rindfleisch zu verzehren. Gleichzeitig hat Rindfleisch auch, wie in Kapitel 3 aufgezeigt, eine sehr schlechte CO_2-Bilanz. Deshalb: Wenn Fleisch auf den Teller soll, eher auf Hühner- oder Schweinefleisch aus Bio-Zucht zurückgreifen.

Eine Jeans verbraucht 8000 l Wasser. Deshalb reichen vielleicht auch drei oder vier Jeans statt sieben oder acht im Kleiderschrank. Zudem kann überlegt werden, Jeans auch gebraucht zu kaufen. Jeans mit Löchern können zu kurzen Hosen umfunktioniert werden.

Einsparungen bei direktem Wasserverbrauch: Spülmaschine nutzen und so wenig wie möglich mit der Hand waschen

Und jetzt erst mal eine gute Nachricht: Die Spülmaschine verbraucht deutlich weniger Wasser als der Abwasch mit der Hand. Deshalb ist es sinnvoll, sie immer komplett vollzumachen und dann im Öko-Modus laufen zu lassen. Das spart eine Menge Wasser und Energie. Das Kurzprogramm wiederum sollte man meiden, denn es verbraucht besonders viel Energie.

Duschen statt Baden

Beim Baden wird bis zu fünfmal so viel Wasser verbraucht wie beim Duschen. Deshalb lieber duschen als baden, und nicht endlos lange. Wir haben in unserem Haus erst gar keine Badewanne eingebaut, das spart zudem Platz im Badezimmer.

Hände mit kaltem Wasser waschen

Um Wasser zu erhitzen, wird Energie verbraucht. Deshalb ist es sinnvoll, beim Händewaschen und Zähneputzen einfach kaltes Wasser zu nehmen. Und auch nicht zu heiß zu duschen.

Abgestandenes Teewasser für Zimmerpflanzen

Grüner Tee und Kräutertee, der in der Kanne übrig geblieben und abgestanden ist, eignet sich bestens zum Gießen der Zimmerpflanzen. Das Gleiche gilt

> für Wasser, das sich schon zu lange in den Edelstahlflaschen der Kinder befindet, aber auch Wasser vom Salatwaschen oder Ähnlichem kann man so gut weiterverwenden.

Auch unser Geld kann nachhaltig arbeiten

Mit der Entscheidung, wie wir unser Geld investieren und wo wir unsere Konten haben, können wir einen wesentlichen Beitrag zur Energiewende leisten. Vor einiger Zeit haben wir deshalb unsere Bank gewechselt und sind jetzt bei der *GLS Bank*. Wir hatten das schon länger vor, aber irgendwie dachten wir immer, dass der Aufwand zu groß wäre, und hatten auch Bedenken, dass wir nicht alle Daueraufträge und Lastschrifteinzüge ordentlich mit rüberbekommen und dass das Online-Banking oder die App auf dem Smartphone nicht richtig funktionieren könnte. Es lief ja alles reibungslos. Die Geheimzahlen der alten Bank hatten wir im Kopf, wir brauchten uns um nichts zu kümmern.

Aber eigentlich war uns schon klar, dass wir das so auf Dauer nicht wollten. Denn konventionelle Banken wählen nicht unter nachhaltigen Aspekten aus, in welche Branchen und Firmen sie investieren. Fossile Energie wird dabei häufig weiter gefördert. Atomkraftwerke, Kohlekraftwerke, aber auch Waffenhandel oder Nahrungsmittelspekulation – all das ist bei konventionellen Banken nicht ausgeschlossen. Öko-Banken dagegen investieren ihr und damit ja auch unser Geld, auf Basis von Nachhaltigkeitskriterien, und das sowohl unter ökologischen als auch sozialen Aspekten. Sie bremsen die Energiewende nicht, sondern helfen dabei, sie zu beschleunigen, und agieren mit kompletter Transparenz. All das spricht am Ende für einen schnellen Wechsel und gegen die eigene Trägheit.

Öko-Banken nehmen zwar eine monatliche Kontoführungsgebühr, aber mittlerweile machen das ja auch viele konventionelle Banken oder werden es in Zeiten von Niedrigzinspolitik früher oder später tun. Auch bei den Öko-Banken hat man übrigens eine gute Auswahl. In unserer engeren Auswahl waren die *GLS*, *Triodos* und die *Ethikbank*. Alle drei schließen explizit aus, dass mit ihrem und damit unserem Geld in Waffen und Rüstung, Kinderarbeit, Arbeitsrechtsverletzungen, Atomkraft, fossile Brennstoffe, industrielle Tierhaltung oder Glücksspiel investiert wird. Alle drei kooperieren mit Volks- und Raiffeisenbanken, sodass an all deren Automaten kostenfrei Geld abgehoben werden kann. Und mittlerweile kann man ja auch in vielen Supermärkten beim Einkaufen sehr einfach und ohne Gebühr Geld abheben.

Letztendlich ging der Wechsel viel leichter, als wir dachten, denn die neue Bank bietet einen Kontowechselservice an und informiert alle Zahlungsträger über die neue Bankverbindung. Wir selbst mussten uns da überhaupt nicht drum kümmern. Selbst die Kontoeröffnung ging ganz einfach. Wir mussten nicht mal für ein Postident-Verfahren zur Post fahren, was ja für berufstätige Menschen immer etwas schwierig ist, da die Öffnungszeiten in die Arbeitszeiten fallen. Alles lief über Videotelefonie, der Ausweis musste unter Anwei-

AUCH UNSER GELD KANN NACHHALTIG ARBEITEN

sung vor der Kamera hin und her gedreht werden, und in weniger als fünf Minuten war alles erledigt. Und mal ehrlich: Sich eine neue Geheimzahl zu merken, ist dann letztendlich ja auch unproblematisch. Unser Fazit: Wir hätten es schon viel früher machen sollen. Aber besser spät als nie, und so arbeitet unser Geld jetzt auch für eine nachhaltigere Zukunft.

Wer Geld anlegen kann und will, der sollte sich erst gut informieren. Nachhaltige Geldanlagen werden immer populärer. Ähnlich wie beim Girokonto besteht der Grundgedanke darin, dass das eigene Geld für eine nachhaltige Zukunft arbeiten soll: Durch Investitionen in die Energiewende, durch gezielte Förderung nachhaltiger Projekte, durch Ausschluss von Firmen, die mit Kinderarbeit, Waffenhandel oder Ähnlichem ihr Geld verdienen. Stattdessen soll die Investition ökologischen, ethischen und sozialen Standards entsprechen. Meist spricht man dabei von »ESG-Kriterien«: E für »Environmental«, also ökologische Standards, S für »Social«, also soziale Verantwortung, und G für »Governance«, also werteorientierte Unternehmensgrundsätze. Ein großes Problem hierbei ist die nicht einheitliche Bewertung. Für Geldanlagen gibt es, anders als für Lebensmittel, leider kein grünes Gütesiegel, weshalb man schon genauer hinschauen muss.

Bei nachhaltigen Fonds gibt es vier Kriterien, die entweder einzeln oder auch kombiniert angewendet werden:

> **1: Ausschlusskriterien**
> Mit Hilfe von Ausschlusskriterien wird verhindert, dass ein Fonds oder ETF in Aktien oder Anleihen

von Unternehmen investiert, die in Sektoren wie Öl, Kohle, Atomkraft oder auch Waffenhandel ihr Geld verdienen oder die Kinderarbeit oder Menschenrechtsverletzungen tolerieren.

2: Best-in-Class-Ansatz
Nach diesem Ansatz werden innerhalb einer Branche nur Aktien oder Anleihen von Firmen gekauft, die in ihrer Branche am besten in Bezug auf die Nachhaltigkeit abschneiden. Hier können beispielsweise aber auch Unternehmen aus der Chemieindustrie hinzugezählt werden, die innerhalb der Chemieindustrie mehr auf Nachhaltigkeit achten. Manche würden Sie vermutlich nicht wirklich als nachhaltige Firmen bezeichnen.

3: ESG-Themen-Investments
Hierzu zählen Fonds oder ETFs, die den Schwerpunkt auf erneuerbare Energien, Energieeffizienz, Wassermanagement oder aber Gesundheit und Bildung legen.

4: Dialog und Engagement
Damit ist gemeint, dass Fondsgesellschaften und Vermögensverwalter ihren Einfluss in Form von ihren Stimmrechten nutzen können, um die Firmen im Dialog zu einer Verbesserung ihrer Umwelt- oder Sozialstandards zu führen. Ob das im Einzelnen immer funktioniert, ist zumindest fragwürdig.

> Dennoch können diese Kriterien, insbesondere die Ausschlusskriterien, dabei helfen, die Geldanlage nachhaltig zu gestalten. Man spricht in dem Zusammenhang auch von »Deinvestment« in fossile Energie.

Natürlich bewirkt die Anlage eines Kleinanlegers für sich allein nicht viel, jedoch in der Summe werden entscheidende Botschaften an börsennotierte Unternehmen gesendet. Statt Abwendung von Firmen, die in fossilen Energien tätig sind, gibt es auch das direkte Investieren in Firmen, die sich im Bereich erneuerbarer Energien engagieren. Die ersten Solar- und Windanlagen in Deutschland wurden beispielsweise von Investoren finanziert, und nur so konnten diese Energieformen weiterentwickelt werden.

> Wer unsicher ist, der findet beispielsweise bei *Morningstar* Ratings, die bei der Entscheidung hilfreich sein können. Mehr Informationen gibt es auch im Ratgeber der *Stiftung Warentest* »Nachhaltig Geld anlegen«.

Kryptowährungen wie Bitcoins sollten keine Alternative bei der Geldanlage sein. Ein Bekannter von Maik schwärmte von den vermeintlich so tollen Renditen dieser modernen Geldanlage. Maik kam mit dieser Idee nach Hause und meinte, wir könnten ja mal darüber nachdenken. Als wir uns dann informierten, entdeckten wir aber sehr schnell, dass es überhaupt keine gute Idee ist, denn um Bitcoins zu erzeugen, wird sehr viel Energie benötigt. Für das sogenannte »Mining« oder auch Schürfen sind viele Rechenoperationen notwendig, die wiederum ungeheure Mengen an Energie verschlucken. Für eine Bitcoin-Transaktion werden laut *Statista* im Schnitt 741 Kilowattstunden benötigt. Nur zum Vergleich: 100 000 Transaktionen von Visa-Karten verbrauchen gesammelt nur 149 Kilowattstunden. Der Energieverbrauch für das Handeln mit dieser Kryptowährung ist bedenklich. Genauso hoch wie der gesamte Energieverbrauch von Norwegen! Und die Bitcoin-Rechenzentren stehen hauptsächlich in China, wo der Strom hauptsächlich durch fossile Energiequellen gewonnen wird. Aus ökologischer Sicht ist die wachsende Popularität dieser Anlageform deshalb ein echtes Desaster.

CHECKLISTE

Die Energiewende muss und wird kommen, davon sind wir überzeugt. Wie lange es bis dahin aber noch dauert, das ist schwer zu sagen. Um sie voranzutreiben und um zudem im privaten Umfeld die Energieverschwendung zu reduzieren und den Ausbau erneuerbarer Energien zu unterstützen, kann man aber einiges tun. Hier unsere wichtigsten Tipps im Überblick:

- Sich für die Energiewende starkmachen, sie einfordern, die eigene Stimme erheben.
- Von Parteien fordern, dass sie die Energiewende aktiv angehen, und wenn nötig demonstrieren.
- Zu einem Ökostrom-Anbieter wechseln, aber vorher gut informieren, ob es ein Anbieter von hundertprozentigem Ökostrom ist.
- Als Hausbesitzer über eine Investition in eine Photovoltaik-Anlage nachdenken.
- Alternativ eine Plug-in-Lösung in Betracht ziehen, die nur ein paar Hundert Euro kostet und sich nach etwa sechs Jahren amortisiert.
- Eine Energieberatung in Anspruch nehmen
- Investition in eine neue Heizungsanlage, eine Wärmepumpe in Betracht ziehen.
- Alle Stromsparmöglichkeiten im Alltag nutzen:
  - Kein Stromverbrauch durch Stand-by und abschaltbare Steckdosenleisten nur bei Bedarf einschalten.
  - Temperatur im Kühlschrank hochregeln.
  - Raumtemperatur im Winter runterregeln und lieber einen dicken Pullover anziehen.

CHECKLISTE

- Energieeffiziente Elektrogeräte kaufen; *ecotopten.de* kann bei der Auswahl hilfreich sein.
- Waschmaschine vollmachen und mehr bei 30 °C waschen.
- Generell Wäsche nicht nach einmaligem Tragen in die Waschmaschine, oft hilft auch ein reines Auslüften.
- Wäsche bei angemessenen Temperaturen draußen aufhängen, statt den Trockner zu nutzen.
- LEDs statt Glühbirnen.
- Stoßlüften statt gekippter Fenster.
- Wasser im Wasserkocher und nicht im Topf erhitzen.
- Passende Topfgröße wählen und beim Erhitzen passenden Deckel drauf.

~ Kontowechsel zu einer nachhaltigen Bank.
~ Geldanlage in nachhaltige ETFs oder Fonds.
~ Hände weg von Kryptowährungen, wie Bitcoins, die immens viel Energie verschlingen.

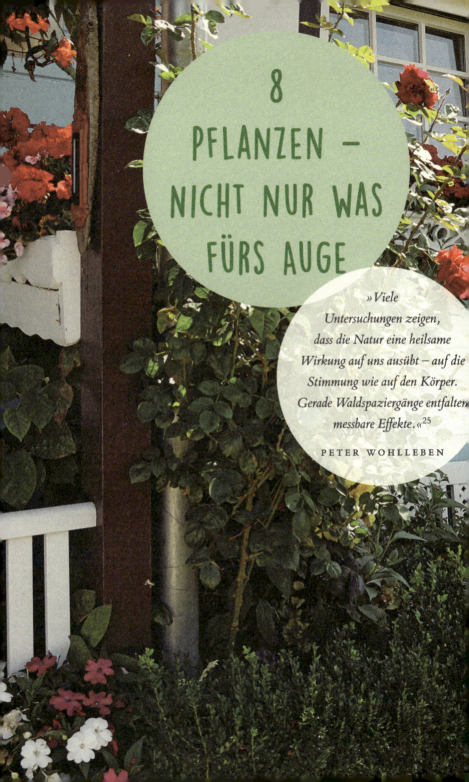

8 PFLANZEN – NICHT NUR WAS FÜRS AUGE

»Viele Untersuchungen zeigen, dass die Natur eine heilsame Wirkung auf uns ausübt – auf die Stimmung wie auf den Körper. Gerade Waldspaziergänge entfalten messbare Effekte.«[25]

PETER WOHLLEBEN

Aufblühen im eigenen Mikrokosmos

Eine von vielen Experten als effizient angesehene Maßnahme, den Klimawandel zu bekämpfen, ist die Aufforstung. Bäume zu pflanzen hat laut Forschern das Potential, zwei Drittel der bislang von Menschen verursachten CO_2-Emissionen aufzunehmen und sie zu binden. Natürlich können wir nicht alle wahllos Bäume in unsere Wälder, Gärten oder Städte pflanzen. Trotzdem kann jeder mithelfen, auf verschiedenen Wegen.

Wir können zum Beispiel eine der zahlreichen Aufforstungsprojekte von Umweltschutzorganisationen und anderen unterstützen. Oder aber, noch schneller und einfacher: Wir wechseln unsere Suchmaschine. Statt *Google*, *Bing* und andere Suchmaschinen ist es ökologisch sinnvoller, *Ecosia* zu nutzen. Denn bei *Ecosia* wird ein Großteil des Gewinns in Baumpflanzprojekte auf der ganzen Welt investiert. Dem Gründer Christian Kroll und seinem Co-Investor Tim Schumacher geht es mit ihrer Firma nicht darum, maximalen Gewinn zu machen, sondern den Klimawandel zu bekämpfen. Ziel ist es, in den nächsten 20 Jahren eine Milliarde Bäume zu pflanzen. Zudem werden die Server mit der eigenen Solaranlage zu 100 Prozent aus erneuerbaren Energien betrieben. Außerdem regeneriert *Ecosia* karge Landschaften in Spanien, um zukünftige Ernten zu sichern. *Ecosia* funktioniert ähnlich gut wie *Google*, nur klimafreundlicher. Wir haben daher konsequent auf *Ecosia* umgestellt und es auch unserer Familie, unseren Freunden und Arbeitskollegen nahegelegt.

Natürlich kann, wie so oft, auch jede und jeder bei sich im Kleinen anfangen und aktiv werden – und zwar sowohl für den Klimaschutz als auch für den Artenschutz. Zum Beispiel im eigenen Garten, auf dem Balkon oder vor dem Haus. Statt dem Trend zu Steinwüsten, versteinerten (Schotter-)Vorgärten oder versiegelter Asphaltfläche zu folgen, lieber auf Grün und blühende Vielfalt setzen. Das hat nicht nur einen großen Einfluss auf das Kleinklima, sondern auch auf die Artenvielfalt und ist besonders wichtig für Insekten. Auch die beliebten Steinmauern und Gabionenwände haben problematische Folgen gerade im Sommer, denn sie reduzieren die Luftzirkulation und Hitzerückstrahlung. Blühende, vegetationsreiche Gärten tragen dagegen zu einem besseren Stadtklima und dem Erhalt der Artenvielfalt bei. Pflanzen produzieren Sauerstoff und Verdunstungskälte, binden Feinstaub und speichern CO_2. Grünflächen senken die Temperatur und können anfallendes Regenwasser besser speichern und nach unten abführen. Sie geben Vögeln und Insekten den notwendigen Lebensraum. Und wie viel schöner ist ein wild blühender Garten als eine graue Ödnis! Dazu zeigen Studien, dass Patientinnen und Patienten im Krankenhaus mit Blick auf Bäume nach einer Operation schneller gesund wurden und weniger Schmerzmittel brauchten als solche, die nur eine Wand sahen. Und es gibt Studien, die nachweisen, dass auch die Zufriedenheit am Arbeitsplatz steigt, wenn die Mitarbeiter auf einen Wald schauen können.

In einigen Bundesländern und einzelnen Kommunen sind Schottergärten sogar bereits verboten worden. So beispielsweise in Baden-Württemberg, wo sie seit August 2020 nicht mehr angelegt werden dürfen. Ausgelöst wurde die Gesetzesnovelle durch das Volksbegehren »Rettet die Bienen«. Bereits bestehende Schottergärten müssen seitdem sogar beseitigt werden. Auch Sachsen-Anhalt hat ein derartiges Verbot.

Gerade für Kinder ist es noch dazu eine tolle Erfahrung, verschiedene Sträucher, Pflanzen, Obst und Gemüse selbst anzupflanzen. Wichtig ist dabei nur, auf Insektizide, chemischen Dünger und auch Gifte, wie Schneckenkorn, zu verzichten und torffreie Erde zu nehmen. Denn mit dem Abbau von Torf werden Moore zerstört, die als CO_2-Speicher besonders wichtig sind, wichtiger sogar noch als Wälder. Zudem sind Moore ein wichtiger Lebensraum für Tiere und Pflanzen.

Wir haben unseren Garten in den letzten Jahren noch mehr zum Blühen gebracht, vor allem mit Hilfe der Kinder. Die hatten immer viel Spaß daran, Löcher zu graben, Samen einzubuddeln und Kräuter oder Sträucher einzupflanzen. Wir hatten schon einen wunderschönen Apfel- und einen Feigenbaum und viele andere Pflanzen von unseren Vorbesitzern geerbt. Wir haben noch kräftig mit Pflanzen und Kräutern wie Salbei, Rosmarin, Zitronenmelisse und Pfefferminze nachgerüstet und weitere Zwergbäume gepflanzt, einmal Kirsche, einmal Birne und einmal Nektarine. Zu den vorhandenen Brombeersträuchern haben wir noch Himbeeren gepflanzt und in diversen kleinen Töpfen Erdbeeren, Tomaten und Gurken. Auf der Terrasse haben wir ein Hochbeet angelegt, in das wir Salate und Gurken gepflanzt haben.

Das Ergebnis ist einfach wunderbar: Nicht nur blüht es überall, in unserem Garten fliegen Schmetterlinge herum, Vögel zwitschern, und es macht einfach nur Spaß und ist erholsam, hier Zeit zu verbringen. Und gesund ist es auch noch – das hat eine große Metaanalyse aus 140 Studien weltweit ergeben. Tageslicht und grüne Umgebung wirken sich nachweislich positiv auf Körper und Psyche aus.

Klar hat nicht jeder einen Garten, aber selbst auf engstem Raum kann viel blühen. Auch Balkone und Terrassen können mit Kräutern, Tomaten und Pflanzen begrünt werden. Wer sich dafür interessiert, sollte unbedingt mal im Internet unter dem Stichwort »vertikaler Garten« nachschauen.

Häufig ist ein Argument gegen einen blühenden Garten und für Steinwüsten ja der Arbeitsaufwand. Wir verstehen das, Zeitknappheit kennen wir ja auch nur zu gut. Aber mit den richtigen Pflanzen kann man im Vorgarten viel blühen lassen, ohne damit sehr viel Arbeit zu haben. Bei einem nicht allzu großen, überschaubaren Garten hält sich die Arbeit ja von sich aus auch relativ in Grenzen. Einmal gepflanzt, blühen Pflanzen und Blumen immer wieder, kleine Bäume wachsen und gedeihen. Klar, gerade Sträucher und Hecken, aber auch Bäume müssen hin und wieder geschnitten werden, aber für uns ist das keine nervige Arbeit, sondern ein schöner Zeitvertreib, in den man die Kinder wunderbar einbinden kann. Die sind so begeistert und auch so stolz, wenn ihre gepflanzten Blumen, Pflanzen, Kräuter oder Gemüsesorten aufgehen.

Oft lassen wir auch einfach die Natur machen. Teile unseres Gartens sind recht wild. Aber uns gefällt das besser als immer korrekt zugeschnittene, symmetrische Gärten. Und man erlebt so manche Überraschung. Einmal wucherte bei uns ein Kraut rund um die Terrasse. Wir überlegten zwar kurz, es wegzumachen, fanden dann aber die kleinen, grünen Inseln so nett, dass wir es mal haben wachsen lassen. Als Dank fing es dann irgendwann an, ganz toll leicht lila zu blühen und zu duften, und zog nicht nur uns, sondern auch noch viele Bienen in seinen Bann.

Bedrohte Artenvielfalt oder die emsige Biene

Pflanzen und Wildwiesen sind wichtig, um unsere Artenvielfalt zu erhalten. Sie müssen aktiv geschützt werden, denn viele Tierarten sind bereits ausgestorben oder vom Aussterben bedroht.

Der NABU schätzt, dass wir jeden Tag rund 150 Arten verlieren. Es sei das sechste große Artensterben in der Geschichte der Erde, aber diesmal seien nicht Naturkatastrophen, sondern der Mensch die

BEDROHTE ARTENVIELFALT ODER DIE EMSIGE BIENE

> Ursache. Laut BUND gelten zudem allein in Deutschland über 7000 Tierarten als gefährdet oder sind akut vom Aussterben bedroht. Weltweit rechnet der UN-Weltbiodiversitätsrat (IPBES) in seinem *Globalen Bericht zum Zustand* der Natur damit, dass bis zu einer Million Arten in den nächsten Jahrzehnten aussterben könnten.

Einer der Gründe für die Bedrohung vieler Arten ist der menschengemachte Klimawandel: So verschieben sich beispielsweise Blühzeitpunkte von Pflanzen und passen nicht mehr zum Lebenszyklus der sie bestäubenden Insekten. Weitere Gründe sind Monokulturen, der Einsatz von Pestiziden, Rodungen von Wäldern und insgesamt eine Intensivierung der Landwirtschaft. Auch die zunehmende Versiegelung von Flächen statt dem Belassen von Grünflächen und Wildwuchs rauben insbesondere vielen Insekten ihre Lebensgrundlagen. Gerade durch die intensivierte Landwirtschaft sind die Böden ausgelaugt. Auch Heuwiesen werden oft früh geerntet, das Heu dann in Plastiksäcken oder Silos verwahrt. Dort können sich weder Pflanzen noch Insekten vermehren. Es ist für uns Menschen und das gesamte Ökosystem jedoch immens wichtig, möglichst viele Arten zu erhalten. Denn in unserem Ökosystem hat jedes Lebewesen seinen Platz und seine Wichtigkeit. Etwa 90 Prozent aller Blühpflanzen und 70 Prozent aller Nutzpflanzen sind auf Bestäubung durch Insekten angewiesen. Der BUND beziffert den Wert der Insektenbestäubung in Europa auf über 14 Milliarden Euro pro Jahr. Auch wenn bereits an allerlei Drohnen, Robotern und anderem geforscht wird, gibt es kein System, das die Bestäubung so gut leisten kann wie Insekten, die sich in einem jahrhundertelangen Prozess darauf spezialisiert haben.

Dass die Vielzahl an Insekten stark rückläufig ist, merken wir nicht zuletzt daran, dass nach einer langen Autofahrt eine Scheibenreinigung nicht mehr notwendig ist. Wir erinnern uns noch gut daran, dass noch vor einigen Jahren nach längeren Autofahrten die Windschutzscheibe regelmäßig komplett verklebt war. Unsere persönliche Erfahrung deckt sich mit einer umfassenden Metastudie, die 2020 festgestellt hat, dass es einen starken Rückgang von Landinsekten gibt, und das vor allem in Teilen Nordamerikas, in Europa und vor allem in Deutschland. In Deutschland hat die Biomasse fliegender Insekten in den vergangenen 27 Jahren um 76 Prozent abgenommen.

Maya und Mattis meinten, dass das doch eigentlich ein Vorteil sei. Denn wenn es weniger Mücken und Bienen gäbe, dann würden sie auch weniger gestochen werden. Maya hat, seitdem sie einmal von einer Biene nahe am Mund gestochen wurde und die Einstichstelle sehr stark anschwoll, richtig Panik vor Bienen. Mattis wird aber auch immer sehr hektisch, wenn Wespen beim Essen um ihn herumfliegen. Die Unterscheidung zwischen Bienen und Wespen fällt beiden in der Hektik manchmal noch schwer, und sie nehmen das, was um ihre Köpfe schwirrt, erst mal als Bedrohung wahr. Aber sie wussten nicht, was für erstaunliche Arbeit gerade die Bienen für uns leisten. Wir haben ihnen dann erklärt, dass die Bienen, wenn sie bei uns im Garten herumfliegen, für

BEDROHTE ARTENVIELFALT ODER DIE EMSIGE BIENE

alle Kräuter, auf der Wiese und letztendlich auch für unseren Apfelbaum ganz wichtige Arbeit übernehmen. Dass sie unsere Blüten bestäuben und wir nur so unser Obst im Garten ernten können. Ohne Bienen keine Äpfel, keine Erdbeeren und keine Himbeeren. Ausgerechnet ihr Lieblingsobst! Wir konnten regelrecht sehen, wie es in den kleinen Köpfen ratterte.

»Aber wenn die so toll sind, warum tun sie mir dann weh?«, wollte Maya wissen. Wir haben ihr erklärt, dass die Biene sich vermutlich bedroht fühlte und glaubte, sich wehren zu müssen. Dann haben wir ihr gezeigt, wie viele Bienen bei uns im Garten herumschwirren, und sie gefragt, ob sie schon jemals bei uns im Garten gestochen wurde. Sie nicht, aber Mattis schon, das machte er sofort klar. Aber ihn, der Zahlen und Relationen liebt, packten wir dann bei seinem analytischen Geist. Wir sagten ihm, er solle mal versuchen, alle Bienen zu zählen, die jeden Tag im Garten sind. Und dann überlegen, welche Bedrohung von ihnen ausgeht, wenn er, so lange er sich erinnern kann, bisher erst einen einzigen Stich abbekommen hat. Das hat ihn zwar zum Nachdenken gebracht, die Angst aber noch nicht komplett besiegen können. Nicole hat ihm dann von einer ihrer Lieblingsbücher, *Die Geschichte der Bienen* von Maja Lunde erzählt. Und dass dort in einer von drei miteinander verknüpften Geschichten, die in der Zukunft spielt, von einem China erzählt wird, in dem es keine Bienen mehr gibt. Dort müssten dann Bäume von den Menschen mit der Hand bestäubt werden, und das sei eine richtig schwere Arbeit. Dass er sich mal vorstellen müsse, für jeden Apfel, den er essen wolle, vorher die Blüten auf dem Baum selbst bestäuben zu müssen. »Aber Bienen gibt es doch noch ganz viele?«, fragte Mattis sorgenvoll. »Oder wird das so werden, wie du es gelesen hast?« »Na ja, das ist zwar Fiktion, also eine Erfindung, aber Bienen sind in der Tat vom Aussterben bedroht, und in China gibt es durchaus schon erste Städte, in denen Bäume von Hand bestäubt werden müssen.« »Warum sind sie vom Aussterben bedroht?«, wollte er wissen.

Daraus wurde dann ein langes Gespräch über den Klimawandel, von dem er schon öfter von uns gehört hatte, den er aber nie mit Bienen und Schmetterlingen in Verbindung gebracht hatte, über den Einsatz von Pestiziden, konventionelle Landwirtschaft, über den Eingriff der Menschen in das Ökosystem Natur, über Gärten mit zu wenig Wildwuchs, Kräutern und Pflanzen. »Aber hier bei uns im Garten, da finden sie doch genug, oder?« »Ja, deshalb lassen wir hier ja auch so viel wachsen, und deshalb haben wir so viel angepflanzt. Und deshalb können wir uns freuen, dass wir hier so viele Bienen haben, und sollten keine Angst vor ihnen haben.« Und Yannis bestätigte, dass es so auch viel schöner sei. Er war nämlich vor Kurzem bei einem Freund gewesen und entsetzt nach Hause gekommen, weil dessen Familie nur Kunstrasen hatte und kaum Pflanzen. Yannis meinte, er sei froh, dass wir einen so schönen Garten haben. Ein Lob von einem vorpubertären Jungen, der sonst nicht immer alles toll findet, was zu Hause passiert.

Der eigene Beitrag gegen das Insektensterben – 7 Tipps

1. Bio-Lebensmittel einkaufen
Die Bio-Landwirtschaft verzichtet auf Pestizide und Insektizide. Zudem werden Böden in Mischkulturen kultiviert, die Insekten ihren Lebensraum lassen.

2. Blühende Vorgärten mit heimischen Pflanzen und Nutzen von regionalem Saatgut
Blühende Vorgärten bieten Lebensraum für Insekten. Es sollten aber heimische Pflanzen sein, denn an die haben sich hiesige Insekten optimal angepasst. Sie ernähren sich von diesen Pflanzen, nisten darin oder legen ihre Eier darin ab. Die in Deutschland so beliebten Geranien beispielsweise kommen aus Südafrika und locken Bienen zwar an, bieten ihnen aber keine Nahrung, da die Bienen mit ihrem Rüssel nicht an den Nektar rankommen.

3. Etwas Wildwuchs
Nicht zu viel mähen oder immer alles akkurat schneiden, auch Ecken mit höherem Bewuchs lassen, in denen Insekten Unterschlupf finden.

4. Keine chemischen Dünger
Auf chemische Dünger im eigenen Garten verzichten. Mit Hilfe eines Komposters oder einer Wurm-

kiste (siehe S. 151 f.) lässt sich nährstoffreiche Erde ganz einfach selbst herstellen.

5. Insektenhotels aufstellen
Sie bieten Insekten wichtigen Unterschlupf. Man kann sie auch recht einfach selber bauen. Anleitungen dafür gibt es sehr viele im Internet.

6. Kleine Wasserstellen im Garten aufstellen
Gerade in trockenen Zeiten brauchen Insekten Wasser. Kleine mit Wasser gefüllte Schälchen, an zwei bis drei Stellen im Garten aufgestellt, stören nicht, haben aber großen Nutzen.

7. Laub und Obst auch mal liegen lassen
Herunterfallendes Obst und Blätter nicht immer sofort wegräumen, es kann Futter und auch Unterschlupf für Insekten und andere Tiere sein.

Lasst die Städte aufblühen

Auch Städte können aufblühen, zum Beispiel mit Pflanzaktionen. Nicole engagiert sich seit letztem Jahr bei der Bürgerstiftung in unserer Stadt und dort insbesondere für Umwelt- und Nachhaltigkeitsprojekte. Ihr erstes Projekt war die Umsetzung einer Aktion, in der es um das Aufblühen der Stadt gehen sollte. In Teamarbeit mit anderen aus der Bürgerstiftung und einem Naturgärtner wurden 30 große Pflanzkästen in der Innenstadt aufgestellt. Der Naturgärtner hatte dafür ein ganz wunderbares Konzept vorgeschlagen: Aus alten großen Gabionenkörben, für ihn ein Abfallprodukt, gestaltete er Pflanzkörbe und verkleidete sie mit Bonsaiholz, Haselnusssträuchern und Bambusmatten. Er setzte rein auf Naturmaterialien, die gesamte Erde war natürlich torffrei.

Die Bepflanzung der Kästen folgte verschiedenen Themen, wie den Blühfarben Blau und Gelb und dem Motto »Farbe aus der Natur das ganze Jahr«. Dann gab es Kästen mit Nutzpflanzen, die auch dekorativen Charakter haben, wie Bohnen, Erbsen, Grünkohl, Mangold und Meerrettich. Dazu einige Kästen mit Kräutern und Heilkräutern sowie Duftpflanzen. Ein weiteres Thema waren Gegensätze, »Miniaturen und Giganten«, sowie besondere Blattformen und Kästen mit Pionierpflanzen auf Brachflächen. Auch die Kinder sollten ihren Spaß haben: Für sie gab es besondere Kinderbeete, bei denen die Kästen zum Teil mit Plexiglas bestückt wurden, und so die Wurzeln und das gesamte Erdreich bestaunt werden können. Nicht alle Pflanzen in allen Kästen blühten zur gleichen Zeit, sodass es immer wieder etwas zu entdecken gibt. Totholzkästen wurden aufgestellt und dienen bis heute als große Insektenhotels. Holzbänke ergänzten die aufgestellten Hochbeete und luden alle Bürger zum Verweilen ein. Eine Kollegin macht Führungen für Schul- und Kindergartenkinder, in denen alle Kräuter und Pflanzen erläutert wurden.

Schon während wir die Kästen aufstellten und einpflanzten, kamen viele Menschen vorbei, die neugierig fragten, was wir da machten, und sich sichtlich über das Aufblühen der Innenstadt freuten. Auch wir freuen uns jedes Mal wieder über die blühende Vielfalt, wenn wir in der Innenstadt unterwegs sind. Und unsere Kleinstadt ist damit nicht allein, denn in vielen anderen Städten finden gerade ähnliche Pflanzaktionen statt.

Auch in Nicoles Heimatstadt Limburg wurde eine ähnliche Pflanzaktion realisiert, die »Limburger Naschpyramide«. Pyramidenartig wurde dort Obst und Gemüse angepflanzt, und alle Limburger waren eingeladen, sich an Tomaten, Erbsen, Rhabarber und vielem anderem zu bedienen. Zudem sah es auch noch einfach toll aus, als alle Obst- und Gemüsepflanzen sich ausdehnten und das Ganze immer mehr aufblühte.

Selbst auf Dächern gibt es Potential für Bepflanzungen, insbesondere auf Garagendächern, Carports oder Flachdächern. Derartige begrünte Dachflächen sind nicht nur schön anzusehen, sie verbessern auch das Mikroklima. Zum einen können sie Regenwasser speichern, welches dann langsam verdunstet und dadurch die Umgebung abkühlt: ein Effekt, der insbesondere in sich aufheizenden Städten ein großer Vorteil ist. Zudem können sie sowohl Feinstaub als auch Kohlendioxid aus der Luft filtern und Sauerstoff produzieren. Sie liefern im Sommer Kühlung und, bei der Wahl immergrüner Pflanzen, im Winter Wärme. Für Insekten bieten sie Lebensräume und entlasten bei Starkregen die Kanalisation.

Hamburg ist eine der deutschen Städte mit dem höchsten Anteil an Dachbegrünungen. Würden in allen deutschen Städten alle Dächer nachträglich bepflanzt, könnten der Natur bis zu zwei Drittel der versiegelten Flächen zurückgegeben werden. Für Dächer eignen sich verschiedene Arten der Bepflanzung, selbst Kräuter, Obst und Gemüse können auf Flachdächern angebaut werden – modernes »Urban gardening«, das gerade in den Städten, wo nur wenige Menschen einen eigenen Garten haben, interessantes Potential bietet. »Urban gardening« gibt es generell in Städten immer mehr. Dafür werden zum gemeinschaftlichen Säen und Ernten Brachen in Städten freigegeben. Dabei können sich schöne Gemeinschaften bilden, Setzlinge getauscht und zusammen an der eigenen Ernte von Obst und Gemüse gearbeitet werden.

Nicht nur Dächer, auch Fassaden können begrünt werden und so einen Beitrag zur Erhaltung der Artenvielfalt leisten. Damit einher gehen die gleichen Vorteile, die auch begrünte Dächer bieten: eine Verbesserung des städtischen Mikroklimas, ein erweiterter Lebensraum für Insekten, sowie Schutz vor starker Hitze, aber auch vor Kälte. Zudem bringen sie Grün in die Städte, was nicht nur gut fürs Auge ist.

Bereits heute lebt mehr als die Hälfte der Weltbevölkerung in Städten, mit steigender Tendenz. Aber gerade Städte heizen sich auf und werden sich in Zukunft immer weiter aufheizen, sogenannte »Heat Islands«, Hitzeinsel-Effekte, werden verursacht. Glasoberflächen von Gebäuden reflektieren das Sonnenlicht, und Beton- und Asphaltflächen speichern die Wärme und verhindern ein Abkühlen. Deshalb beziehen viele Architekten ökologische Überlegungen zunehmend mit ein und begrünen Dächer oder Fassaden. Ein Vorreiter für das Begrünen der Städte ist Singapur. Singapur ist dicht bebaut, fast

6 Millionen Einwohner leben dort auf einer Fläche, die kleiner ist als Hamburg. Es gibt sehr viele Hochhäuser, aber auch viel Grün in miteinander verbundenen Parkflächen. Und dort, wo der Platz nicht für mehr Grün ausreicht, wird es auf die Häuser gebracht. Das wird vom Staat gefördert und durch spezielle Labels reguliert. Zudem hat Singapur den weltweit größten Stadtgarten: die »Gardens of the Bay«. Über 100 ha Fläche, das – laut *Guinness-World-Record* – größte Glashaus der Erde. Dort stehen die »grünen« Wahrzeichen Singapurs: Die »Supertrees« – Strukturen, die bepflanzt sind, somit wie Bäume anmuten, und die über 20 Meter breit und bis zu 50 Meter hoch sind. Sie bestehen aus Stahl- und Betonkonstruktionen und sind mit verschiedenen Pflanzenarten begrünt. Oben fangen sie das Regenwasser in einem Zylinder auf, was dann für die Bewässerung der Hallen reicht, die sie überspannen. Sie sind über ein Hängebrückensystem miteinander verbunden, sodass Fußgänger über sie laufen und von oben alles bewundern können. In Singapur geht es nicht nur ums Begrünen, es geht um Nachhaltigkeit, die Nutzung von Sonnenlicht und Regenwasser sowie eine größtmögliche Reduzierung des Energieverbrauchs. So ist es nicht verwunderlich, dass sich schnell eine ganze Branche rund um das vertikale Grün entwickelt hat und Singapur als grünste Stadt Asiens gilt.

Umweltclubs für mehr Aktion

Zusammen mit Yannis und einer befreundeten Familie hat Nicole einen Umweltclub gegründet. Yannis identifiziert sich mittlerweile sehr stark mit unseren Bemühungen zum Klimaschutz und versucht auf seine eigene Art, seine Freunde von einem nachhaltigeren Leben zu überzeugen. Er hat im Prinzip verstanden, was passiert und dass die Zeit drängt. Umso weniger kann er verstehen, dass nicht alle so denken wie er. Diplomatie ist nicht immer seine Stärke, was hin und wieder zu Konflikten führt – gerade mit seinen Freunden. Denn nachdem bei seinem eigenen Bruder die Überzeugungsarbeit immer so einfach war, ist es für ihn schwer ertragbar, dass seine Freunde ihm eine Zeit lang von schnellen, PS-starken Autos vorschwärmten oder von großen Portionen Chicken Nuggets. Er nimmt das dann oft sehr persönlich.

Nachdem wir als Familie etwa ein Jahr lang unseren Blog *Familie minus Plastik* geschrieben hatten, bat Yannis uns, seinen eigenen Blog schreiben zu dürfen. Er fand unseren nicht kindgerecht genug. Erst war uns das gar nicht so recht. Er war zehn, als er anfing, und zu viel Präsenz im Netz war uns für ein Kind in seinem Alter nicht so geheuer. Aber wenn er eins richtig gut kann, dann insistieren und für seine Ziele kämpfen. Auf jeden Fall schaffte er es irgendwann, uns zu überzeugen, und schreibt jetzt seit gut einem Jahr seinen eigenen Blog: aus der Perspektive eines Kindes, das unbedingt die Tiere und die Natur schützen will. Der Blog heißt *Umweltchecker* und man findet ihn bei *Blogspot.com*. Yannis freut sich über Leser, wenn Ihre Kinder Interesse haben.

Aber neben seinem Blog soll auch unser Umweltclub Möglichkeiten bieten, sich auszuleben. Yannis zeichnet gerne, ist sehr kreativ und hat uns ein Logo entworfen: einen Nymphensittich, unter dem in roten Buchstaben »Umweltchecker« steht – den Namen seines Blogs haben wir kurzerhand auch für unseren Club übernommen. Mit diesem Logo haben wir unser clubeigenes Umweltchecker-T-Shirt gedruckt. Wir wollen einen Clubraum organisieren, in dem wir uns einmal die Woche treffen. Es soll verschiedene Arbeitsgruppen geben – die einen schreiben, die anderen machen Upcycling, nähen beispielsweise neue Sachen aus alten Jeans und T-Shirts, wieder andere planen Aktionen wie Cleanups, Hochbeete oder einen Waffelverkauf, um Geld oder Spenden für bedrohte Tierarten oder Klimaschutzinitiativen zu sammeln. Auch hier wollen wir einfach mal loslegen, gemeinsam mit den Kindern, mit Spaß und ohne Druck, und dann mal schauen, welche Ideen im Laufe der Zeit noch alle dazukommen und wie viele Leute sich uns anschließen werden. Und was die dann wiederum an eigenen Ideen einbringen.

CHECKLISTE

Grün genug kann es ja eigentlich nie sein, oder? Aber uns selbst hat überrascht, wie viel man bewirken kann, wenn man selbst aktiv wird, seine Umwelt etwas grüner macht und zugleich verschiedene Lebensbereiche auf ihre Umweltverträglichkeit hin überprüft. Das kann im Kleinen wie im Großen mit anderen zusammen richtig viel Spaß machen und bringt etwas im Kampf gegen den Klimawandel. Hier unsere wichtigsten Tipps im Überblick:

- Statt *Google* oder *Bing* lieber *Ecosia* und Co. nutzen.
- Aufforstungsprojekte unterstützen.
- Für Waldschutzprojekte von Naturschutzorganisationen spenden.
- Bio-Landwirtschaft unterstützen, Bio-Lebensmittel kaufen.
- Vorgärten zum Blühen bringen, statt versiegelten Flächen oder Gabionenwänden Platz zu geben.
- Insektenfreundliche Pflanzen und heimische Wildblumen (wie Rittersporn, Weißdorn und Schlehe) statt exotische Pflanzen im Garten oder auf dem Balkon pflanzen – auch auf kleinen Raum kann viel blühen. Mehr Infos dazu hat der *NABU (nabu.de)*.
- Nicht zu oft mähen, Ecken komplett für Insekten wachsen lassen.
- Torffreie Erde benutzen.
- Auf chemischen Dünger und Insektizide verzichten.
- Insektenhotels in den Garten bringen.
- Nisthilfen und Wassertränken für Insekten und Vögel aufstellen.
- Lebensräume für Tiere schaffen: zum Beispiel kleine Steinmauern, zum Teil begrünt, mit zahlreichen Schlupfmöglichkeiten.
- Pflanzaktionen in der Stadt initiieren oder dabei mithelfen.

CHECKLISTE

~ Prüfen, ob das eigene Carport oder, für Flachdachbesitzer, das Flachdach begrünt werden könnte.
~ Kommunikation mit anderen suchen, Naturschutzorganisationen oder Umweltclubs beitreten oder selbst Initiativen gründen.

REPORTAGE

WO DER KLIMAWANDEL BRANDGEFÄHRLICH WIRKT – UNTERWEGS IN BRANDENBURG

»Da! Da brennt's doch, oder?« Nele ist ganz aufgeregt. Wir starren beide auf den Bildschirm. Dort sehen wir, wie eine Rauchfahne über den schwarz-weißen Baumwipfeln aufsteigt. Eingerahmt von einem roten Kasten. Das Bild stammt aus einer von mehr als 100 modernen Kameras, die sich hoch oben auf Überwachungstürmen einmal 360° um ihre eigene Achse drehen und dabei alle zehn Sekunden ein Foto machen. So versucht Brandenburg seine großen Waldflächen besser zu überwachen und zu schützen.

Die Mitarbeiter in der Waldbrandzentrale sind aufgeschreckt und überprüfen unseren Verdacht. Tatsächlich, es brennt! Aber nicht der Wald, sondern ein Bauwagen auf einer Solaranlage hat Feuer gefangen, allerdings nicht weit vom Wald entfernt. Das konnten wir auf unserer Aufnahme nicht entdecken. »Das ist total spannend!«, sagt Nele mit leuchtenden Augen und leicht geröteten Wangen. Sie ist voll und ganz bei der Sache, als uns die Mitarbeiter der Waldbrandzentrale ihre Systeme zeigen und uns erklären, wie gut sie dabei helfen, Waldbrände früher zu erkennen und schneller zu bekämpfen.

Das wird uns später auch die Freiwillige Feuerwehr bestätigen, die Nele und mich mit auf einen Probeeinsatz im Wald nehmen wird. Vorher will Nele aber noch wissen, wie schlimm die letzten Waldbrände denn für Menschen und Tiere waren. Raimund Engel zeigt uns Bilder von Großbränden, die in den vergangenen drei Jahren gewütet haben, und überrascht uns mit einer Zahl. Etwa 40 Prozent aller Waldbrände entstehen durch Brandstiftung – bewusst oder unbewusst.

»Macht der Klimawandel die Situation schlimmer?«, fragt Nele. »Ja, denn durch die Erwärmung des Planeten, die auch hier in Brandenburg zu spüren ist, werden die Böden trockener, und so können im Sommer schneller Brände entstehen«, sagt Raimund Engel, der selbst ausgebildeter Förster ist.

Mit ihm und dem brandenburgischen Umweltminister Axel Vogel machen wir uns gemeinsam auf den Weg zu einem der Überwachungstürme mitten im Wald. Bevor Nele und ich das 36 Meter hohe Bauwerke erklimmen, darf die Kinderreporterin den Umweltminister mit ihren Fragen löchern, und das macht die Zehnjährige wie eine gestandene Journalistin. Beide nehmen vor unserer Kamera auf zwei roten Stühlen Platz und los geht's: »Was machen Sie als Privatperson eigentlich gegen den Klimawandel?« Der Minister lacht und versucht es dann so: »Also, ich arbeite ja so viel, dass ich eigentlich immer im Dienst bin, aber ich versuche zum Beispiel, so oft es geht, bei meinen Dienstreisen die Bahn zu benutzen oder zu Fuß zu gehen, um dabei möglichst wenig Treibhausgase auszustoßen.« Dann erklärt er Nele, warum Deutschland international Verantwortung übernehmen muss, unabhängig davon, was andere Länder tun. »Deutschland hat schon seit Beginn der Industrialisierung große Mengen CO_2 in die Atmosphäre entlassen, mehr als viele andere Länder. Und deshalb müssen wir uns auch mehr als andere Länder anstrengen, den Klimawandel zu bekämpfen.«

Nach dem Interview nimmt uns ein Mitarbeiter des Waldbrandschutzes mit auf den Überwachungsturm. Es ist eng, und wir müssen gut zehn Leitern nach oben steigen. Aber die Aussicht lohnt sich. Vor uns liegen malerische Seen und eine umwerfende Waldlandschaft. In der Mitte des Turms steht eine Säule, auf der oben so etwas wie ein Zielrohr angebracht ist. »Was ist das?«, will Nele wissen. »Das wurde früher benutzt, um die Wälder zu überwachen. Da saß hier immer ein Mitarbeiter, der den ganzen Tag über schauen musste, ob es irgendwo brennen könnte. Hatte er eine Rauchfahne entdeckt, hat er mit Kimme und Korn den Brand angepeilt, die Gradzahl von der Scheibe abgelesen und dann per Funk die Meldung weitergegeben. Heute braucht das kein Mensch mehr zu machen, sondern oben auf dem Dach sind die hochmodernen Kameras angebracht, die wir euch schon in der Zentrale gezeigt haben.« Nele ist sehr beeindruckt, auch von der Höhe und dem Ausblick, den wir hier genießen können.

Wieder unten angekommen, machen wir uns auf den Weg zur Freiwilligen Feuerwehr von Wünsdorf-Zossen, die uns schon mit einer feuerfesten Jacke und einem Helm in Neles Größe erwartet. Wir dürfen mit auf einen Probeeinsatz im Wald. »Respekt für jeden Feuerwehrmann«, stöhnt Nele, als sie die schwere Schutzkleidung angelegt hat. Sie klettert auf den Einsatzwagen, und los geht es mit Blaulicht – zumindest über den Hof der Feuerwehr. Auf dem Weg zu unserem »Einsatzort« löchert die Kinderreporterin den Feuerwehrmann mit Fragen. »Spürt ihr den Klimawandel bei eurer Arbeit?« »Ja, der macht sich schon bemerkbar, weil es in den vergangenen Jahren sehr lange sehr warm und trocken war und damit die Gefahr der Waldbrände deutlich gestiegen ist. Hätten wir nicht ein so gutes Warnsystem, hätten wir schon viele Bäume und Pflanzen verloren.« Denn gerade der Boden hier in der Gegend sei tückisch, erklärt uns Stefan Kricke, der hauptberuflich als Feuerwehrmann arbeitet. Der Torf im Boden an manchen Stellen im Wald sei besonders schwer zu löschen, wenn er mal brennt. »Es kann sein, dass wir an einer Stelle das Feuer erstickt haben und es dann unterirdisch weiterlodert und an einer ganz anderen Stelle oben einen neuen Brand entfacht.«

Auf der Fahrt durch den Wald werden wir ordentlich durchgeschüttelt. Uns ist schnell klar: Das ist ein anstrengender Job, den immer weniger Menschen machen wollen. Das zusammen mit dem fortschreitenden Klimawandel mache ihm schon Sorgen, sagt Jona. Kurz danach sind wir angekommen. Nele bekommt eine erste Einweisung mit dem Löschschlauch, bevor uns andere Feuerwehrmänner zeigen, wie schnell so ein kleines Feuerchen größer und damit gefährlich werden kann. Dann ist Nele an der Reihe. Hoch konzentriert und mit Unterstützung eines Feuerwehrmannes richtet sie den Strahl auf unseren selbst gemachten kleinen »Waldbrand« und erstickt die Flammen mit Wasser.

Meine Sorgen konnten hier nicht gelöscht werden. Auch wenn die Überwachung besser geworden ist – die meisten Experten gehen davon aus, dass Waldbrände zunehmen. Mit

Folgen. Jeder Brand setzt durch den in den Bäumen gespeicherten Kohlenstoff zusätzliches CO_2 frei. Gleichzeitig setzen Trockenheit und lange Hitzesommer unseren Wäldern zu. Von den Eichen in Deutschland, die als besonders klimaresistent galten, ist nach mehreren Dürrejahren mittlerweile nur noch jede fünfte gesund. Ähnlich sieht es für die Buchen aus. Und die Fichtenwälder, wie hier in Brandenburg, haben einen großen Nachteil gegenüber den Mischwäldern: Die Nadeln schirmen den Boden kaum gegen die Sonneneinstrahlung ab. Das wiederum beschleunigt das Austrocknen. Einige Experten befürchten für die nächsten Jahrzehnte ein großflächiges Waldsterben und dass es 2050 ganze Regionen geben wird, in denen keine alten Bäume mehr zu finden sind.

UNSER FAZIT

Als wir vor ein paar Jahren den Beschluss gefasst haben, möglichst plastikreduziert zu leben, wussten wir noch nicht, ob und wie lange wir das schaffen würden, und schon gar nicht, wohin uns dieser Anfang noch führen würde. Aber einmal damit angefangen, nachhaltiger zu leben und achtsamer zu sein, auch mit Blick auf die Zukunft unserer Kinder, gab es für uns nur den Weg, immer mehr zu verändern, um nicht Teil des Problems, sondern Teil der Lösung zu sein. Wir haben unseren Alltag immer stärker umgekrempelt und unseren Kindern gezeigt, dass sie Verantwortung übernehmen sollen und können für diese Welt. Dass ihr Verhalten wichtig ist und es um ihre Zukunft geht. Und dass man nicht immer alles hinnehmen muss, was einem nicht gefällt, dass man stattdessen versuchen kann, selbst aktiv zu werden. Maya ist noch recht klein, bei ihr wissen wir noch nicht, wie viel sie davon schon versteht und annehmen wird. Mattis ist immer sehr besorgt, wenn es um Tiere geht, und dann auch schnell bereit, sein eigenes Verhalten zu ändern. Yannis, unser Größter, ist mit voller Leidenschaft dabei und würde gerne noch so viel mehr tun.

Wir empfinden unser nachhaltigeres Leben nicht als Einschränkung oder Verzicht, sondern als Bereicherung. Wir

UNSER FAZIT

haben viel ausprobiert, viel selbst gemacht und dabei zusammen viel Spaß gehabt. Wir hatten ein paar Diskussionen, waren aber eigentlich eher erstaunt, wie gut alles innerhalb der Familie funktioniert hat, wie sehr die Kinder mitgezogen haben, wenn sie verstanden hatten, warum wir unseren Alltag verändern wollten. Wir haben viel gelernt, haben auch einige Fehler gemacht und dann versucht, diese wieder zu korrigieren, Dinge zu verbessern und dann weiter zu verbessern. Es war wie ein Weg mit immer neuen Abzweigungen, auch mal einen Schritt zurück, aber in der Summe immer nach vorne. Wir haben viel mit anderen diskutiert. Nicht immer stießen wir dabei auf offene Ohren, wir bemühen uns aber zuzuhören, auch anderen Haltungen gegenüber offen zu bleiben, sie zu verstehen. Und wenn man uns fragt, unsere Erfahrung zu teilen, versuchen wir, positiv zu irritieren, ohne belehrend zu sein. Ideen zu teilen, was jede und jeder Einzelne tun kann. Und wir freuen uns darüber, wenn immer mehr Menschen aktiv werden.

Wir haben erlebt, dass vieles, was der Umwelt guttut, auch für uns gut ist. Wir lieben unseren blühenden Garten mindestens so sehr wie die Insekten, die sich darin tummeln. Nachdem uns klar wurde, dass wir mehr als genug haben, haben wir unseren Konsum reduziert und möglichst plastikfrei gestaltet. Dadurch sind wir unabhängiger geworden, die wöchentlichen Einkäufe gehen jetzt deutlich schneller, dank unserer Bio-Kiste bekommen wir frisches und leckeres Bio-Gemüse aus der Region. Wir machen sehr viel selbst, vom Kochen und Backen bis hin zu einigen Reinigungsmitteln. Wir haben uns stark mit der Energiewende beschäftigt, fin-

UNSER FAZIT

den es beruhigend zu lesen, dass führende Wissenschaftler die Wende hin zu erneuerbaren Energien in den nächsten Jahren für machbar halten, und sind froh, dass wir selbst mit der eigenen Solaranlage ein kleines Stück dazu beitragen können und gleichzeitig unabhängiger geworden sind. Aber es ist und bleibt noch so viel zu tun, und jede Stimme zählt. Wir hoffen sehr, dass die nächsten Jahre als die Jahre in die Geschichte eingehen werden, in denen wir es alle zusammen geschafft haben, dem Klimaschutz zum Durchbruch zu verhelfen. Wir hoffen auf eine nachhaltige Wende und auf eine angenehme Zukunft nicht nur unserer Kinder im postfossilen Zeitalter. In einer Welt, in der sie noch mit erträglichen Außentemperaturen aufwachsen können, einer Welt ohne Verbrennungsmotoren oder Kohlekraftwerken, mit nur wenig Extremwetterereignissen und sauberer Luft. In einer Welt, in der auch sie noch Kinder haben möchten.

Als wir im Sommer 2021 auch aus Klimaschutz-Gründen wieder auf einen Urlaubsflug verzichtet haben und mit dem Auto auf dem Weg in die Niederlande waren, gab es diesen einen schönen Moment. Maik fragte die Kinder, welches Lied sie hören wollten, und Maya wünschte sich sofort das Lieblingslied von Yannis, weil sie wusste, dass das auch Mattis, Nicole und Maiksehr gut gefällt. Und als Maik dann »Deine Schuld« von den *Ärzten* startete, saßen alle zusammen im Auto und sangen mit:

»Es ist nicht deine Schuld, dass die Welt ist, wie sie ist, es wär nur deine Schuld, wenn sie so bleibt.«

YANNIS – JETZT REDE ICH!

Hi, ich bin Yannis, ich gehöre auch zu Familie Meuser. Ich bin elf und darf hier in Mamas und Papas Buch selbst etwas schreiben.

Also, wie ihr wahrscheinlich schon gelesen habt, versuchen Mama und Papa mit uns zusammen möglichst auf die Umwelt zu achten, deshalb findet man in unserem Haushalt auch keine Plastiktüten und anderen Blödsinn, den man doch wirklich nicht braucht. Ich meine, was wir machen, fühlt sich erstens gut an, weil man weiß, dass man gerade der Welt hilft. Und zweitens macht es mir eh nicht so viel aus, auf manchen Quatsch zu verzichten. Ich finde es toll, dass unsere Familie auf die Umwelt achtet und nie Fleisch kocht (oder ganz, ganz selten, wenn Oma und Opa kommen). Das sollten andere Menschen genauso machen, finde ich. Ich habe schon viele Menschen gehört, die so was gesagt haben in der Art wie: »Lass uns leben, wie wir wollen«, »Das interessiert mich nicht« oder »Keine Lust, ich will das nicht hören!«. Aber wie kann man nur so sein? Der Umweltschutz geht uns alle etwas an, denn es ist ja unsere Welt, und deshalb müssen wir uns auch ein bisschen mehr anstrengen. Doch hier ein kleiner Lichtschein in dem Ganzen: Man kann echt einfach selbst etwas tun, es ist nicht anstrengend, aber es ist wichtig. Leider sehen das nicht alle so. Mich ärgern leider manchmal Klassenkameraden damit, dass sie dicke Autos, Fleisch, Fisch und Co. toll finden und mir das ständig sagen. Da fühlt man sich erst mal blöd, aber es ist einfach nur doof, und ich lasse mich davon nicht abhalten.

Manchmal ärgere ich mich kurz, wenn ich irgendein Spielzeug nicht bekomme, aber später merke ich meist doch, dass es Blödsinn ist.

Ich bin Mitglied beim *WWF* und bekomme jeden Monat ein Heft zugeschickt. Die sind immer sehr interessant, und in einem habe ich mal gelesen, dass die Tiger so bedroht sind. Dann habe ich in der Grundschule eine Spendenaktion gemacht. Es kamen um die 100 Euro zusammen. Die habe ich dem *WWF* gespendet und habe sogar ein Danke dafür bekommen. Doof nur, dass Maik Meuser und nicht Yannis darin erwähnt wurde, denn Papa hat es über sein Handy gespendet, anders ging es leider nicht. Dann wollte ich an meiner neuen Schule in der 5. Klasse eine Hai-Spendenaktion machen, aber das wollte sich der Direktor erst mal genehmigen lassen. Dann kam Corona, und sie hatten Wichtigeres zu tun.

Da habe ich beschlossen, dass ich ohne Hilfe von der Schule weitermache, und schreibe seit mehr als einem Jahr einen Umweltblog namens *Umweltchecker*. Mama und Papa hatten ja schon länger einen Blog, aber ich fand, der war nicht so gut für Kinder. Deshalb habe ich meine Eltern überredet, dass ich einen eigenen Blog schreiben darf. Ich schreibe über verschiedene Themen, über den Klimawandel und darüber, was jedes Kind tun kann, über den Weltumwelttag und bedrohte Tierarten. Ich durfte sogar schon mal Robert Marc Lehmann, den tollen Tierschützer, interviewen. Und die damalige Umweltministerin Svenja Schulze. Das war toll! Und jeden Monat stelle ich ein anderes Tier des Monats vor. Schaut gerne mal vorbei bei *Umweltchecker.blogspot.com*. Ich freue mich über viele Leser. Dazu würde ich irgendwann auch gerne einen YouTube-Kanal haben und dort über Natur- und Umweltschutz sprechen, aber das wollen Mama und Papa (noch) nicht. Mit meinem Handy habe ich auch zwei Filme geschnitten. Mal schauen, vielleicht kann ich die in unserem *Umweltchecker-*Club noch nutzen.

Letztes Jahr wollte ich unbedingt zu der Kindersprechstunde von unserem Bürgermeister, aber das hat leider nicht geklappt. Ich wollte ihm vorschlagen, dass er mal ein paar autofreie Tage hier in unserer Stadt einführt. Das werde ich ihm bald noch vorschlagen. Und ihn fragen, was er macht, damit es hier klimafreundlicher wird. Ich hab auch schon mal einen Bundestagsabgeordneten befragt, als der bei uns in der Stadt war, was er für den Umweltschutz tut. Aber er hat ständig von einem anderen Thema geredet und wollte mich abweisen. Und warum seine Werbeartikel in Plastik verpackt waren wollte ich wissen, da meinte er, das sei wegen der Hygiene. Ich fand dieses Treffen nicht so gut, weil er mich irgendwie nicht richtig ernst genommen hat.

Mama und Papa sagen immer, wir können mitbestimmen, wie die Welt von morgen aussieht. Also, wenn ich die Welt regieren würde, dann sähe sie ungefähr so aus:

Ich wache auf, Sonne scheint durch mein Solarfenster, in meinem Zimmer wächst ein Baum, hoch hinaus durch eine Art Tür, durch die es drinnen trotzdem windgeschützt ist. Draußen auf der Straße stehen viele aneinandergereihte weitere Bäume. Es sind kaum Autos unterwegs, nur ein paar Menschen fahren in solarbetriebenen E-Autos, der Rest der Leute hat Fahrräder, Roller, Longboards oder Skateboards. Auf den Straßen ist alles normal, Schilder und Ampeln sind zu sehen. Aber für Autos gibt es nur eine kleine Bahn am Rand. Der größte Teil gehört Rädern und Rollern. In Fast-Food-Restaurants findet man statt Burger und Nuggets vegetarische Produkte. Es gibt keine Atom- und Kohlekraftwerke, sondern riesige Solarflächen. Statt Plastik werden nur Baumwolle, Pappe, Glas, Holz und Kork genutzt. Es gibt viele Naturschutzzonen an Stelle der Felder, die früher dazu dienten, Tierfutter zu produzieren. Auf großen Flächen werden verschiedene Bäume gepflanzt, sodass neue Wälder entstehen. In den Meeren schwimmt kein Plastik mehr, und die Korallenriffe erholen sich. Es werden Algen angebaut, zum Essen und als Brennstoff. Die Häuser sind aus alten Plastikflaschen, Holz und Stein.

Ich hoffe, dass es genau so kommen wird.

EPILOG – DIE WELTKLIMA-KONFERENZ

Eine riesige Erde hängt von der Decke des Konferenzzentrums, blau und hell leuchtend, gut zehn Meter im Durchmesser. Sie zieht jeden Blick auf sich. Hypnotisch. Erst nach ein paar Minuten merke ich, dass sich unser Planet aber in die falsche Richtung dreht. Ist das Absicht? Soll allen hier auf der Weltklimakonferenz in Glasgow Anfang November 2021 deutlich gemacht werden: Es läuft was falsch auf und mit unserer Erde? So könnte man das tatsächlich verstehen, und es wäre nicht der abwegigste Gedanke. Diese Konferenz soll ja nicht nur über Lösungen und neue Politik verhandeln, sie ist natürlich auch ein wichtiger Moment, um der ganzen Welt zu zeigen, wie es um die Klimakrise und den Klimaschutz steht. Ein Ort des Innehaltens und Nachdenkens. Und diese zwei Wochen bieten den Journalisten dieser Welt auch einen besonderen Anlass und die Möglichkeit, intensiver über Klimathemen zu berichten.

So wie die Journalisten, die wie ich von Glasgow aus darüber berichten, immer wieder auf die leuchtend blaue Kugel blicken, schaut natürlich auch die ganze Welt auf diese Konferenz. Viele wohl mit Hoffnung auf Veränderung, weil Klimakonferenzen immer wieder, wenn auch nicht oft, ein Ort für solche Hoffnung waren. Kyoto, Paris – und jetzt Glasgow? An diese Verantwortung der Konferenzteilnehmer, vor allem aber der politischen Entscheider, wird jeder schon bei der Anreise erinnert: Auf riesigen Leuchtreklamen, etwa an den Bahnhöfen in London und Glasgow, stehen Sätze wie: »The world is looking to you – Die Welt schaut auf euch«.

Wer, wenn nicht die Staats- und Regierungschefs der rund 200 an der Klimakonferenz beteiligten Länder, könnte im großen Stil etwas gegen die Klimakrise tun, gegen Klimawandel und Artensterben, gegen Hunger und Leid, könnte eine düstere Zukunft für die künftigen Generationen verhindern? Die Vorzeichen für diese Konferenz waren allerdings nicht die besten. Schon am Wochenende davor gaben die wichtigsten 20 Industrienationen bei ihrem Treffen in Rom kein besonders engagiertes Bild ab im Kampf gegen die Klimakrise. Dort, wie auch in Schottland mit von der Partie, war auch die zu diesem Zeitpunkt nur noch geschäftsführende Bundeskanzlerin Angela Merkel. Sie hatte 1995 die erste der seitdem jährlich stattfindenden Klimakonferenzen geleitet – damals noch als Umweltministerin unter Bundeskanzler Helmut Kohl. Damals hatte Deutschland die Welt mit besonders ehrgeizigen Klimazielen beeindruckt, was am Ende auch dazu führte, dass das UN-Klimasekretariat in Bonn ansässig wurde.

Viel Wasser ist seitdem dort den Rhein hinuntergeflossen, verändert hat sich wenig. Die Treibhausgasemissionen sind nicht zurückgegangen. Selbst nach der relativ erfolgreichen Konferenz von Paris 2015, auf der sich alle beteiligten Staaten darauf geeinigt hatten, die Erderwärmung auf maximal 2,0 °C zu begrenzen, wenn möglich aber sogar auf 1,5 °C. Warme

Worte. Seitdem kämpfen Klimaaktivisten mit Unterstützung der Wissenschaft darum, dass das wichtige Ziel von 1,5 °C nicht doch noch aufgegeben wird, dass die Staaten ihre Reduktionsziele einhalten und besser noch: dass sie sie verschärfen. Deutschland hat das getan, will schon 2045 klimaneutral werden. Fünf Jahre vor der EU. Und selbst das ist vergleichsweise ambitioniert, schaut man auf China, das 2060 anpeilt. Ganz zu schweigen vom absurd ambitionslosen Ziel Indiens, nämlich erst 2070 Klimaneutralität zu erreichen. Weil einige der Hauptverursacher von Treibhausgasen so reagieren, waren wir vor Glasgow nicht auf einem 1,5-°C-Pfad, sondern auf direktem Weg zu einer Erderhitzung von 2,7 °C.

Alle Zusagen der Konferenzteilnehmer von Glasgow dazugenommen, reicht es laut Berechnungen des *Climate Action Trackers* gerade mal für 2,1 bis 2,4 °C. Und wohlgemerkt: Hier geht es um Absichtserklärungen, ob daraus auch Handeln folgt, werden erst die kommenden Jahre zeigen. Global gesehen, geht es viel zu langsam vorwärts. Auch Merkel selbst zeigte sich während der Konferenz in Glasgow unzufrieden mit dem Erreichten und recht selbstkritisch. Den Kollegen der *Deutschen Welle* gegenüber räumte sie zur Mitte der Konferenz ein: »Ich war eigentlich immer dran. Und trotzdem kann ich heute nicht sagen, das Ergebnis ist schon befriedigend.« Nur um etwas später noch deutlicher zu werden: »Aber aus der Perspektive junger Leute geht es berechtigterweise immer noch zu langsam. [...] Und dann sage ich den jungen Leuten, sie müssen Druck machen.«[26] Ganz ähnlich der Auftritt des ehemaligen US-Präsidenten Obama in Glasgow, der ohne Krawatte und politische Verantwortung, gewohnt lässig, aber zugleich ernsthaft, sagte: »Wir haben nicht mal annähernd genug getan, um auf diese Krise zu reagieren. Wir müssen mehr tun!«[27]

Offene Bekenntnisse – aber was bedeutet es, wenn wichtige Entscheider erst dann wirklich die Werbetrommel für mehr Klimaschutz rühren, wenn sie nicht mehr an der Macht sind? Und was heißt es, wenn die Geschwindigkeit der Klimaschutzmaßnahmen den Entwicklungen in der Klimakrise hinterherhinkt? Jonas Schaible vom *SPIEGEL* formuliert es während der Konferenz ganz treffend so: »Es reicht nicht, in die richtige Richtung zu gehen, man muss es auch im richtigen Tempo tun.«[28] Und genau das fehlt: Tempo. Wir kommen nicht voran. Seit Jahren. Und das, obwohl wir mit jedem Jahr, das verstreicht, Chancen verpassen, günstiger und besser davonzukommen, und wir so gleichzeitig die Kosten erhöhen. Kosten für Anpassungsmaßnahmen, Kosten für die Schäden durch künftige Unwetter, die ja sowohl quantitativ als auch qualitativ zunehmen werden. Schon jetzt sind 85 Prozent der Weltbevölkerung vom Klimawandel betroffen, das zeigen systematische Analysen von mehr als 100 000 Studien, die das *Mercator Research Center Berlin* durchgeführt hat.

Und trotzdem: Alles beim Alten in Glasgow? Nicht ganz. Während der Weltklimakonferenz überrascht das *Global Carbon Project* mit dieser Nachricht: Die Zahlen der weltweiten CO_2-Emissionen konnten für die vergangenen Jahre leicht nach unten korrigiert werden. Der Anstieg scheint gestoppt, Klimaforscher Stefan Rahmstorf spricht deshalb von einem Plateau. Von dem müssen wir natürlich runter, und zwar schnellstmöglich. Trotzdem stellt sich die interessante Frage:

Wie kommt dieses leichte Abnehmen der Emissionen zustande, wo doch das Verbrennen von Kohle, Öl und Erdgas ungebremst weitergeht? Als Begründung nennen die Forscher einen Rückgang bei der Landnutzung durch den Menschen, vor allem bei der Abholzung. Und das, obwohl laut der Organisation *Global Forest Watch* allein im Jahr 2020 25,8 Millionen Hektar Wald verloren gegangen sind, was in etwa der Fläche von Neuseeland entspricht.

Hier setzt die Konferenz einen wichtigen Punkt – wenn auch, wie immer, nicht im richtigen Tempo: 100 Staaten beschließen, die Entwaldung zu stoppen. Darunter sogar Länder wie Brasilien, Russland, Indonesien und die Demokratische Republik Kongo – also Länder, in denen sich die meisten Urwaldflächen der Welt befinden, aber auch Kanada und die USA. Der Haken: Das soll erst bis 2030 geschehen. Schneller wäre besser.

Auch an anderer Stelle wird in Glasgow deutlich, wie wichtig so eine Klimakonferenz schon allein als Zielpunkt für Verhandlungen im kleineren Rahmen sein kann: Schon im Vorfeld hatte es einen regen Austausch zwischen den USA und China gegeben. Auch für Peking ist internationales Ansehen wichtig, und einen gemeinsamen Fortschritt auf einer Weltklimakonferenz verkünden zu können, das hat einen nicht zu unterschätzenden Wert. Und so kommt es gegen Ende der Konferenz genau zu einem solchen Moment: Die Klimabeauftragten der beiden größten Treibhausgasemittenten USA und China, John Kerry und Xie Zhenhua, verkünden, nicht ohne sichtbaren Stolz, eine Vereinbarung für mehr Klimaschutz geschlossen zu haben. »Als die zwei großen Mächte

REPORTAGE

in der Welt müssen wir die Verantwortung übernehmen, mit anderen Seiten bei der Bekämpfung des Klimawandels zusammenzuarbeiten«[29], sagt Xie auf der Konferenz in Glasgow.

Wichtig ist auch eine Initiative der USA und der EU, der sich schon zu Beginn der Konferenz 80 Staaten anschließen. Das Ziel: Das besonders aggressive Treibhausgas Methan bis 2030 um 30 Prozent zu verringern. Das sei eines der effizientesten Dinge, die wir im Kampf gegen den Klimawandel tun könnten, sagt EU-Kommissionspräsidentin von der Leyen bei der gemeinsamen Vorstellung der Initiative mit US-Präsident Joe Biden. Weil CO_2 das wichtigste Treibhausgas und für etwa zwei Drittel der Erderwärmung verantwortlich ist, wurde Methan – verantwortlich für 15 bis 20 Prozent der Erderwärmung – lange Zeit von der Politik unterschätzt. Dabei ist es auf 100 Jahre gerechnet knapp 30-mal so klimaschädlich wie CO_2, in den ersten 20 Jahren sogar 86-mal stärker. Für den Kampf gegen den Klimawandel bietet Methan aber einen wichtigen Vorteil gegenüber CO_2: Es verflüchtigt sich deutlich schneller aus der Atmosphäre als Kohlendioxid. Der Methanausstoß liegt längst auf einem Rekordwert. Dieses Treibhausgas zu reduzieren, könnte uns wertvolle Zeit im Kampf gegen die Klimakrise bringen. Bis vor Kurzem galten vor allem die Landwirtschaft und hier die Rinderhaltung, aber auch der Reisanbau als wichtigste Quellen für den Methanausstoß. Satellitenmessungen der europäischen Raumfahrtagentur *ESA* haben mittlerweile aber festgestellt, dass auch an Gasbohrstellen und entlang von Pipelines große Mengen entweichen.

Bei einer anderen Initiative der Konferenz hält sich

Deutschland aber vornehm zurück: Rund 30 Staaten legen sich in Glasgow auf ein klares Enddatum für den Verbrennungsmotor fest. Bis spätestens 2040 sollen nur noch sogenannte »Null-Emissions-Fahrzeuge« zugelassen werden. Dieser Initiative schließt sich sogar der deutsche Autobauer *Mercedes Benz* an, nicht aber die Bundesregierung. Das deutsche Umweltministerium unter Leitung von Svenja Schulze würde zwar gerne, aber das Verkehrsministerium unter Andreas Scheuer leistet Widerstand, weil E-Fuels in Verbrennungsmotoren dabei nicht berücksichtigt würden. Eine Pattsituation lässt Deutschland hier am Rande stehen und zusehen.

Nach zwei Wochen mit harten Verhandlungen und einigen Initiativen – wie ist die Bilanz von Glasgow? Wenn man sich ansieht, wie der Präsident der Konferenz, Alok Sharma, am Ende mit den Tränen kämpft und um Verzeihung bittet, weil China und Indien in der Verlängerung und kurz vor Schluss den so wichtigen Satz zum weltweiten Kohleausstieg doch noch entschärften und aus dem Ausstieg (»phase-out«) einen Abbau (»phase-down«) machten, dann hat man erst mal kein gutes Gefühl.

Für Klimaaktivistin Luisa Neubauer sind die Beschlüsse von Glasgow »ein Betrug an allen jungen Menschen auf dieser Welt, die darauf setzen, dass sich Regierungen um ihre Zukunft kümmern«[30]. Für Jochen Flasbarth, den Staatssekretär im Umweltministerium, der seit gut 20 Jahren für diese Verhandlungen zuständig ist, stellt sich die Sache dagegen anders dar. Auf Twitter schreibt er kurz nach dem Ende von Glasgow: »Die Klimakonferenz #COP26 war ein Erfolg für den globalen Klimaschutz – mit klaren Beschlüssen, die globale Erderhitzung auf 1,5 Grad zu beschränken. Alle Rechtsgrundlagen sind jetzt geschaffen für gemeinsames verlässliches Handeln. Und der globale #Kohleausstieg ist eingeleitet.«[31]

Und jetzt?

Am Ende müssen die Klimaaktivisten weiter Druck machen auf der Straße und überall dort, wo sie es können, damit die politischen Entscheider weiter in die richtige Richtung geschubst werden. Damit sie in unser aller Sinne schneller handeln, damit bei der nächsten Vereinbarung nicht am Ende wieder wichtige Entscheidungen verwässert werden. Damit Politik zukunftsweisend handelt und Staatssekretäre mit mehr Rückenwind in die schwierigen und komplexen diplomatischen Verhandlungen mit anderen gehen können. Denn wie wichtig die Klimakonferenzen sind, das hat auch Glasgow wieder eindrücklich bewiesen.

Schaut man allein auf den Druck durch Lobby-Gruppen oder Aktivisten, wird schnell klar: Das war keine unbedeutende Zusammenkunft. Die Klimaaktivisten von *Fridays for Future* und anderen Organisationen waren deutlich sichtbar, bunt und laut. Sie machten öffentlich Druck auf die Delegierten und Entscheider. Andere Interessengruppen wählten dagegen eine deutlich leisere, vielleicht aber auch erfolgreichere Strategie. Die *BBC* berichtet davon, dass die größte Delegation auf dieser Klimakonferenz in Glasgow von der Öl- und Gasindustrie gestellt und bezahlt wurde. Mehr als 500 Lobbyisten der fossilen Industriesparte waren vor Ort und versuchten, für ihre Interessen zu werben. Kein einziges der Mitgliedsländer hatte eine vergleichbar große Delegation. Nur Brasilien kam mit 479 Delegationsmitgliedern in die

Nähe dieses Personalstabs. Gastgeber Großbritannien war mit 230 Personen vertreten. Kritiker werfen an dieser Stelle die Frage auf, warum es überhaupt möglich war, dass fossile Interessen hier so stark vertreten waren, und verweisen darauf, dass die Tabakindustrie ja auch längst von Gesundheitskonferenzen ausgeschlossen sei.

Am Ende war Glasgow vielleicht kein großer Wurf, aber es bleibt ein kleiner Hoffnungsschimmer. Dass die Welt verstanden hat, wie wichtig es ist, die Erderhitzung auf 1,5 °C zu begrenzen, wie wichtig es ist, aus fossilen Energieträgern auszusteigen – trotz all der vielen Lobbyisten der fossilen Industrie vor Ort. Und auch das Bekenntnis zum – wenn auch noch zu langfristig geplanten – Ausstieg aus der Kohleenergie in einem hart umkämpften Abschlussdokument, das am Ende fast 200 Länder unterzeichnet haben, ist ein wichtiges Signal. Aber es bleibt eben noch viel zu tun. Jetzt bloß nicht stehen bleiben und sich auf die Schulter klopfen. Wir stehen erst am Anfang einer langen Strecke. Aber wir laufen. Und das ist gut.

WEITERE EMPFEHLUNGEN

Bücher

Wer mehr zum Thema Gesundheitsschutz und Klimaschutz lesen will, dem empfehlen wir:

Mensch, Erde! Wir könnten es so schön haben von Eckhart von Hirschhausen. Ein sehr dickes Buch, das sich aber sehr viel schneller liest, als man zunächst glaubt.

Zur weiteren Vertiefung des Themas fleischlose Ernährung empfehlen wir das Buch *Tiere essen* von Jonathan Safran Foer. Es ist ein Buch, das komplett ohne Vorwürfe auskommt. Foer stellt moralische Fragen zum Fleischkonsum und erzählt Geschichten so, dass man mitfühlen kann – lesenswert!

Wer für Meal Prep und generell für gesunde vegetarische Ernährung Tipps braucht, sollte unbedingt mal in das Buch von Holger Stromberg reinschauen: *Essen ändert alles*.

Wenn Sie mehr zum Thema Bedeutung der Ozeane und Fischkonsum lesen wollen, empfehlen wir Ihnen das Buch *Aufschrei der Meere* von Hannes Jaenicke und Ina Knobloch, ein sehr informatives, beeindruckendes, aber auch schockierendes Buch.

Wer sich mit dem Thema Lebensmittelverschwendung

intensiver beschäftigen möchte, dem empfehlen wir die Bücher *Harte Kost* und *Die Essensvernichter* von Stefan Kreutzberger. Außerdem wollen wir an dieser Stelle die Arbeit von *Foodsharing* hervorheben. Vielleicht gibt es die ja auch bei Ihnen in der Stadt. Dann schauen Sie doch mal vorbei – jede helfende Hand wird gerne gesehen.

Wer für sich überlegt, ob und wie ein Leben ohne Auto funktionieren kann, dem empfehlen wir das Buch *#Einfach autofrei leben* von Heiko Bielinski.

Für weitergehende Tipps zu nachhaltigem Reisen empfehlen wir das Buch *FAIRreisen. Das Handbuch für alle, die umweltbewusst unterwegs sein wollen* von Frank Herrmann.

Wer mehr über das Artensterben und die Wichtigkeit der Biodiversität lesen will, dem empfehlen wir *Die Triple-Krise. Artensterben, Klimawandel, Pandemie* von Josef Settele.

Apps

CodeCheck
Immer gut beraten sein beim Shoppen. Gesünder einkaufen: Dafür ganz einfach mit dem Handy jeden Barcode einscannen. Praktisch und empfehlenswert.

ToxFox
Der *Bund für Umwelt- und Naturschutz* steht hinter dieser App. Ihr Ziel: Schadstoffe aufspüren, Konsumenten schützen, Hersteller unter Druck setzen und mit dieser Transparenz für bessere Produkte sorgen. Gute Idee!

WEITERE EMPFEHLUNGEN

Foodsharing
Ist eine geniale Organisation, die keine Lebensmittel verkommen lassen will und bei der mittlerweile mehr als 200 000 ehrenamtliche Lebensmittelretter tätig sind. Lebensmittel verbrauchen, bevor sie in der Tonne landen, ist das Ziel.

WWF Fischratgeber
Weniger Fisch essen ist gut, darüber haben wir ja geschrieben. Wenn's doch mal sein soll, dann am besten vorher hier reinschauen.

Too good to go
Lebensmittelverschwendung bekämpfen ist nicht nur gut fürs Klima, sondern auch fürs eigene Portemonnaie. Diese kostenlose App hilft dabei. Hier können Restaurants und Bäckereien inserieren, was am Tag übrig geblieben ist und deshalb günstiger verkauft wird.

Öffi-App
Wann fährt wo und wann der nächste Zug, Bus, die S- oder Straßenbahn – bester Überblick über die verschiedenen Anbieter, europaweit.

QUELLENVERZEICHNIS

Bundeszentrale für gesundheitliche Aufklärung, »Farb- und Hilfsstoffe in der Kleidung«, https://www.kindergesundheit-info.de/themen/sicher-aufwachsen/sicherheit-im-alltag/kleidung/schadstoffe-kleidung/

Diehl, Katja, *Autokorrektur. Mobilität für eine lebenswerte Welt*, Frankfurt/Main 2022.

Deutscher Bundestag, »Kurzinformation zur CO_2-Bepreisung in Schweden«, 09.09.2019, https://www.bundestag.de/resource/blob/683734/f61787ece2dc044b67032515cb-db3be2/WD-8-114-19-pdf-data.pdf

Deutsche Umwelthilfe, »Plastik im Meer«, 17.09.2020, https://www.duh.de/plastik-im-meer/

Flasbarth, Jochen, *twitter.com/JochenFlasbarth*, Tweet vom 14.11.2021.

Fraunhofer-Institut für Solare Energiesysteme ISE, »Aktuelle Fakten zur Photovoltaik in Deutschland«, 16.12.2021, https://www.ise.fraunhofer.de/content/dam/ise/de/documents/publications/studies/aktuelle-fakten-zur-photovoltaik-in-deutschland.pdf

Fraunhofer-Institut für Solare Energiesysteme ISE, »Fahrzeugintegrierte Photovoltaik in LKWs«, https://www.ise.fraunhofer.de/de/geschaeftsfelder/photovoltaik/

photovoltaische-module-und-kraftwerke/integrierte-pv/
fahrzeugintegrierte-photovoltaik/fahrzeugintegration-
lkw.html

Gates, Bill, *Wie wir die Klimakatastrophe verhindern*, München 2021.

Germanwatch, »Das Dienstwagenprivileg – Freifahrtschein für CO_2-Schleudern?«, *10.07.2012*, https://germanwatch.org/sites/default/files/announcement/6388.pdf

Göpel, Maja, *Unsere Welt neu denken. Eine Einladung*, Berlin 2020.

Grießhammer, Rainer, *#klimaretten. Jetzt Politik und Leben ändern*, Freiburg im Breisgau 2020.

Heinrich-Böll-Stiftung, *Plastikatlas. Daten und Fakten für eine Welt ohne Kunststoff*, Berlin 2019, 6. Auflage, Berlin 2021.

Herrmann, Frank, *FAIRreisen. Das Handbuch für alle, die umweltbewusst unterwegs sein wollen*, München 2016.

Jaenicke, Hannes, Knobloch, Ina, *Aufschrei der Meere. Was unsere Ozeane bedroht und wie wir sie schützen müssen*, Berlin 2019.

Kemfert, Claudia, »Die Erträge der Energiewende sind viel höher als die Kosten«, 20.05.2021, https://www.diw.de/de/diw_01.c.818474.de/nachrichten/die_ertraege_der_energiewende_sind_viel_hoeher_als_die_kosten.html

Kemfert, Claudia, »Wir stehen am Beginn eines disruptiven Wandels hin zu mehr Klimaschutz«, 23.12.2019, https://www.diw.de/de/diw_01.c.702097.de/publikationen/zeitungs_und_blogbeitraege/2019/wir_stehen_am_beginn_eines_disruptiven_wandels_hin_zu_mehr_klimaschutz.html

QUELLENVERZEICHNIS

Kemfert, Claudia, Wittenberg, Erich, »Vollversorgung mit erneuerbaren Energien ist möglich und sicher: Interview«, 21.07.2021, https://www.diw.de/de/diw_01.c.821880.de/publikationen/wochenberichte/2021_29_2/vollversorgung_mit_erneuerbaren_energien_ist_moeglich_und_sicher__interview.html

Klein, Naomi, *Warum nur ein Green New Deal unseren Planeten retten kann*, Hamburg 2019.

Knierim, Bernard, *Ohne Auto leben. Handbuch für den Verkehrsalltag*, Wien 2016.

Köhler, Horst, »Grußwort an den Bürgerrat Klima«, 01.05.2021, https://buergerrat-klima.de/wieso-ein-buergerrat-klima/schirmherr-horst-koehler

Köhler, Horst, »Wir können auch anders«, *DIE ZEIT*, 15.12.2016.

Kost, Christoph, *Stromgestehungskosten erneuerbare Energien*, Studie für das Fraunhofer-Institut für Solare Energiesysteme, Freiburg 2021.

Latif, Mojib, *Heißzeit. Mit Vollgas in die Klimakatastrophe – und wie wir auf die Bremse treten*, München 2020.

More in Common e. V., »Studie zum Klimaschutz: Einend oder spaltend?«, 10.06.2021, moreincommon.de/klimazusammenhalt

NABU, »An die Schaufel, fertig, los. Tipps und Tricks zum naturnahen Gärtnern«, https://www.nabu.de/umwelt-und-ressourcen/oekologisch-leben/balkon-und-garten/

NABU, »Ozeane in der Klimakrise. Eine regulierende und stabilisierende Kraft unseres Klimasystems kommt immer mehr unter Druck«, 29.01.2021, https://www.nabu.de/umwelt-und-ressourcen/klima-und-luft/klimawandel/11801.html

Polarstern, »So viel CO_2 steckt in einem T-Shirt«, https://www.polarstern-energie.de/magazin/artikel/so-viel-energie-steckt-in-einem-t-shirt-wirklich/

Portmann, Kai, »Merkel ist unzufrieden mit eigener Klimapolitik«, *tagesspiegel.de*, 08.11.2021, https://www.tagesspiegel.de/politik/klimagipfel-in-glasgow-aufruf-zu-verstaerkter-emissionsminderung-ab-2022/27755078.html

Rahmstorf, Stefan, »Klimawandel. Deutschland ist schon zwei Grad wärmer«, *spektrum.de*, 28.10.2020, https://www.spektrum.de/kolumne/klimawandel-deutschland-ist-schon-zwei-grad-waermer/1786148

Reimer, Nick, Staud, Toralf, *Deutschland 2050. Wie der Klimawandel unser Leben verändern wird*, Köln 2021.

Roth, Eugen, *Sämtliche Werke*, Frankfurt/Main 1995.

Safran Foer, Jonathan, *Tiere essen*, Köln 2010.

Safran Foer, Jonathan, *Wir sind das Klima!*, Köln 2019.

Schätzing, Frank, *Was, wenn wir einfach die Welt retten? Handeln in der Klimakrise,* Köln 2021.

Schaible, Jonas, »Freiheit in der Krise. Wir werden das Klima retten und die Demokratie – oder keins von beiden«, *spiegel.de*, 02.11.2021, https://www.spiegel.de/politik/deutschland/uno-klimakonferenz-wir-werden-das-klima-retten-und-die-demokratie-oder-keins-von-beiden-a-1d2a9a63-7d92-40ce-90d9-fd5a18f1d4a6

Schreiber, Tim, »Wie viel grün braucht der Mensch?«, Interview mit Prof. Dr. Stefanie Kley, 28.10.2020, https://

QUELLENVERZEICHNIS

www.uni-hamburg.de/newsroom/forschung/2020/1028-wohnen-im-gruenen.html

Settele, Josef, *Die Triple-Krise. Artensterben, Klimawandel, Pandemie*, Hamburg 2020.

Stiftung Warentest, *Nachhaltig Geld anlegen*, Berlin 2021.

Strom-Report, »Deutscher Strom-Mix. Strom-Erzeugung in Deutschland bis 2021«, https://strom-report.de/strom/

Tagesschau, »Weltklimagipfel – Diese Abschlusserklärung ist ein Betrug«, 14.11.2021, https://www.tagesschau.de/ausland/europa/klimagipfel-reaktionen-103.html

Teh, Cheryl, »In der chilenischen Wüste türmt sich ein Berg unverkaufter Kleidung von Fast-Fashion-Händlern auf«, *businessinsider.de*, 09.11.2021, https://www.businessinsider.de/wirtschaft/handel/muelldeponie-wueste-in-chile-wird-haufenweise-altkleidung-entsorgt-a/

Umweltbundesamt, »Energiebedingte Emissionen«, 20.06.2021, https://www.umweltbundesamt.de/daten/energie/energiebedingte-emissionen#auswirkungen-energiebedingteremissionen

Umweltbundesamt, »Flugreisen«, 09.04.2019, https://www.umweltbundesamt.de/umwelttipps-fuer-den-alltag/mobilitaet/flugreisen#unsere-tipps

Verbraucherzentrale, »Stecker-Solar: Solarstrom vom Balkon direkt in die Steckdose«, 04.08.2021, https://www.verbraucherzentrale.de/wissen/energie/erneuerbare-energien/steckersolar-solarstrom-vom-balkon-direkt-in-die-steckdose-44715

Von Hirschhausen, Eckhart, *Mensch, Erde! Wir könnten es so schön haben*, München 2021.

QUELLENVERZEICHNIS

Weinbuch, Deborah, *Alle fürs Klima. Kids, Parents und Scientists – Seite an Seite für eine bessere Zukunft*, München 2019.
Wohlleben, Peter, »Besser als Wellness: Wie Waldbaden unseren Körper stärkt«, *Wohllebens Welt* 01/2019, Hamburg 2019.

BILDNACHWEIS

Illustrationen: Sabine Timmann
Fotos S. 10, 15: Marina Weigl
Foto S. 31: Rowena Naylor/Stocksy
Foto S. 167: Michela Ravasio/Stocksy
Foto S. 51: Léa Jones/Stocksy
Foto S. 207: Studio Firma/Stocksy
Foto S. 235: Adrian P Young/Stocksy
Foto S. 97: Pramote Polyamate/Getty Images
Foto S. 277: Pixel62/Adobe Stock

ANMERKUNGEN

1 Horst Köhler, »Wir können auch anders«, *DIE ZEIT*, 15.12.2016.
2 Nick Reimer und Toralf Staud, *Deutschland 2050. Wie der Klimawandel unser Leben verändern wird*, Köln 2021.
3 Stefan Rahmstorf, »Klimawandel. Deutschland ist schon zwei Grad wärmer«, *spektrum.de*, 28.10.2020.
4 Horst Köhler, »Grußwort an den Bürgerrat Klima«, *buergerrat-klima.de*, 01.05.2021.
5 More in Common e. V., »Studie zum Klimaschutz: Einend oder spaltend?«, *moreincommon.de/klimazusammenhalt*, 10.06.2021.
6 NABU, »Ozeane in der Klimakrise. Eine regulierende und stabilisierende Kraft unseres Klimasystems kommt immer mehr unter Druck«, *nabu.de*, 29.01.2021.
7 Mehr Informationen zur Fischzucht erhalten Sie im Buch *Aufschrei der Meere* von Hannes Jaenicke und Ina Knobloch.
8 Studie der Universität Stuttgart im Auftrag des Bundesministeriums für Bildung und Forschung, https://www.uni-stuttgart.de/universitaet/aktuelles/meldungen/Neue-Forschungsergebnisse-der-Universitaet-Stuttgart-zu-Lebensmittelabfaellen/
9 Deutsche Umwelthilfe, »Plastik im Meer«, *duh.de*, 17.09.2020.
10 Wie Ihnen sicher aufgefallen ist, scheuen wir uns nicht, immer wieder auf Marken, Ketten oder andere Anbieter hinzuweisen, von deren Nachhaltigkeit wir überzeugt sind. Seien Sie aber versichert: Dafür bekommen wir nichts – wir wollen einfach herausstellen, was sich für uns bewährt hat.
11 Heinrich-Böll-Stiftung, *Plastikatlas. Daten und Fakten für eine Welt ohne Kunststoff*, Berlin 2019, zit. nach der 6. Auflage, Berlin 2021, S. 26. Der Bericht ist über *boell.de* kostenfrei zugänglich.
12 Bernard Knierim, *Ohne Auto leben. Handbuch für den Verkehrsalltag*, Wien 2016.
13 Germanwatch, »Das Dienstwagenprivileg – Freifahrtschein für CO_2-Schleudern?«, *germanwatch.org*, 10.07.2012.

ANMERKUNGEN

14 Umweltbundesamt, »Flugreisen«, *umweltbundesamt.de*, 09.04.2019.
15 Berechnet mit dem CO_2-Rechner von Quarks: https://www.quarks.de/umwelt/klimawandel/co2-rechner-fuer-auto-flugzeug-und-co/
16 Hannes Jaenicke, Ina Knobloch, *Aufschrei der Meere. Was unsere Ozeane bedroht und wie wir sie schützen müssen*, Berlin 2019.
17 Maja Göpel, *Unsere Welt neu denken. Eine Einladung*, Berlin 2020, S. 131.
18 Cheryl Teh, »In der chilenischen Wüste türmt sich ein Berg unverkaufter Kleidung von Fast-Fashion-Händlern auf«, *businessinsider.de*, 09.11.2021.
19 Claudia Kemfert, »Wir stehen am Beginn eines disruptiven Wandels hin zu mehr Klimaschutz«, Deutsches Institut für Wirtschaftsforschung, *diw.de*, 23.12.2019.
20 Claudia Kemfert, Erich Wittenberg, »Vollversorgung mit erneuerbaren Energien ist möglich und sicher: Interview«, Deutsches Institut für Wirtschaftsforschung, *diw.de*, 21.07.2021.
21 Naomi Klein, *Warum nur ein Green New Deal unseren Planeten retten kann*, Hamburg 2019.
22 Claudia Kemfert, »Die Erträge der Energiewende sind viel höher als die Kosten«, Deutsches Institut für Wirtschaftsforschung, *diw.de*, 20.05.2021.
23 Mojib Latif, *Heißzeit. Mit Volldampf in die Klimakatastrophe – und wie wir auf die Bremse treten*, München 2020, S. 172.
24 Peter Wohlleben, »Besser als Wellness: Wie Waldbaden unseren Körper stärkt«, *Wohllebens Welt* 01/2019, Hamburg 2019.
25 https://www.dw.com/de/protest-kritik-gegen-windkraft-was-sind-die-fakten-gesundheit-infraschall-v%C3%B6gel-dunkelflaute-profit/a-60032565
26 Kai Portmann, »Merkel ist unzufrieden mit eigener Klimapolitik«, *tagesspiegel.de*, 08.11.2021.
27 Ansprache des ehemaligen US-Präsidenten Barack Obama anlässlich der UN-Klimakonferenz 2021 in Glasgow, Übers. d. Autors.
28 Jonas Schaible, »Freiheit in der Krise. Wir werden das Klima retten und die Demokratie – oder keins von beiden«, *spiegel.de*, 02.11.2021.
29 Ansprache des chinesischen Klimabeauftragten Xie Zenhua anlässlich der UN-Klimakonferenz 2021 in Glasgow, Übers. d. Autors.
30 Tagesschau, »Weltklimagipfel – Diese Abschlusserklärung ist ein Betrug«, *tagesschau.de*, 14.11.2021.
31 Jochen Flasbarth, *twitter.com/JochenFlasbarth*, 14.11.2021.